현대통신의 이해

−전화에서 유비쿼터스까지

이병수 · 김선형 · 손태호
이순흠 · 박동규 · 강병권 공저

도서출판 상 학 당

| 머 리 말 |

21세기 세계는 산업화 사회에서 정보화 사회로의 전환과 더불어 눈부신 발전을 거듭하고 있다. 정보화 산업의 발전은 컴퓨터와 통신 및 방송이 융합되면서 어떠한 분야의 기술보다도 급격한 신장을 거듭하고 있다. 이러한 정보화 산업의 핵심적인 주축은 두말할 나위도 없이 바로 정보통신(IT)인 것이다. 우리나라를 비롯하여 선진국가에서는 정보통신부분을 국가 최우선 과제로 삼고 치열한 기술 우위 다툼을 벌이고 있다. 현재까지의 정보통신은 컴퓨터를 기초로 하여 통신과 방송이 결합되어 우리 삶 가까운 곳에 서비스 형태로 다가와 있지만, 앞으로는 초정밀공학(NT), 생명공학(BT), 우주공학(ST), 환경공학(ET) 등의 공학의 전반에까지 적용이 확대될 것으로 전개되고 있다.

정보화 사회를 주도하는 정보통신은 전기, 전자를 기초로 하여 컴퓨터에 이르는 넓은 지식이 요구되는 분야이다. 현재까지 정보통신은 응용에 따라 컴퓨터통신, 이동통신, 광통신, 위성통신 등의 시스템과 적용 제반기술로 구분되고 있으나, 급변하는 비약적인 사회발전에 따라 누구도 예측할 수 없는 적용분야로 정보통신의 응용분야가 가속 변화하고 있다.

이 책은 공과대학의 정보통신공학을 전공하는 학생들이 알아야 할 정보통신의 기본적인 개념을 담은 책이다. 책의 구성을 1부와 2부로 나누어서 기술적인 접근이 보다 쉽게 이해되도록 하였다. 1부에서는 통신의 변천에서 컴퓨터통신의 여러 가지 기술에 대한 해설과 데이터통신에 대해 설명을 하였다. 2부에서는 전파통신의 근간인 전자파에 대한 이해와 우리 생활에 밀착되어 있는 이동통신기술을 소개하고, 정보보호기술 및 유비쿼터스의 개념 등을 설명하였다.

끝으로 정보통신공학을 공부하는 학생들에게 이 책이 훌륭한 입문서와 개념을 정립하는 교재로 되었으면 하는 바램이며, 이 책을 탈고하는데 많은 조력을 해준 이재훈군을 비롯한 대학원생과 출판하는데 노고가 많으신 상학당 관계자에게 심심한 감사를 드린다.

저 자 씀

| 차 례 |

제1부 | 전화에서 데이터통신으로

제2부 | 무선통신에서 이동통신으로

제8장 전자파와 통신

제9장 셀룰러 기술

제10장 CDMA 이동통신 시스템

제11장 3세대 이동통신(IMT-2000)

제1부 전화에서 데이터통신으로

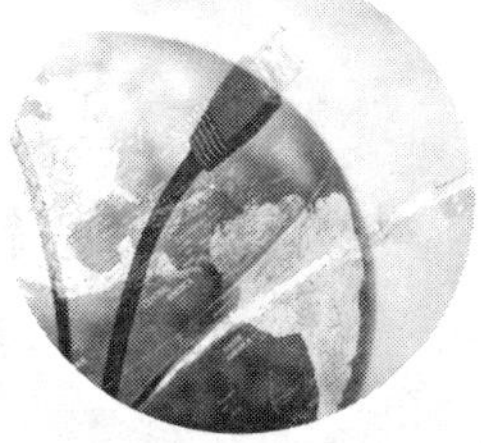

제1장 전기통신의 변천

1.1 전기통신의 시작

통신(communication)이란 인간의 의사인 정보를 전달하는 것이다. 음향통신의 시작이라고도 할 수 있는 서로 마주보고 대화하는 것에서부터 소리나 횃불 등과 같이 청각과 시각에 의해서 멀리 떨어진 장소로 신호를 보내는 방법도 있었다.

문자에 의한 정보전달 수단으로서는 오래 전부터 행해져오고 있는 우편이 있다. 옛날에는 사람과 말, 근대에 이르러서는 기차 · 선박 · 항공기 등의 각종 수송기관에 의해서 편지를 보내는데 이 방법은 현재도 중요한 통신의 수단으로서 이용되고 있다.

이와 같은 전달수단에 따라 통신을 분류하면 5가지 정도로 나눌 수 있으며, 그 내용은 〈표 1-1〉과 같다.

〈표 1-1〉 전달수단에 따른 통신의 5대 분류

분 류	전달수단
음향통신	북, 피리, 사이렌, 호루라기, 총성
신호통신	봉화, 수기, 신호탄, 전등램프
전령통신	사람, 동물, 도보전령, 차량전령, 항공전령
우편통신	보통우편, 빠른우편
전기통신	유선통신, 무선통신, 정보통신

그러나 이러한 통신방법들은 정보를 전달할 수 있는 거리에 제한이 있으며, 전달에 많은 시간이 걸린다는 결점을 안고 있다. 통신은 그 속성상 거리와 시간의 제약을 극복하여 언제 어디서든 즉시에 연결될 수 있어야 한다. 이러한 목적에 적합한 것이 도선에 흐르는 전류와, 공간을 전파하는 전자파를 전달매체로 사용하여 정보를 전달하는 전기통신이다.

전기통신은 전신 · 전화의 발명이래 급속한 발전을 이룩해왔으며, 특히 최근 전자공학의 눈부신 발전에 의하여 현재로서는 지구상에서는 물론이고 우주공간까지도 포함한 실시간의 통신이 가능하게 되었다.

이러한 전기통신 시스템은 전달목적에 따라 여러 가지 형태의 구성이 가능하지만 기본적인 구성은 [그림 1-1]에 보인 바와 같다.

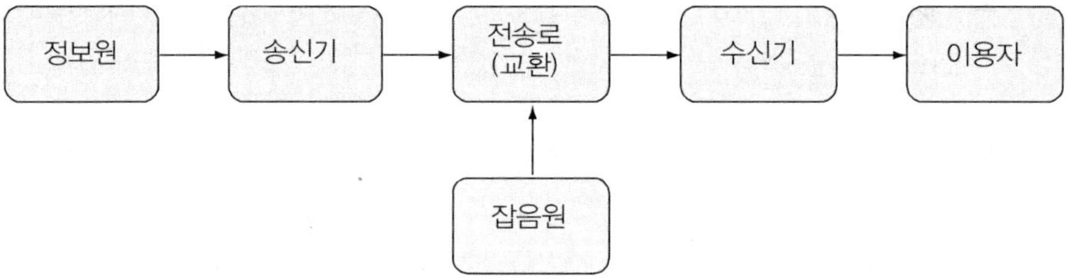

[그림 1-1] 전기통신 시스템

- **정보원** 전달하고자 하는 정보를 발생하는 인간 또는 기계를 말한다. 여기서 나오는 정보는 음성 · 부호 · 화상(문자 · 도형 · 사진 · 영상) 등으로 분류된다.
- **송신기** 정보를 전달하기에 편리한 모양의 신호로 변환하여 전송로에 보내는 장치이다.
- **전송로** 신호를 송신기에서 수신기까지 전달하기 위한 전송매체이다. 동선케이블 · 광케이블 · 공간 · 도파관 등이 이 목적으로 쓰인다. 신호는 전송로에서 잡음 등의 방해를 받는다.
- **수신기** 전송된 신호를 받아 원래의 신호로 복원하는 장치이다.
- **이용자** 수신기에서 복원된 정보를 받는 사람 또는 기계를 말한다.

전기통신의 역사는 1837년에 모스(Samuel Morse)의 전신기 발명과 함께 시작되었다. 이 전신기는 패러데이(Faraday)가 1831년에 발견한 전자유도 현상을 응용한 것으로 모스 전신기에 의한 최초의 통신은 1844년 워싱턴-볼티모어 사이에 이루어졌다.

송신기의 키로 단점(짧은 부호)과 장점(긴 부호)을 개폐(on/off)하여 알파벳 문자에 대응시킨 모스 부호로 조합한 후 단속전류로 전선에 흘려보낸다. 수신자는 전류의 변화에 따라 수신기의 철편이 흡입될 때 나오는 음을 구분함으로써 문자를 수신하게 된다.

[그림 1-2]에 전신통신 방식을 나타내었다.

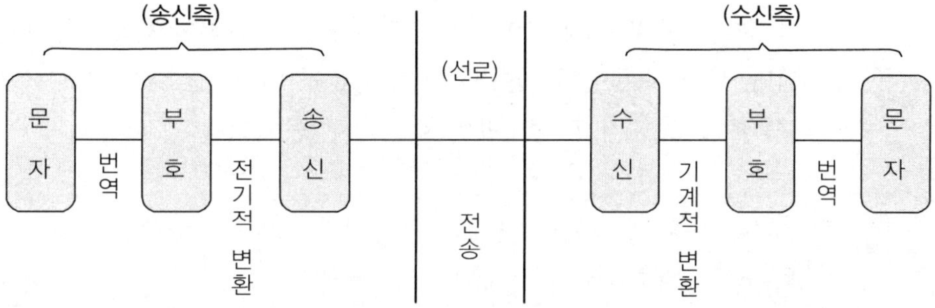

[그림 1-2] 전신통신 방식

모스 통신에서는 전기를 흘리는데 전선이 필요하므로 유선통신의 원조라고 말할 수 있다. 또한 모스 부호는 데이터 통신을 비롯하여 정보통신에는 없어서는 안 될 '정보의 부호화'의 시작이라고 볼 수 있다.

그러나 모스 전신에서는 모스 부호를 외우는 것도 힘들지만 이것을 소리로써 알아듣는 데는 오랜 훈련을 거친 사람이 아니면 불가능해 이에 대한 대책으로 인쇄전신기가 등장하였다. 인쇄전신은 전신기에 타이프라이터를 붙인 것으로 송신 측에서 텔레타이프라이터(teletypewriter, 인쇄전신기)의 키를 치면 해당 문자가 자동적으로 전기신호로 바뀌어서 송신되고, 수신 측에서는 종이에 자동적으로 문자가 인쇄되는 기록통신이다.

가입전신은 그 기록이 남는다는 특색과 전화와 함께 발전한 교환기능을 갖춘 것으로 무역회사에서 많이 사용하는 것을 볼 수 있다. 또 가입전신은 국제적으로 텔렉스(telex)라고 한다.

모스 전신이 발명된 지 30년 뒤인 1876년 미국의 벨(Alexander Graham Bell)이 음성을 직접 전류로 바꾸어 보내고, 또 반대로 음성을 재현하는 전화를 발명하였다.

벨이 발명한 전화기의 송화기는 전자석에 얇은 철판을 입힌 것으로서, 음압에 의해 철판이 진동하여 자기장이 변화하기 때문에 전자석의 코일에 전류의 변화(음성전류라고 한다)가 발생하는 것이다. 이 송화기의 감도를 향상시킨 것이 에디슨이 발명한 탄소형 송화기이다. 이것은 가입자선에 직렬로 탄소가루를 눌러붙인 변환기에서 음압에 의한 진동판의 진동에 따라 탄소가루가 강하거나 약하게 압박되어 전기저항이 변화하여 음성전류가 발생하는 것이다. 이 탄소형 송화기에서 나온 전류의 변화가 [그림 1-3]에서와 같이 전화교환기로 보내지고 상대방의 수화기로 넘겨진다.

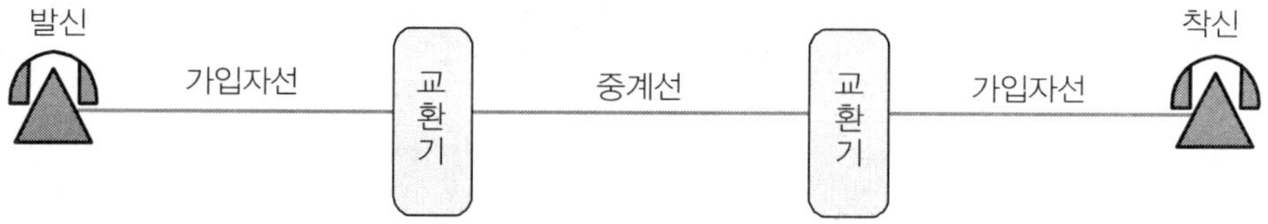

[그림 1-3] 전화통신 방식

수화기의 원리는 스피커와 같은데 코일로 감은 영구자석에 진동판을 붙인 것으로, 음성전류에 의해 자석의 세기가 변화하여 진동판이 진동하고, 음압변화가 발생하여 음으로 재생된다.

전화는 현재 가장 앞선 전기통신으로 세계에 4억 대 정도의 전화기가 보급되어 있고, 다이얼이나 버튼으로 자유롭게 상대방에게 소식을 전할 수 있다. 이 다이얼이나 버튼 번호를 식별하여 상대방의 전화기와 접속시키는 것이 전화교환기와 전화교환망이다.

1.2 데이터 통신과 컴퓨터 네트워크

앞에서 설명한 제1의 통신인 전신은 경조사 전보 등으로서 이용되며, 제2의 통신인 전화는 전세계의 상대방에게 다이얼 하나로 자유롭게 연결할 수 있는 초대규모 네트워크로 발전하였다.

그러나 이들은 오로지 인간과 인간의 직접적인 정보를 다루는 것에 비해 제3의 통신이라고 불리는 데이터 통신은 기계와 인간, 기계와 기계 사이에 대량의 정보를 먼 곳까지 짧은 시간에 정확하게 보낼 수 있고, 더욱이 받은 정보를 컴퓨터로 다양하게 가공할 수 있다.

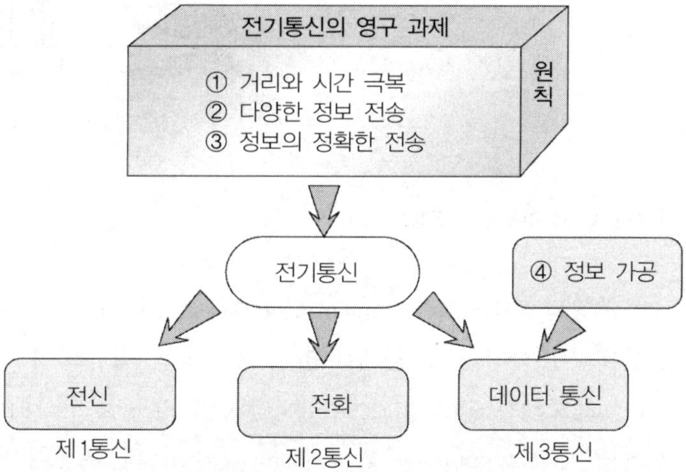

[그림 1-4] 제3의 통신 — 데이터 통신

세계 최초의 데이터 통신 시스템은 감시용 데이터망에서 미사일의 발사를 제어하기 위해 미국 공군이 1958년에 개발한 SAGE(Semi Automatic Ground Environment) 시스템이다.

그 후 민간에 있어서의 최초의 시스템은 아메리카 항공회사가 대규모 좌석예약 업무를 포함하는 정보처리를 행하기 위해 1961년에 발표되어 1964년

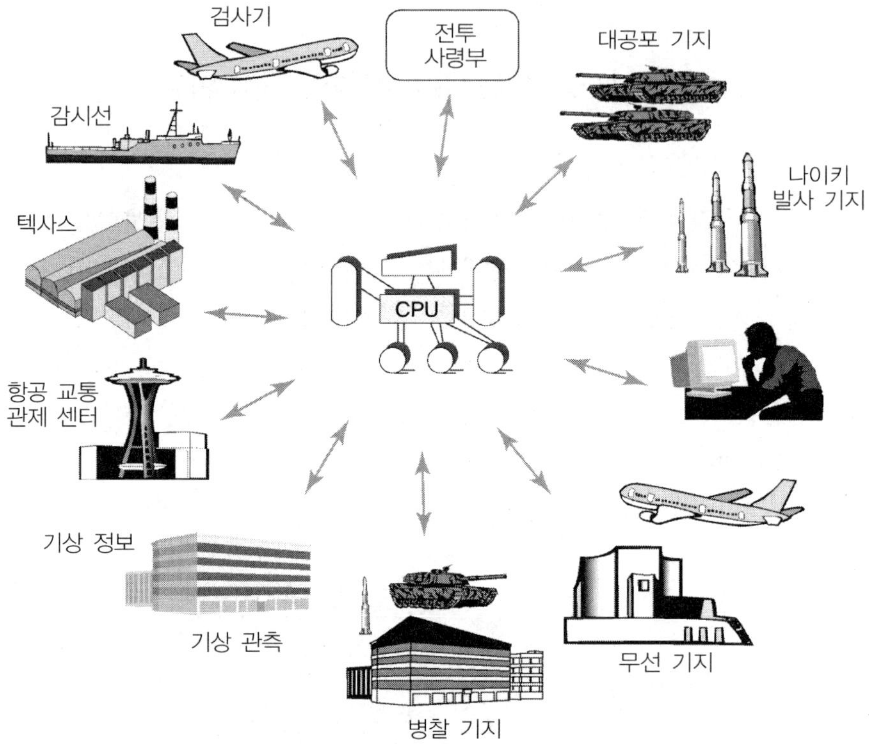

[그림 1-5] SAGE 시스템

에 완성된 SABRE(Semi Automatic Business Research Environment) 시스템이다.

한편, 1959년 MIT 공과대학에서는 대형 컴퓨터의 다수 이용을 목적으로 하는 프로젝트 MAC가 AcCarthy 박사의 지도로 시작되어 최초의 대학 내 시스템인 CTSS(Compatible Time Sharing System)의 운용이 1964년 11월 개시되었다. 이때부터 시분할 시스템(TSS : Time Sharing System)의 개념이 나오게 된 것이다.

시분할인 경우 컴퓨터나 단말장치 사이의 통신뿐만 아니라 다수의 컴퓨터 상호간 통신이 가능하게 되었다. 이 경우 컴퓨터 사이의 데이터 전송의 고속성과 인터페이스의 필요성에 따라 고도의 네트워크 기능이 요구되기에 이르렀다.

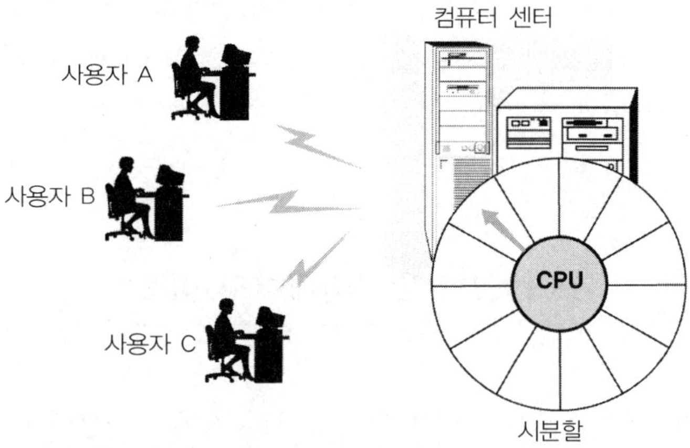

[그림 1-6] 시분할 시스템

이와 같은 요구에 따라 1968년에 미국 국방성 고등연구계획국(ARPA: Advanced Research Project Agency)이 컴퓨터 네트워크의 실험을 시작하였는데 이 실험 시스템을 ARPA 네트워크라 부르게 되었다. ARPA 네트워크는 1971년부터 국방성을 중심으로 미국의 대학 연구기관의 다수의 컴퓨터와 단말을 디지털회선으로 접속한 실용적 시스템으로서 세계 최초의 패킷 교환방식이 채용되어 컴퓨터 네트워크 시대의 개막에 크게 기여하였다.

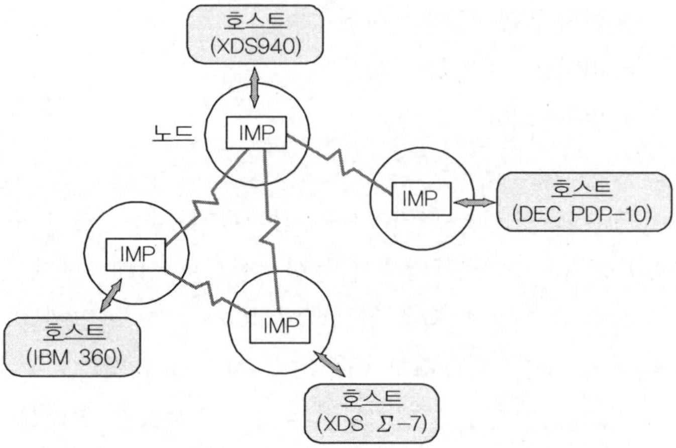

[그림 1-7] 초기의 ARPA 네트워크 구성

바로 이 ARPA망이 오늘날 전세계의 컴퓨터들을 하나의 거대한 망으로 연결시켜 컴퓨터간의 정보를 주고받을 수 있는 세계 최대의 네트워크인 인터넷(Internet)의 효시이다.

1.3 정보통신과 멀티미디어 서비스

지금까지의 전기통신에서는 음성은 전화로, 전보는 전신으로, 데이터는 데이터 통신으로 각각 서비스되고 있었다. 그러나 대규모 집적회로나 디지털 통신기술의 발달, 컴퓨터의 고도화에 따라 사람의 시각에 직접 효과를 주고 팩시밀리 등의 정지화상·영상 등 이른바 정보가 전기통신과 컴퓨터에 의한 처리대상이 되었다.

컴퓨터로 처리하여 저장하거나 전달하는 정보에는 다음과 같은 형태가 있다.

- **텍스트** 문서
- **오디오** 음성·음향
- **정지 영상** 그림·사진
- **비디오** 동영상
- **멀티미디어**

예를 들어, TV 회의에서는 참석자의 영상, 음성 또는 정지화상(자료나 도면) 등의 정보를 혼합해서 통신회선으로 상대방에게 보낸다. 더욱이 회의에 필요한 통계정보 등을 컴퓨터에서 꺼내 TV 화면에 비추는 등 여러 가지 미디어와 통신, 컴퓨터가 어우러진 시스템이 된다.

이러한 배경으로 전기통신은 정보통신으로 확대하여 불리게 되었다.

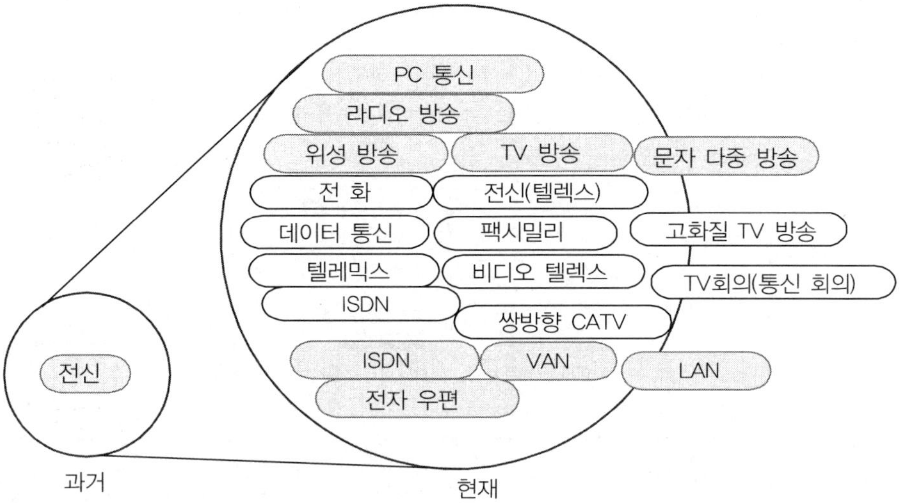

[그림 1-8] 전기통신의 발달

정보통신 분야는 멀티미디어 산업이 주도해나갈 것으로 예상되고 있다. 이미 국내에서도 멀티미디어 컴퓨터가 광범위하게 보급되어 일반 가정에서도 학습용이나 정보검색용으로 활용되고 있는 실정이며, 장차 초고속 정보통신망이 성공적으로 구축된다면 다양한 멀티미디어 응용 서비스가 실시간으로 제공됨으로써 우리들의 생활은 보다 더 편리해질 전망이다.

멀티미디어 서비스란 "상호 교환되는 정보가 하나 이상의 정보 형태인 서비스"를 말하며, 크게 대화형 서비스와 분배형 서비스로 구분할 수 있다.

대화형 멀티미디어 서비스는 회화 서비스, 메시지 서비스, 검색 서비스로 구분된다.

회화 서비스는 사용자간에 실시간으로 정보를 전달하는 서비스로서 화상회의, 원격강의 등에 응용된다.

메시지 서비스는 편집 기능을 이용하여 작성한 메시지를 전달하는 서비스로서 전자우편, 전자신문 등에 응용된다.

검색 서비스는 정보센터에 저장된 정보를 검색하는 서비스로서 원격쇼핑 · 뉴스 검색 등에 응용된다.

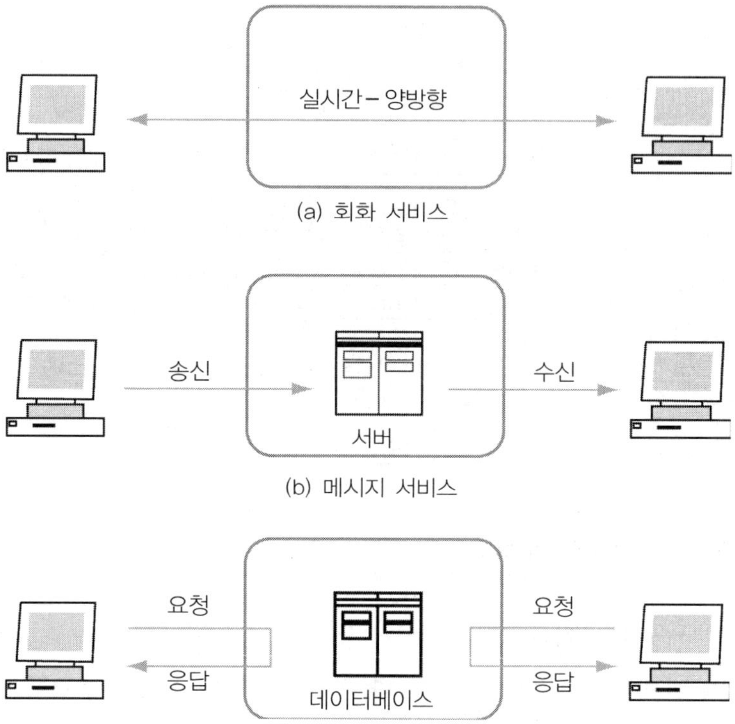

[그림 1-9] 대화형 멀티미디어 서비스

분배형 멀티미디어 서비스는 사용자 제어불능 분배 서비스와 사용자 제어가능 분배 서비스로 구분된다.

사용자 제어불능 분배 서비스는 중앙분배센터로부터 다수의 가입자에게 일방적으로 연속된 정보 흐름을 제공하는 서비스로서 기존 품질의 TV나 HDTV 방송 등에 응용된다. 사용자 제어가능 분배 서비스는 사용자가 분배 정보의 시작과 순서를 제어할 수 있는 서비스로서 전 채널 방송 비디오 그래프 서비스 등에 응용된다.

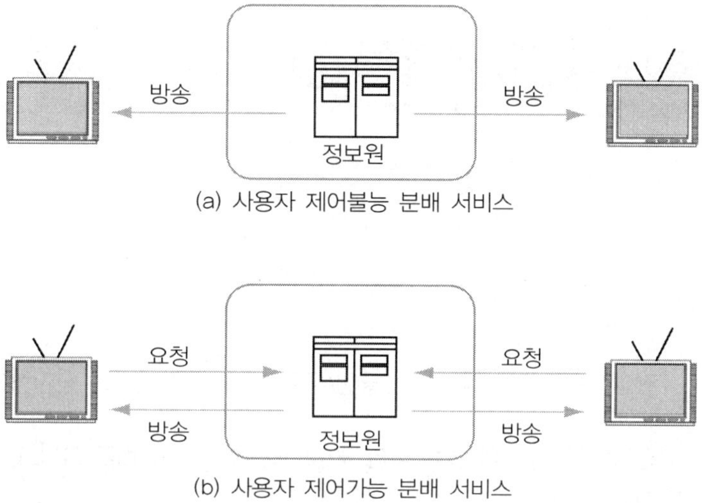

[그림 1-10] 분배형 멀티미디어 서비스

멀티미디어 서비스의 유형 및 대표적인 응용 분야를 〈표 1-2〉에 열거하였다.

〈표 1-2〉 멀티미디어 서비스의 유형 및 응용 분야

서비스 유형		응용 분야	
대화형 서비스	회화 서비스	• 화상 전화 • 원격 의료 • 대화형 VOD	• 화상회의 • 원격 강의
	메시지 서비스	• 전자 우편 • 멀티미디어 전자 우편	• 전자 신문
	검색 서비스	• 비디오텍스 • 뉴스 검색 • 원격 쇼핑	• 여행 안내 • 문서 검색
분배형 서비스	사용자 제어 불능 서비스	• 기존 품질 TV 분배 • 문서 분배	• HDTV 분배 • 비디오 정보 분배
	사용자 제어 가능 서비스	• 전 채널 방송 비디오 그래프	

연습문제

주관식 (5문제 - 레포트, 세미나 주제용)

1.1__ 전달수단에 따라 통신방법을 분류하고, 각각에 대하여 장단점을 기술하여라.

1.2__ 전기통신 시스템의 기본적인 구성도(block diagram)를 그리고, 각 구성요소를 설명하여라.

1.3__ 전신과 전화가 제3의 통신인 데이터 통신으로 발전해 나가는 과정을 살펴보고, 전화통신과 데이터 통신의 차이점을 열거하여라.

1.4__ 세계 최대의 네트워크인 인터넷(internet)의 효시라 할 수 있는 ARPA 네트워크의 초기 구성과 진화과정을 서술하여라.

1.5__ 멀티미디어 서비스는 크게 대화형 서비스와 분배형 서비스로 구분할 수 있다. 대화형 서비스의 3가지 유형에 대하여 기술하여라.

객관식 (20문제 - 중간, 기말고사 출제용)

1.6__ 다음 중 통신의 4대 속성에 해당하지 않는 것은?

① 신속성 ② 정확성 ③ 안정성 ④ 보편성

1.7__ 다음 중 전기통신 시스템의 기본적 구성요소로 볼 수 없는 것은?

① 송신기 ② 수신기 ③ 전송로 ④ 제어기

1.8__ 전달하고자 하는 정보를 발생하는 인간 또는 기계를 가리키는 용어로 사용되는 것은?

① 정보원 ② 송신기 ③ 정보 싱크 ④ 데이터 발생기

◀정답▶ 1.6 ④ 1.7 ④ 1.8 ①

1.9__ 전화기에서 신호전류를 음성 에너지로 변환시키는 것은?

① 송화기 ② 교환기
③ 수화기 ④ 다이얼

1.10__ 음성용 전화회선에 전송하는 신호는 어느 형태인가?

① 직류의 아날로그 신호 ② 직류의 디지털 신호
③ 교류의 아날로그 신호 ④ 교류의 디지털 신호

1.11__ 전화회선에 있어서의 음성 대역폭은 대략 얼마 정도인가?

① 30[Hz]~330[Hz] ② 300[Hz]~3.4[kHz]
③ 3.3[kHz]~33[kHz] ④ 33[kHz]~330[kHz]

1.12__ 데이터 통신 시스템의 기본 기능으로 가장 거리가 먼 것은?

① 거리와 시간의 극복 ② 단말장치의 공동 이용
③ 대형 컴퓨터의 공동 이용 ④ 대용량 파일의 공동 이용

1.13__ 데이터 통신 발달과정의 순서가 맞는 것은?

① 모스 전신기 → SAGE → SABRE ② SAGE → ARPA → SABRE
③ 모스 전신기 → CTSS → SAGE ④ CTSS → SAGE → SABRE

1.14__ 데이터 통신 시스템의 모체가 되는 것으로 미국에서 군사목적으로 개발된 최초의 시스템은?

① SAGE ② SABRE ③ CTSS ④ TSS

1.15__ 초창기의 컴퓨터 네트워크로서 가장 유명한 것은?

① ARPA ② SAGE ③ CTSS ④ SABRE

1.16__ 다음 설명 중에서 시분할 시스템(TSS)에 해당되는 것은?

① 한 개의 컴퓨터 시스템에서 여러 개의 단말기를 공동으로 사용하는 시스템이다.
② 통신 시스템 상의 주파수분할 방식에 해당된다.
③ 시간적으로 동기를 맞추어 전송하는 시스템이다.
④ 정보통신에 사용되는 데이터의 블록 전송방식이다.

◀정답▶ 1.9 ③ 1.10 ③ 1.11 ② 1.12 ② 1.13 ① 1.14 ① 1.15 ① 1.16 ①

1.17__ 다음 중 정보의 개념에 대한 설명으로 적당하지 않은 것은?

① 정보에는 의사결정을 지원하는 기능이 있다.
② 정보는 숫자 · 문자 · 기호로 형식화한 것이다.
③ 정보는 데이터로 구성된다.
④ 정보는 데이터로부터 얻어낸 부가가치이다.

1.18__ 정보의 특성에 관한 사항으로 적합하지 않은 것은?

① 정보는 그 자체가 형태를 가지고 있지 않다.
② 정보는 일정한 시간이 지나면 효력이 증가한다.
③ 공개된 정보보다 미공개된 정보가 더 가치가 있다.
④ 연속적인 활동과 축적으로 정보가치가 증대된다.

1.19__ 정보통신의 특징으로 적합하지 않은 것은?

① 시스템의 신뢰도가 높다.
② 고도의 에러제어 방식이 요구된다.
③ 광대역 전송이 곤란하다.
④ 시간이나 횟수에 관계없이 같은 내용을 반복하여 전송할 수 있다.

1.20__ 정보통신 시스템의 정보전송의 최종 목표는?

① 디지털 전용회선 구축　　② 데이터 전송 교환망 구축
③ 종합 정보통신망 구축　　④ 광대역 데이터 전송회선 구축

1.21__ 정보통신 시스템에서 온라인(on-line system)이란?

① 데이터 단말장치와 정보처리장치 사이에 기록매체를 사용하는 것
② 데이터 단말장치와 정보처리장치 사이를 전기적 통신회선으로 직접 결합하는 것
③ 중계장치 없이 직접 처리장치로 단말장치가 결합된 것
④ 단말장치와 중앙처리장치 사이에 새로운 컴퓨터를 설치하는 것

1.22__ 실시간 처리 시스템의 응용 분야가 아닌 것은?

① 항공기 예약　　② 군사용
③ 은행업무　　④ 급여처리 계산

◀정답▶ 1.17 ② 1.18 ② 1.19 ③ 1.20 ③ 1.21 ② 1.22 ④

1.23__ 상호 교환되는 정보가 하나 이상의 정보형태인 서비스를 나타내는 용어는?

① 멀티미디어 서비스　　② 텔레텍스 서비스
③ 비디오텍스 서비스　　④ ISDN 서비스

1.24__ 다음 응용 중 검색 서비스라 할 수 있는 것은?

① 화상전화　　② 화상회의　　③ 원격강의　　④ 원격쇼핑

1.25__ 다음 응용 중 검색 서비스라 할 수 있는 것은?

① 원격의료　　② 전자우편
③ 비디오텍스　　④ 대화형 VOD

◀정답▶ 1.23 ①　1.24 ④　1.25 ③

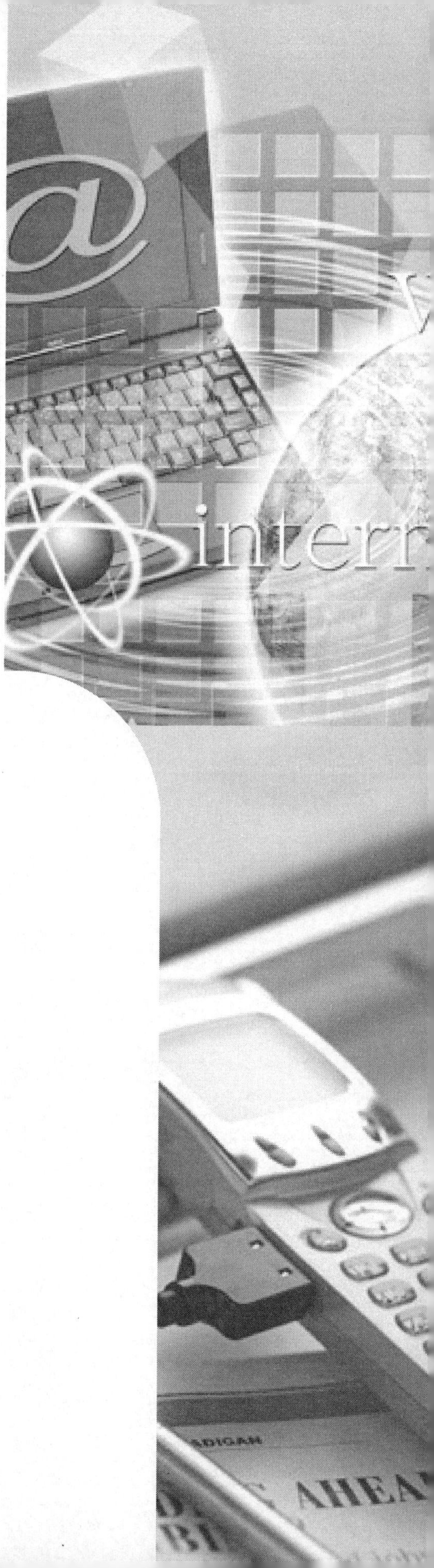

제2장 컴퓨터간의 통신

2.1 디지털 기술의 장점

자연적으로 발생하는 모든 신호(음성신호, 전파신호 등)는 [그림 2-1](a)와 같은 아날로그 형태의 신호이다. 그러나 우리가 컴퓨터나 그밖의 신호처리 장비를 통하여 취급하는 신호들은 거의 [그림 2-1](b)와 같은 디지털 형태의 신호인 것이다.

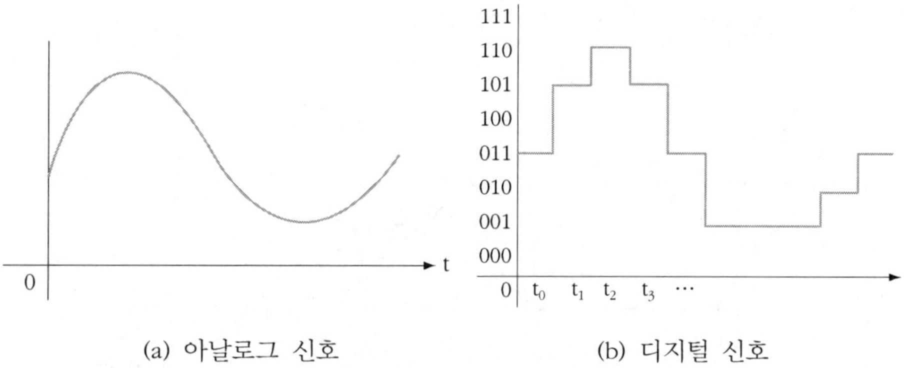

[그림 2-1] 전기적 신호파형의 예

신호를 시간함수로 표시하였을 때 정의역과 치역은 각각 시간축과 크기축으로 나타난다. 이러한 시간축과 크기축에 대하여 연속적인 신호를 아날로그 신호(analog signal)라 하고, 시간축에 대해서도 크기축에 대해서도 불연속적인 신호를 디지털 신호(digital signal)라고 부른다. 특히, 크기가 단지 두 레벨로 한정되는 불연속적인 신호를 2진 디지털 신호(binary digital signal)라 한다.

통신에서는 일반적으로 M가지의 레벨을 가지는 신호를 사용하는데, 이를 M진 신호(M-ary signal)라고 한다. 특히, M = 2, 3, 4 …에 따라 2진(binary), 3진(ternary), 4진(quaternary) … 신호라고 부른다.

아날로그 신호를 시간축에 따라 일정한 간격으로 순시값을 취해보자. 이렇게 신호의 순시값을 취하는 과정을 샘플링(sampling)이라 하는데 그 결과로 나타나는 신호는 시간축에 대하여 불연속이고, 크기축에 대하여는 여전히 연속이다.

우리는 이러한 형태의 신호를 이산신호(discrete signal)라고 부른다. 이러한 이산신호를 크기축에 따라 다시 일정한 간격으로 나누고, 각 신호의 값을 가장 근접한 레벨로 근사시킨다. 이러한 과정을 양자화(quantization)라 하며, 그 결과로 나타난 신호는 시간축과 크기축에 대하여 공히 불연속이다.

이때, 우리는 각 신호의 레벨을 몇 비트의 2진수로 나타낼 수 있으며, 이러한 형태의 신호를 디지털 신호라고 한다. 이렇게 아날로그 신호에서 디지털 신호로 변환하는 것을 A-D변환(analog-to-digital conversion)이라고 하며, 이 과정을 [그림 2-2]에 나타내었다.

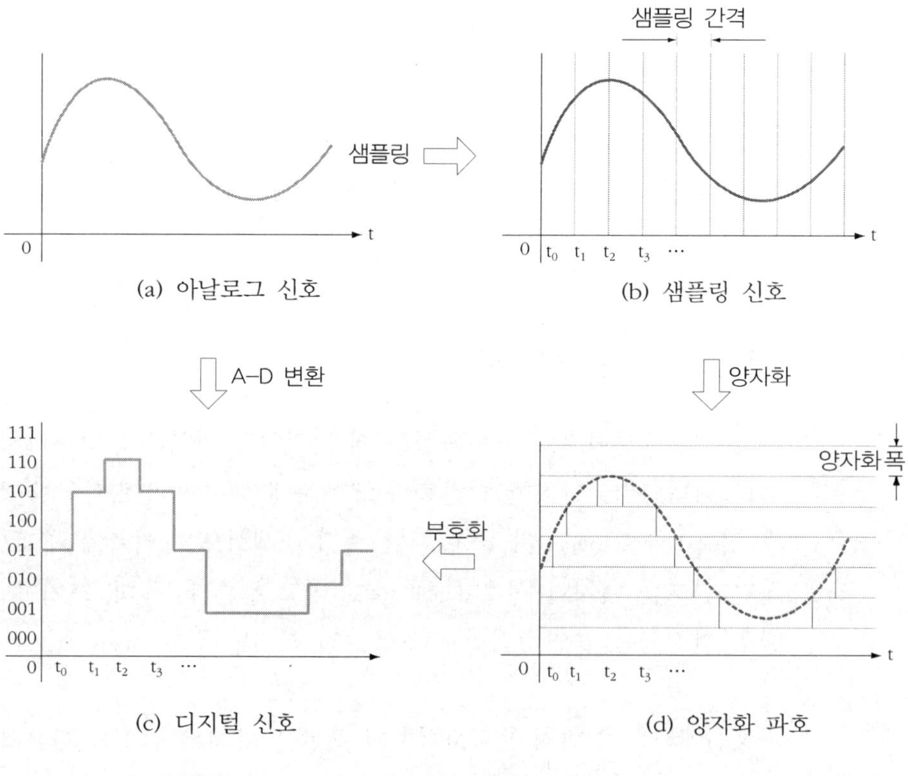

[그림 2-2] A-D 변환과정

이 경우 A-D 변환되는 2진수의 계열 (011), (101), (110), (101), (011), (001), (001), (001), (010), (011), … 이 디지털 신호처리의 입력 데이터가 된

다. 한편, 디지털 신호를 소리나 그림으로 재현하기 위해서는 다시 아날로그 신호로 변환해야 하는데 이 과정을 D-A 변환(digital-to-analog conversion)이라고 한다.

디지털 방식은 아날로그 방식에 비해 여러 가지 장점을 가지고 있다. 여기서는 통신 시스템의 입장에서 디지털 기술의 장점을 살펴본다.

1. 고품질의 통신수단

모든 통신 시스템에는 잡음(noise)이 발생한다. 아날로그 신호나 디지털 신호나 모두 송신하는 순간에는 깨끗한 상태이지만, 이 신호가 전송되는 과정에서 [그림 2-3]에서와 같이 잡음이 부가된 채로 수신자에게 전달된다는 것이 문제다.

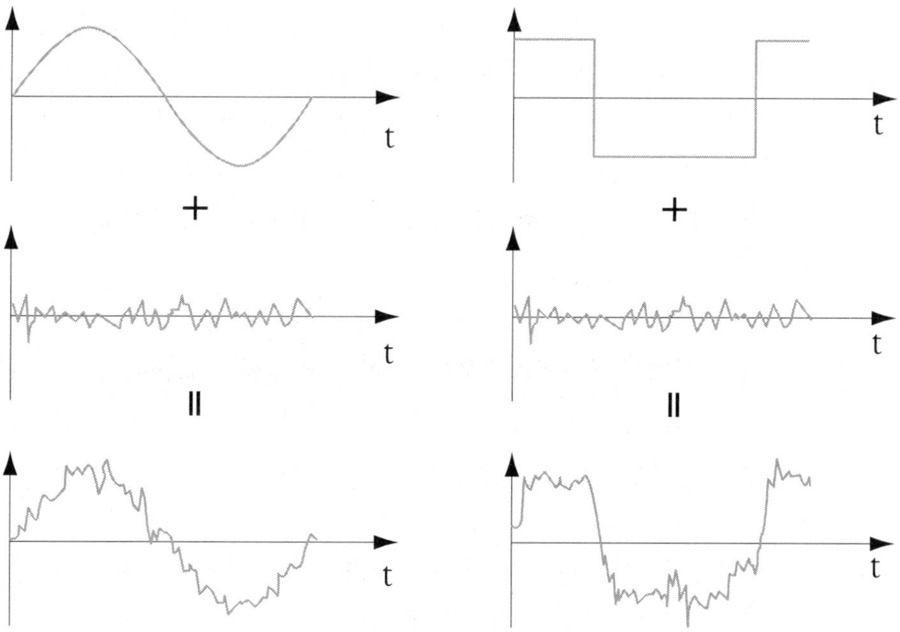

(a) 아날로그 신호+잡음 (b) 디지털 신호+잡음

[그림 2-3] 신호의 잡음 특성

[그림 2-3](a)는 아날로그 방식으로 신호를 전송하는 경우이다. 송신된 신호는 전송되는 과정에서 약해지고, 여기에 잡음이 부가되면 신호가 약해지는 것을 보완하기 위하여 중간중간에 수신된 신호를 다시 증폭시켜서 보내는 장치를 삽입하게 된다. 그런데 아날로그 시스템에서는 수신된 신호 중에서 원래의 신호와 잡음을 구분할 수 없기 때문에 증폭기에서는 잡음이 부가된 채로 수신된 신호를 증폭시킬 수밖에 없다.

따라서 잡음도 같이 증폭되어 다시 전송되게 된다. 이러한 과정을 여러 차례 거치게 되면 신호도 커지지만 잡음도 커지게 되어 통화품질이 전혀 개선되지 않는다.

그러나 디지털 방식에서는 보내는 정보가 0인지 1인지에 따라 [그림 2-3](b)와 같이 계단 모양의 신호를 전송하게 된다. 이러한 신호 역시 어느 정도 가게 되면 신호가 약해지고 잡음이 부가되어 모양이 변하게 될 것이다. 그러나 이러한 변화가 작은 경우에는 원래의 신호가 0을 나타내는 것이었는지 1을 나타내는 것이었는지 판단하는 데에는 별 무리가 없다.

따라서 이러한 판단이 가능한 정도의 거리에서 신호를 받아서 0인지 1인지의 여부를 판단한 후에 다시 정확한 계단 모양의 신호로 고쳐서 전송한다면 그 동안 부가된 잡음의 영향을 완전히 제거할 수 있을 것이다. 이러한 장치를 리피터(repeater, 재생기)라고 하며, 유선망이 디지털화되면서 고품질을 제공할 수 있도록 한 획기적인 기술이라고 할 수 있다.

무선통신 환경에서는 이러한 리피터를 사용하기 어렵다. 그러나 이 경우에도 디지털 전송의 경우에는 이른바 코딩(coding)이라는 기술을 사용하여 잡음이나 간섭의 영향을 제거할 수 있다. 즉, 보내고자 하는 디지털 정보에 전송도중 오류가 발생하였는지를 판단할 수 있도록 몇 개의 비트를 추가하는 것이다.

다양한 코딩 기술의 개발로 에러가 발생하였다는 사실을 알아낼 뿐만 아니라 잡음의 정도가 심하지 않은 경우에는 발생한 에러를 고칠 수도 있다.

이와 같이 디지털 방식은 고품질의 통신수단을 제공할 수 있기 때문에 수많은 통신산업들은 아날로그 시스템을 디지털로 전환하고 있다. 예를 들어 유선전화가 디지털 방식으로 바뀜으로써 엄청난 통화품질의 향상을 우리는 경험하였다.

이동전화는 초창기 제1세대인 셀룰러 시스템이 아날로그 방식으로 시작하였으며(이 셀룰러 시스템도 후에 디지털로 바뀌었다), 그 후 PCS라고 불리는 디지털 방식인 제2세대 시스템이 나타났다. 제3세대 시스템인 IMT-2000도 물론 디지털 시스템이다.

2. 정보신호의 압축

디지털 방식의 또하나의 장점은 정보의 압축이 가능하다는 것이다. 하나의 음성신호는 64k비트(64,000비트/초)의 전송능력이 있는 통신망을 통하여 전송될 수 있다. 그러나 음성의 파형이 가지고 있는 특성을 잘 활용하면 1초 동안의 음성신호를 64,000비트보다 더 적은 비트로 표현할 수 있다. 이러한 기술을 압축(compression)이라고 한다.

현재 우리가 사용하고 있는 이동통신 시스템인 CDMA 시스템들은 1초 동안의 음성신호를 9.6k비트/초(대략 10,000비트)로 표현한 정보를 사용한다. 즉, 약 10k비트/초 정도로 압축한 음성정보를 사용하고 있다.

이러한 압축기술을 사용하면 동일한 전송능력을 가지고서도 디지털 방식은 아날로그 방식보다 더 많은 양의 정보를 전송할 수 있다. 이러한 압축기술은 지속적으로 발전하고 있기 때문에 디지털 시스템의 전송능력은 더욱더 향상되고 있다.

예를 들어서 이동통신의 경우 아날로그 시스템인 FDMA 방식에 비하여 디지털 시스템인 CDMA 방식은 동일한 주파수 대역을 가지고 약 10배의 사용자에게 이동통신 서비스를 제공할 수 있다.

이러한 압축은 화상정보의 경우에도 높은 효과를 가져온다. 따라서 지상파 TV가 디지털로 바뀌게 되면 현재의 10여 개의 채널 수는 30개 정도로 늘어나게 된다. 또 수백 개의 채널을 가지고 있는 위성TV와 경쟁을 벌이고 있는 CATV가 채널 수를 위성TV와 유사한 수준으로 늘릴 수 있는 유일한 방법은 디지털로 가서 압축을 하는 방법이다. 이것이 미래의 CATV가 가야 하는 방향인 것이다.

3. 멀티미디어 서비스

음성이나 화상정보가 모두 디지털화되게 되면 모든 종류의 정보들이 디지털이라는 단 한 가지 유형의 정보로 변환된다. 따라서 디지털 정보를 보낼 수 있는 단 하나의 망으로 음성정보·화상정보·동영상·데이터 등 모든 정보를 보낼 수 있게 된다. 즉, 멀티미디어 서비스(multimedia service)가 가능하게 되는 것이다.

현재의 통신 네트워크는 아직 통합되어 있지 못하고 전문화되어 있다. 유선전화는 유선전화망으로, TV는 지상파TV, CATV, 위성TV 등으로, 데이터는 LAN, 인터넷 등으로 각기 다른 독립된 통신 네트워크를 통하여 전송되고 있다.

이러한 체계는 여러 가지 비효율성을 안고 있다. 여러 가지 네트워크들이 독립적으로 운영됨에 따라 개별적인 설계 및 유지보수가 필요하게 되어 막대한 건설 및 운영비가 필요하게 된다. 또한 이들이 각각 독립적으로 운영되기 때문에 각 네트워크는 각각 자신의 피크 수요를 커버할 수 있는 정도의 용량을 유지하여야 한다.

또한 통신수요는 시간에 따라 많은 변동을 보이는데 어떤 한 순간에 한 네트워크에서 용량이 남는다 하더라도 이 용량을 그 순간에 용량이 부족한 다른 네트워크의 서비스에 제공할 수가 없기 때문에 통신용량이 비효율적으로 사용된다.

이렇게 독립된 여러 개의 통신 네트워크들이 가지고 있는 비효율성은 모든 디지털 통신 서비스를 제공할 수 있는 하나의 대규모 디지털 네트워크, 즉 광대역 ISDN(BISDN, Broadband Integrated Services Digital Network)을 구축함으로써 제거할 수 있다. 이러한 통합된 네트워크는 아날로그 신호를 사용하는 시스템에서는 불가능한 것이며, 모든 정보가 시스템화됨으로써 가능하게 된 것이다. 이러한 이유에서 세계 각국은 초고속 정보통신망 구축을 국가적인 차원의 사업으로 추진하고 있다.

4. 통신과 컴퓨터의 결합

통신이 디지털화됨으로써 얻을 수 있는 또하나의 장점은 통신과 컴퓨터가 쉽게 결합할 수 있다는 점이다. 아날로그 신호를 컴퓨터가 관리하는 것은 용이하지 않지만 디지털 신호를 관리하는 것은 데이터를 관리하는 것과 크게 다를 바가 없다.

따라서 통신 데이터에 대하여 여러 가지 작업을 다양하게 수행하여 새로운 신규 서비스들을 제공할 수 있는 지능망(intelligent network)이 가능해지게 된다.

이러한 지능망을 통하여 유선전화나 이동전화가 더 다양한 부가 서비스들을 제공할 수 있게 되었다.

예를 들어 이러한 유연성은 CATV에 획기적이고 기술적인 변화를 가져오고 있다. 즉, 양방향 교신이 기술적으로 가능해지게 된 것이다. TV란 원래 방송의 영역으로서 방송은 트리(tree) 모양의 일방적인 통신을 하는 단순한 네트워크였다. 그러나 역방향의 교신이 가능해지게 되자 방송망은 통신망의 역할을 할 수 있게 되었다. 이에 따라 방송산업은 네트워크를 보완함으로써 통신산업으로의 진출이 가능하게 된 것이다. 통신산업의 방송산업으로의 진출은 이미 기술적으로 가능한 것이었으며, 이미 우리는 인터넷을 통하여 방송을 보고 있다. 이제 두 산업은 그 동안 기술적으로 자연스럽게 갈라져 있던 산업간의 장벽이 무너지고 통합된 단일시장으로서 시장경제의 논리가 미래를 결정하게 되었다.

2.2 패킷전송과 교환

1940년대에 나타난 컴퓨터는 1960년대 이후에는 폭발적으로 그 수가 증가하였다. 그 후 곧 컴퓨터간에 데이터를 교신하고자 하는 통신수요가 발생하게 되었다. 가까이 있는 컴퓨터간의 통신은 이들을 직접 연결하는 통신선을 이용하여 가능하게 할 수 있었으나 멀리 떨어져 있는 컴퓨터간의 통신을 위해서는 새로운 방식을 필요로 하였다.

1. 모 뎀

멀리 떨어져 있는 여러 컴퓨터들간의 데이터 통신 문제를 해결하는 한 가지 방법으로 기존의 전화 네트워크를 이용하는 방안이 강구되었다. 그러나 전화 네트워크는 음성신호를 효율적으로 보낼 수 있도록 개발된 네트워크이기 때문에 전화 네트워크를 이용하여 디지털 데이터를 교신하기 위해서는 기술적으로 해결해야 할 문제가 있었다.

즉, 송신하고자 하는 컴퓨터에서 나온 디지털 데이터에 대한 정보를 가지고 있는 음성 모양의 신호를 만들 수 있어야 하며, 이 신호를 기존의 전화 네트워크를 통하여 전송한 후, 이를 수신한 컴퓨터에서는 음성 모양의 신호에 들어 있는 디지털 데이터를 다시 복원할 수 있어야 하였다. 이러한 작업을 기술적으로 가능하게 해준 것이 모뎀(modem, modulator-demodulator, 변복조장치)이다.

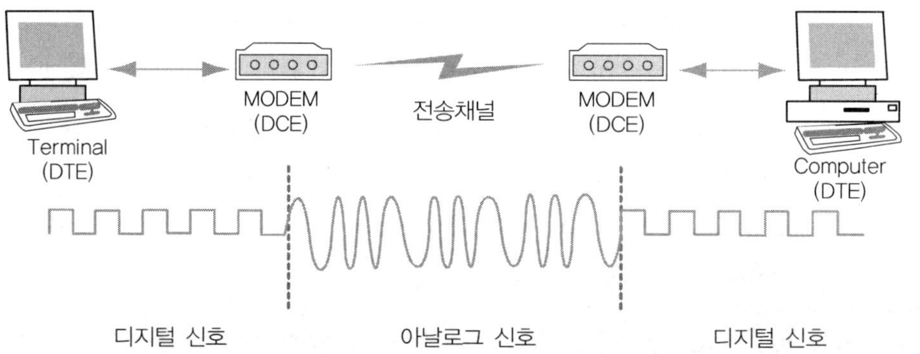

[그림 2-4] 모뎀의 역할

모뎀의 변조장치(modulator)는 디지털 데이터에 대한 정보를 가지고 있는 음성 모양의 신호를 발생시키며, 복조장치(demodulator)는 수신된 음성 모양의 신호에 들어 있는 디지털 데이터를 다시 복원시킬 수 있다.

그러나 모뎀은 음성신호 하나를 전송할 수 있는 전송능력을 이용하여 디지털 데이터를 보내는 방식이므로 전송속도가 느리다는 단점이 있다.

2. 저장 후 재전송

모뎀을 이용한 데이터 통신은 음성통신을 할 수 있는 정도의 전송용량을 가지고 있는 전화 네트워크를 사용하고 있기 때문에 전송속도에 한계가 있을 수밖에 없다. 따라서 컴퓨터간의 대규모 데이터 전송을 위해서는 전화 네트워크가 아닌 컴퓨터간의 네트워크를 사용하여야 한다.

컴퓨터는 1960년대 중반까지도 점대점 방식으로 연결되었다. 그러나 수많은 컴퓨터들이 서로 교신할 수 있도록 하기 위해서는 이러한 방식은 엄청난 투자를 필요로 하는 방식이었다.

이러한 문제를 해결하기 위한 전송방식으로 [그림 2-5]와 같은 저장 후 재전송(store-and-forward) 방식이 개발되었다.

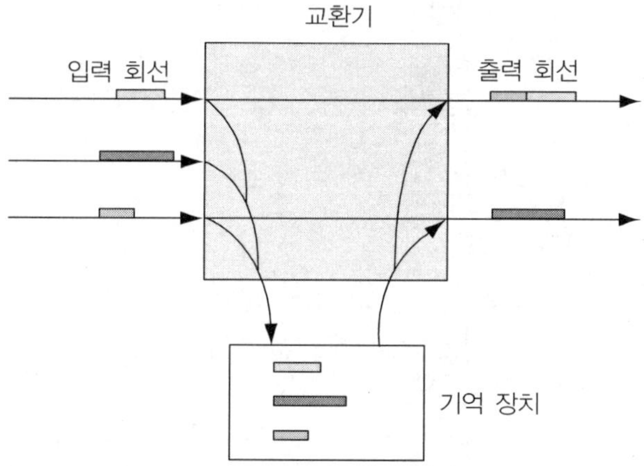

[그림 2-5] 저장 후 재전송방식의 구성

앞에서 살펴보았듯이 데이터통신은 전화통화와 달리 전송과정에서의 약간의 시간지연은 큰 문제가 되지 않는다. 따라서 기억장치를 컴퓨터(K)로 바꿔놓으면 두 컴퓨터 A와 B는 다른 컴퓨터 K를 통한 간접적인 연결로도 서로간의 데이터를 교신할 수 있다.

컴퓨터 B에게 데이터를 보내고자 하는 컴퓨터 A는 이 데이터를 일단 컴퓨터 K에게 보내고 이를 수신한 컴퓨터 K는 이 자료가 자신에게 보내는 것이 아니라 B에게 보내는 것이라는 것을 인식하고 나서는 이 자료를 B에게 다시 전송한다. 이를 수신한 B는 자신이 최종 목적지임을 확인한 후 이 자료를 자신의 기억장치에 저장한다.

3. 패 킷

저장 후 재전송 방식은 컴퓨터와 컴퓨터간의 간접적인 연결만으로도 통신이 가능하게 한다는 점에서 매우 경제적인 방식이라고 할 수 있다. 그런데 이러한 방식은 전송하고자 하는 파일이 긴 경우에는 [그림 2-6](a)에서처럼 상당한 시간지연이 발생할 수 있다.

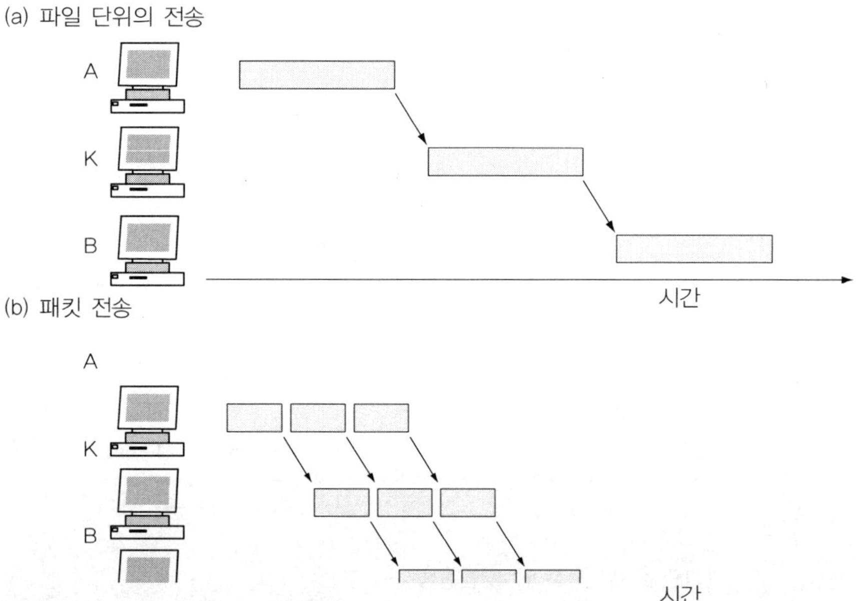

[그림 2-6] 파일 단위의 전송과 패킷전송

[그림 2-6](a)에서 A가 K를 통해 B에게 파일을 보낸다고 할 때 인접한 두 컴퓨터간에 이 데이터 파일을 전송하는데 예를 들어 60초가 걸린다고 하자. 그러면 이 파일이 A에서 K까지 전송이 완료되는데 60초, 그리고 K에서 B까지 전송하는데 60초가 걸리므로 A에서 B까지 이 파일을 전송하는 데는 총 120초가 걸리게 된다.

만일 A와 B 사이에 여러 개의 컴퓨터들이 있다면 이 시간지연은 더 늘어나게 된다.

이 문제를 해결할 수 있는 하나의 방법은 보내고자 하는 데이터 파일을 작게 나누어서 보내는 것이다. 이렇게 나누어진 각 조각들을 패킷(packet)이라고 부르며, 이러한 방식을 이용하면 K는 A로부터 데이터 파일 전체가 도착할 때까지 기다릴 필요가 없고, 첫번째 패킷이 도착하면 이 패킷을 곧 B로 전송할 수 있다.

앞에서 들은 예에서 이 데이터 파일을 60개의 패킷으로 나눈다면 A에서 보낸 파일이 C에 완전히 전송되는 데에는 61초가 걸리게 된다.

[그림 2-6](b)는 파일을 3개의 패킷으로 나누어 전송하는 경우를 보여주고 있는데, [그림 2-6](a)의 경우보다 전송시간 지연이 훨씬 작음을 알 수 있다.

패킷에는 통신경로를 찾아서 목적지에 도달하기 위한 최소의 정보를 포함하고 있는데, 이러한 제어정보를 패킷의 헤더(header)라고 부른다.

헤더에는 패킷번호, 발신원, 행선, 전송경로, 오류검사 등의 전송제어정보를 포함하고 있으며, 패킷의 크기는 128바이트 또는 256바이트가 표준적인 크기이나, 1024바이트 또는 2048바이트의 긴 패킷도 있다.

이와 같은 패킷을 헤더 중의 주소(address)에 의존하여 하나씩 전송하는 것이 패킷통신이다.

4. 패킷 스위칭

전화시스템에서 사용되고 있는 회선교환 방식(circuit switching)은 [그림 1-3]에서 보듯이 한 통화를 위하여 두 사용자간에 한 통화 전송능력을 독점적으로 부여한다. 비록 대화중에 침묵기간이 있다하더라도 이 전송능력을 다른 사람이 사용할 수 없으므로 이 침묵기간 동안 이 전송능력은 낭비되고 있는 것이다. 그러나 음성통화의 경우에는 순간순간에 보내지는 정보의 양이 시간적으로 그리 크게 변하지 않기 때문에 회선교환 방식을 이용함에 따른 비효율성은 그리 크지 않다.

그러나 두 사용자가 상호 교신적(interactive)으로 데이터를 주고받는 경우에는 한 순간에 많은 데이터를 전송하고, 또 오랫동안 아무런 전송도 하지 않는 경우가 많기 때문에 만일 데이터 전송을 위하여 회선교환 방식을 사용한다면 많은 통신자원이 낭비된다.

데이터 전송이 목적인 컴퓨터 네트워크에서는 송신자가 데이터 파일을 여러 개의 작은 패킷으로 나눈 후 각각의 패킷에 수신자의 주소를 적어서 네트워크에 띄운다. 이러한 전송방식을 패킷 스위칭(packet switching) 방식, 또는 좀더 정확하게 말하면 데이터그램 패킷 스위칭(datagram packet switching) 방식이라고 한다.

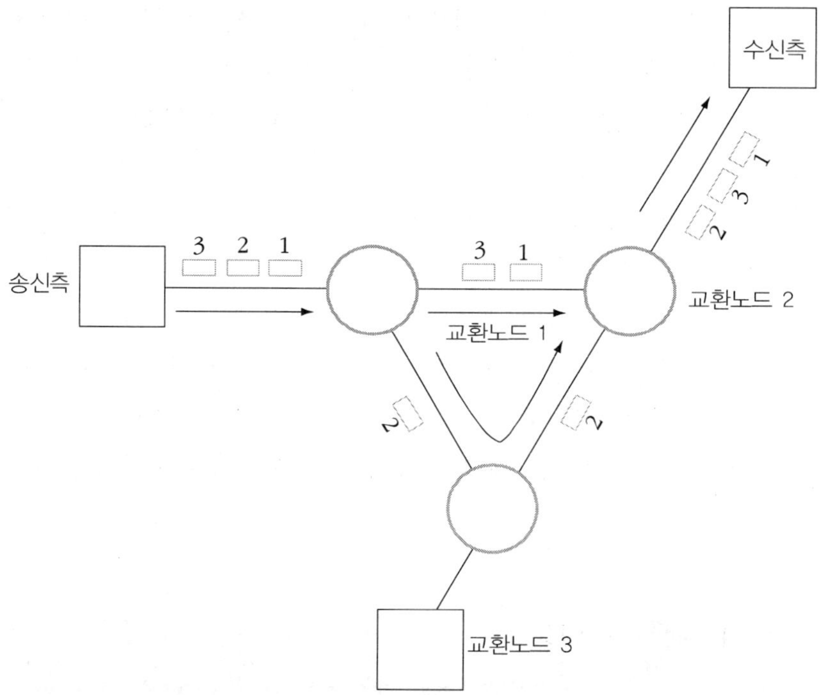

[그림 2-7] 데이터그램 교환방식

이 각각의 패킷들은 서로 독립적으로 자신의 주소지를 찾아서 네트워크를 항해하게 된다. 어떤 컴퓨터가 하나의 패킷을 수신하게 되면 목적지 주소를 읽은 후 자신과 연결되어 있는 컴퓨터들 중에서 어느 컴퓨터에게 넘겨주어야 이 패킷이 목적지까지 좀더 빨리 갈 수 있겠는가를 판단하여 전송한다.

네트워크의 상황은 시시각각으로 변하기 때문에 비록 같은 데이터 파일에서 작성된 패킷들이라 하더라도 뒤에 만들어진 패킷은 앞에서 만들어진 패킷과는 다른 경로를 따라서 목적지에 도달하기도 한다.

때로는 뒤에 만들어진 패킷이 더 좋은 경로를 선택하게 되어 먼저 만들어진 패킷보다 먼저 목적지에 도달하기도 한다. 수신측에서는 패킷에 적혀져 있는 일련번호를 읽어서 수신된 패킷들을 순서대로 재정리한다.

그러나 이러한 패킷교환 방식은 한 통신수요에 대하여 독점적인 전송능력을 부여한 것이 아니기 때문에 다른 사용자들의 통신량이 늘어나게 되면 한 사용자가 보낸 패킷들이 도중에 길다란 대기행렬에 걸리기 쉽고, 많은 시간 지연이 발생할 수 있다. 이러한 지연은 음성통화와 같은 실시간 서비스에서는 심각한 문제가 되지만 데이터 전송의 경우에는 큰 문제가 되지 않는다.

이러한 여러 가지 이유로 패킷교환 방식은 회선교환 방식에 비하여 데이터 통신에 더 적합하도록 설계된 교환방식이라고 할 수 있다.

2.3 라우팅과 에러제어

송수신측간에 신뢰성 있는 정보전송이 이루어지기 위해서는 2.2절의 패킷 전송과 교환기술 이외에도 라우팅, 흐름제어, 오류제어, 시스템 보완 및 관리와 같은 기능들도 수행되어야 한다. 여기서는 이와 같은 기능들에 대하여 간단하게 살펴본다.

1. 라우팅

정보가 목적지까지 전달되기 위해서는 복잡한 통신망을 거쳐야 하는데 어떤 경로를 경유하는가에 따라 목적지에 빨리 도착하기도 하고 늦게 도착하기도 한다. 목적지에 도착하는 시간은 통신 시스템의 효율에 큰 영향을 미치게 된다.

따라서, 가능한 한 최단 경로를 통해 정보가 전달되도록 하여야 한다. 정보가 경유할 경로를 결정하는 것을 라우팅(routing) 또는 경로배정이라고 한다.

라우팅의 개념은 정보통신 분야뿐만 아니라 일상생활에서도 여러 모로 활용되고 있다. 예를 들어, 어디를 갈 때 먼 길로 돌아가지 않고 가장 가까운 길로 간다든지, 명절 때 가족들이 모여 즐기는 윷놀이에서도 게임을 이기기 위해 윷판에서 가장 단거리를 선택하고자 노력하는 것도 라우팅의 개념이 활용된 것이라고 할 수 있다.

가령 [그림 2-8]과 같이 간단한 통신망에 있어서 A에서 F로 갈 수 있는 경로는 A-B-F, A-E-F, A-C-D-F의 3가지가 있다. 이 경로들을 경유할 때의 소요 거리는 각각 5km, 4km, 6km이다. 따라서, 가장 단거리인 경로 A-E-F를 최우선적으로 선택하며, 만일 이 경로에 문제가 있을 경우에는 경로 A-B-F, A-C-D-F의 순서로 선택한다.

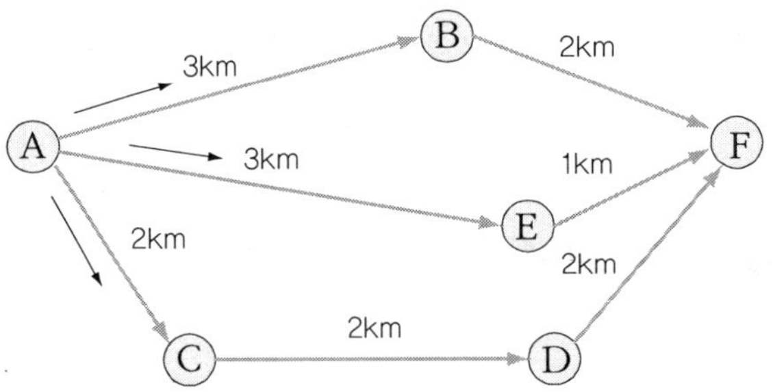

경로	거리	선택순위
A–B–F	5km	2
A–E–F	4km	1
A–C–D–F	6km	3

[그림 2-8] 라우팅의 예

2. 오류제어

오류제어(error control)란 송신한 정보가 수신측에 정확하게 도달하도록 하는 기능을 말한다. 실제로 정보전송 중에는 여러 요인에 의해 오류가 발생할 가능성이 있다. 오디오나 비디오 전송의 경우에는 오류로 인해 음질이나 영상의 질이 저하되지만 그다지 큰 문제를 초래하지는 않는다. 그렇지만 파일 전송의 경우에는 오류로 인해 자칫 커다란 문제가 발생될 수도 있다.

가령 어떤 학생의 성적표를 전송하는 데 있어서 A학점이 오류로 인해 F학점으로 바뀌거나 은행에서 1만 원을 온라인 송금하였는데 전송오류로 인해 1억 원을 송금한 것으로 된다면 어떻게 되겠는가?

이러한 문제를 해결하기 위하여 수신측에서는 자신이 수신한 정보에 오류가 있는지를 검사하여 만약 오류가 검출되면 [그림 2-9]에서 보는 바와 같이 송신측에 재전송을 요청하거나 혹은 자체적으로 오류를 정정하는 형태로 오류제어를 수행하여야 한다.

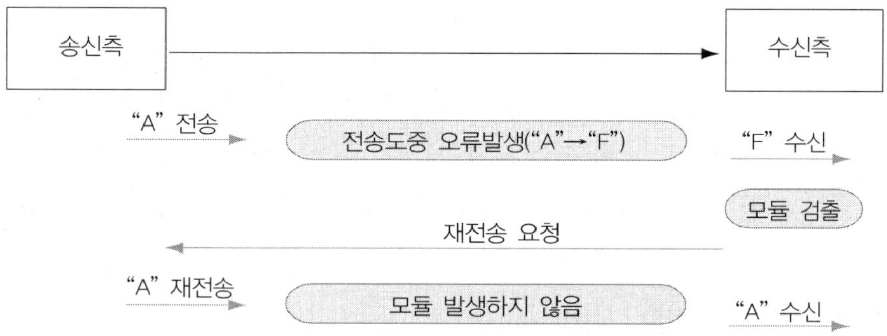

[그림 2-9] 재전송에 의한 오류 제어

3. 흐름제어

흐름제어(flow control)란 송신측의 전송속도가 수신측의 처리속도보다 빠르지 않도록 조절하는 기능을 말한다. 예를 들어, 송신측 컴퓨터가 초당 11M 비트를 전송하는 반면에 수신측 컴퓨터는 속도가 느려서 초당 1M비트밖에 처리할 수 없는 상황을 가정해보자.

수신측 컴퓨터에는 미처 처리되지 못한 데이터가 1초마다 10M비트씩 버퍼(기억장치)에 쌓이게 될 것이며, 1분 동안에는 무려 600M비트가 되고, 시간이 경과하면 궁극적으로는 버퍼 용량이 부족하게 됨으로써 더이상 수신하지 못하고 정보를 상실하게 된다.

이러한 상황이 발생되지 않도록 정보를 전송하기 이전에 미리 송수신측간에 전송속도에 대한 협상이 이루어져야 한다.

4. 시스템 보안 및 관리

시스템 보안(security)은 사용자 패스워드를 확인함으로써 인가되지 않은 사람이 시스템에 무단으로 접근하지 못하게 함으로써 시스템을 보호하고, 암호화 기법을 이용하여 전송되는 정보의 내용을 보호하는 것이다.

시스템 관리(management)라 함은 정보통신 시스템을 항상 통신이 가능한 상태로 유지하기 위하여 전체적인 시스템의 상황을 관리하고, 만일 고장이 발생하면 신속하게 복구하며, 차후 시스템의 확장 계획을 수립하는 것이다.

연습문제

주관식 (5문제 - 레포트, 세미나 주제용)

2.1__ 아날로그 신호를 디지털 신호로 변환하는 것을 A-D 변환이라고 한다. 이 과정을 3단계로 나누어 설명하여라.

2.2__ 정보를 처리하여 저장하거나 전달하는 데는 아날로그 방식보다 디지털 방식이 유리하다. 그 이유를 4가지 이상 기술하여라.

2.3__ 패킷교환 방식은 회선교환 방식에 비하여 데이터 통신에 더 적합하도록 설계된 교환이라 한다. 그 이유를 설명하여라.

2.4__ 패킷교환 방식에 있어서 중간 노드에서 노드 지연이 발생하는 근본적인 원인은 무엇인가?

2.5__ 라우팅이란 근원지에서 목적지까지의 최단 경로를 선택하는 것을 말한다. 라우팅 기법의 원칙 및 최단 경로를 평가하는 데 사용되는 기준에 대하여 기술하여라.

객관식 (20문제 - 중간, 기말고사 출제용)

2.6__ 전송신호로서 2진 부호인 '1'과 '0'을 나타내는 전압 펄스 형태의 신호는?

① 아날로그 신호　　② 디지털 신호
③ 고주파 신호　　④ 저주파 신호

◀정답▶ 2.6 ②

2.7__ 신호를 보내는 방법 중에서 디지털(digital)형의 신호는?

①  ② 

③  ④ 

2.8__ 디지털 전송방식에서 표본화(sampling)는 원 신호파형에 포함되고 있는 최고 주파수의 몇 배 이상의 빈도로 하여야 하는가?

① 1배 ② 2배 ③ 3배 ④ 4배

2.9__ 0에서 50까지의 수를 2진수로 표시할 때 최소한 몇 개의 비트가 필요한가?

① 4개 ② 5개 ③ 6개 ④ 7개

2.10__ PCM 방식에서 송신순서로서 옳은 항은?

① 음성→표본화→양자화→부호화→전송로
② 음성→양자화→표본화→부호화→전송로
③ 음성→표본화→부호화→양자화→전송로
④ 음성→양자화→부호화→표본화→전송로

2.11__ 전화의 음성을 8[kHz]로 8[bit] 부호화하였다. 펄스의 전송속도는 얼마인가?

① 2.048[Mbit/s] ② 1.544[Mbit/s]
③ 64[kbit/s] ④ 32[kbit/s]

2.12__ 다음 중 디지털 전송방식이 아날로그 전송방식에 비해 장점이 아닌 것은?

① 다중화가 유리하다.
② 신호정보의 전달이 용이하다.
③ 전송성능이 뛰어나다.
④ 요구되는 주파수 대역폭이 넓다.

2.13__ 컴퓨터에서 사용하는 디지털 신호를 아날로그 통신 회선에 적합하도록 변환시켜 주는 작용을 무엇이라 하는가?

① 발진 ② 변조 ③ 증폭 ④ 검파

◀정답▶ 2.7 ① 2.8 ② 2.9 ③ 2.10 ① 2.11 ③ 2.12 ④ 2.13 ②

2.14 전자계산기나 단말장치에서 사용되는 디지털 신호를 아날로그 전송 회선에 전송하는 데 적합하도록 2진 직류신호를 교류신호로 변환하는 기능을 하는 신호변환기는?

① 레지스터 ② 모뎀
③ 회선 내 종단 장치 ④ 누산기

2.15 정보통신망을 교환 방식으로 분류할 때 해당되지 않는 것은?

① 회선교환 방식 ② 패킷교환 방식
③ 메시지교환 방식 ④ 메모리교환 방식

2.16 다음 중 데이터 교환 방식에서 데이터를 기억시켜 두었다가 중계하는 교환 방식은?

① 직접교환 방식 ② 축적교환 방식
③ 중계교환 방식 ④ 경로교환 방식

2.17 데이터 파일을 작게 나누어 놓은 조각으로 네트워크에서 전송되는 데이터의 기본 단위로 사용되는 것은?

① 패킷 ② 토큰 ③ 슬라이스 ④ 메시지

2.18 패킷의 구성요소 중 헤더에 포함되는 내용이 아닌 것은?

① 패킷이 전송되고 있는 것을 나타내는 경보신호
② 출발지 · 목적지 주소
③ 전송을 동기화하는 시간정보
④ 보내지는 실제의 데이터

2.19 다음 중 패킷교환망의 장점에 해당하지 않는 것은?

① 대화식 응용이 가능
② 고속전송이 가능
③ 다른 기종간 통신교환이 가능
④ 전송지연에 유리함

2.20 다음은 데이터그램의 일반적인 특징이다. 잘못된 것은?

① 호 설정 지연이 없다.
② 패킷들의 순서가 뒤바뀔 수 있다.
③ 노드 지연이 발생한다.
④ 긴 데이터 전달에 효과적이다.

◀정답▶ 2.14 ② 2.15 ④ 2.16 ② 2.17 ① 2.18 ④ 2.19 ④ 2.20 ④

2.21 다음은 가상 회선 방식의 일반적인 특징이다. 잘못된 것은?

① 패킷교환 방식의 일종이므로 호 설정 지연이 발생하지 않는다.
② 신뢰성 있는 데이터 전달이 가능하다.
③ 노드 지연이 발생한다.
④ 연속적이고 긴 데이터 전달에 효과적이다.

2.22 정보가 목적지까지 전달되기 위해서는 복잡한 통신망을 거쳐야 하는데 일반적으로 최단 경로를 통해 정보가 전달되도록 한다. 정보가 경유할 경로를 결정하는 것을 무엇이라고 하는가?

① 라우팅 ② 오류제어
③ 흐름제어 ④ 시스템 보안

2.23 송신한 정보가 수신측에 정확하게 도달하도록 하는 통신기능은?

① 라우팅 ② 오류제어 ③ 흐름제어 ④ 시스템 보안

2.24 송신측의 전송속도가 수신측의 처리속도보다 빠르지 않도록 조절하는 기능은?

① 라우팅 ② 오류제어 ③ 흐름제어 ④ 시스템 보안

2.25 사용자 패스워드를 확인함으로써 인가되지 않은 사람이 시스템에 무단으로 접근하지 못하게 하거나 암호화 기법을 이용하여 전송되는 정보의 내용을 보호하는 기능을 무엇이라고 하는가?

① 라우팅 ② 오류제어 ③ 흐름제어 ④ 시스템 보안

◀정답▶ 2.21 ① 2.22 ① 2.23 ② 2.24 ③ 2.25 ④

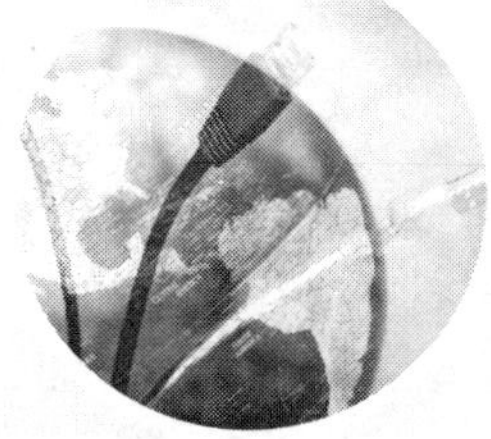

제3장
통신 프로토콜의 도입

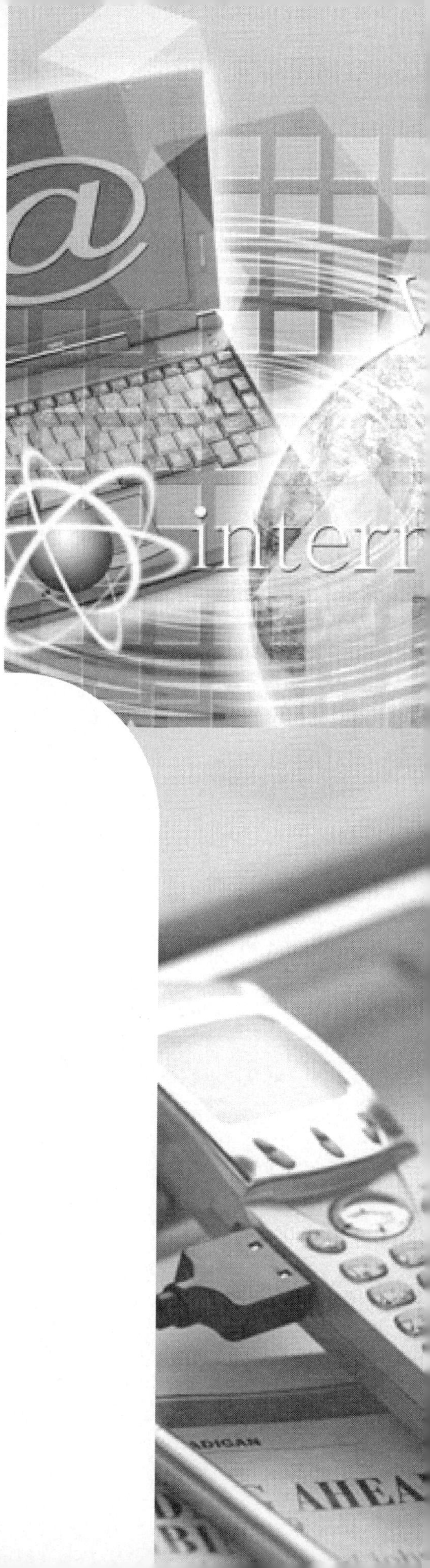

3.1 통신 프로토콜의 개념

인간사회에 여러 가지 규칙이나 약속이 있는 것과 마찬가지로 컴퓨터간의 통신에서도 여러 가지 사전규약이 필요한데 이러한 규약을 통신 프로토콜(communication protocol)이라고 한다.

일반적으로 통신 프로토콜은 소프트웨어적으로 구현되는데 컴퓨터를 이용한 통신에는 세분화 및 재합성, 연결제어, 오류제어, 흐름제어, 주소지정 등 여러 가지 기능들이 수행되어야 하므로 하나의 프로그램으로 작성하기에는 너무 방대하고 어렵다.

따라서, 명백히 다른 기능들로 분류하여 독립적으로 구현한 다음 이들을 전체적으로 통합하는 것이 바람직하다.

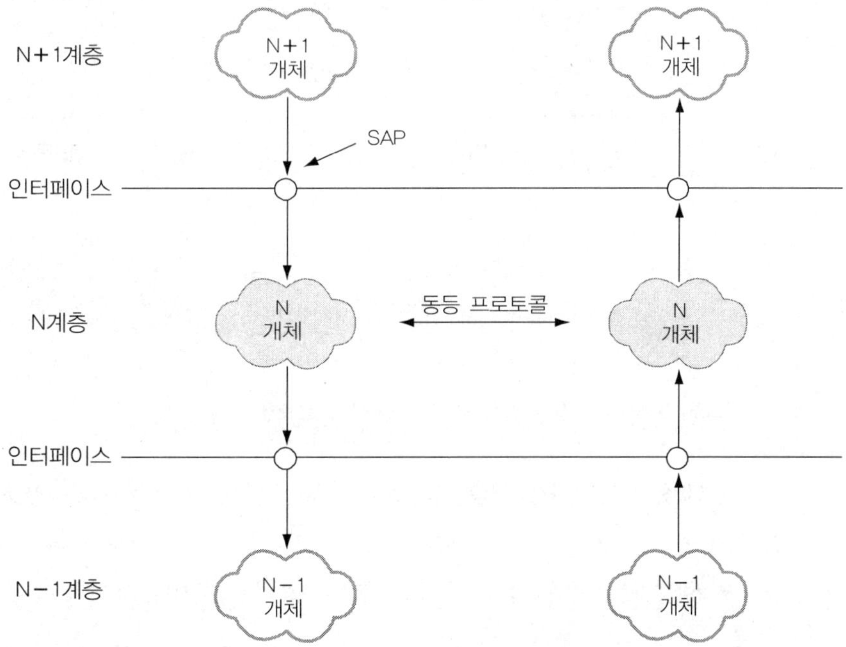

[그림 3-1] 프로토콜의 계층 개념

이러한 개념을 도입한 것이 통신 프로토콜의 계층 구조이다. 계층 구조의 통신 프로토콜에서는 [그림 3-1]에서 보는 바와 같이 어떤 임의의 계층을 N 계층이라고 한다. 각 계층에서 처리하는 프로세스를 개체(entity)라고 하며, 인접 계층간의 인터페이스점을 SAP(Service Access Point)라고 한다. 송신측의 N계층과 수신측의 N계층에서는 동일한 기능이 수행되므로 송수신측의 N계층 개체들이 직접 통신하는 것처럼 여겨지므로 이들간의 프로토콜을 동등 프로토콜이라고 한다.

컴퓨터 통신을 단순히 생각해보면 통신하고자 하는 컴퓨터들을 통신망에 연결하고, 컴퓨터[호스트]간에 정보가 신뢰성 있게 전달되어 사용자가 원하는 응용이 원활하게 수행되도록 하는 것이다. 이러한 개념을 바탕으로 [그림 3-2]와 같은 3계층 구조의 단순한 컴퓨터 통신 프로토콜을 설계할 수 있다.

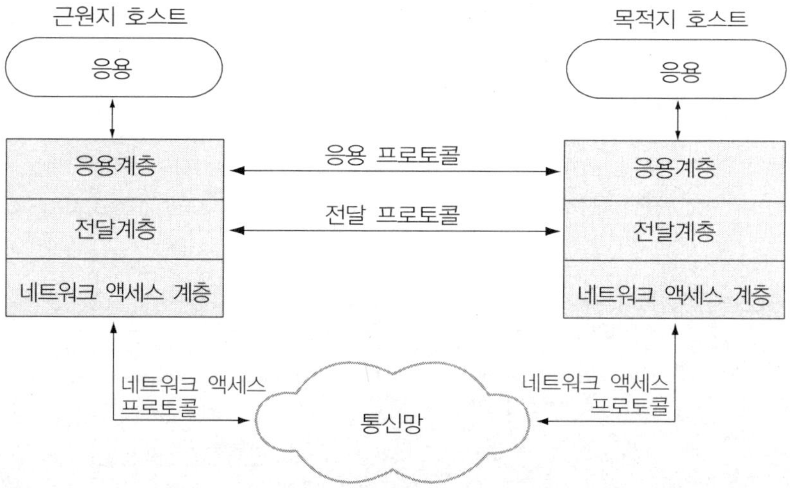

[그림 3-2] 3계층 구조의 컴퓨터 통신 프로토콜

- **네트워크 액세스 계층** 호스트가 통신망에 액세스할 수 있도록 지원하는 계층
- **전달계층** 근원지와 목적지 호스트의 응용간에 신뢰성 있는 데이터 전달을 담당하는 계층
- **응용 계층** 분산 환경에서 파일 전달, 원격 로그인, 전자우편 등 다양한 응

용들을 지원하는 계층

이때 통신 프로토콜에서 처리하는 데이터 단위를 프로토콜 데이터 유닛(PDU : Protocol Data Unit)이라고 한다. [그림 3-3]에서 보는 바와 같이 근원지 호스트에서는 하위계층이 상위계층의 PDU를 전달받아 제어정보[헤더]를 추가하여 그 계층에서 처리하는 새로운 PDU를 생성한다. 반면에 목적지 호스트에서는 상위계층으로 올라가면서 해당 계층의 헤더를 제거하는 방식으로 원래의 응용 데이터가 복원된다.

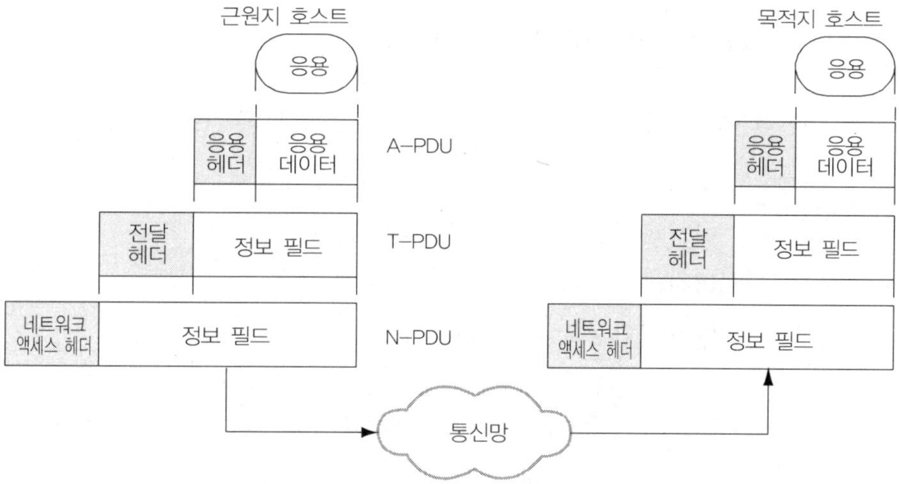

[그림 3–3] 프로토콜 데이터 유닛

이와 같이 네트워크 구조에서 프로토콜이란 네트워크 기능을 효율적으로 발휘하기 위한 표준화된 약속이다. 즉 통신을 원하는 두 개체간에 무엇을, 어떻게, 언제 통신할 것인가를 정한 규칙으로 프로토콜이 갖추어야 할 일반적인 기능은 다음과 같다.

- **세분화와 재합성** 긴 메시지 블록을 전송에 용이하도록 세분화(fragmentation)하여 전송하며, 수신측에서는 세분된 데이터 블록을 원래의 메시지로 재합성(reassembly)시키는 기능이다.
- **캡슐화** 각 데이터 블록에 발신자와 수신자의 주소, 오류, 검출부호, 프로토콜 제어정보 등을 부착하는 것을 캡슐화(encapsulation)라 한다. 따라서

컴퓨터 시스템의 개체(정보를 보내거나 받는 기능을 가지고 있는 것)에 의하여 데이터가 만들어지면 여기에 제어정보를 붙여 PDU를 구성한다.

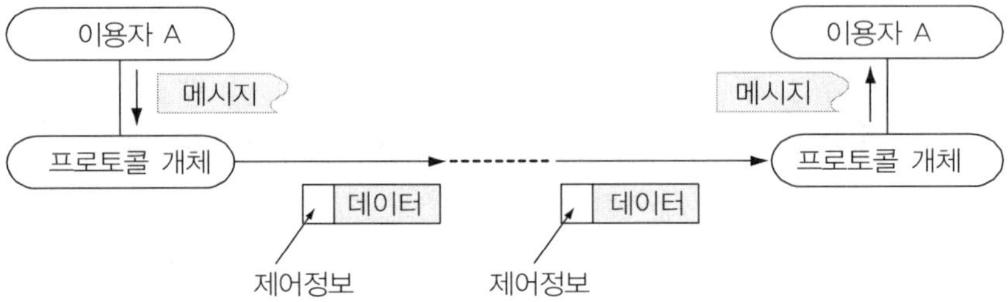

[그림 3-4] 세분화와 재합성 및 캡슐화

■ **연결제어** 연결제어(connection control)란 두 통신 실체간에 관련을 맺는 것으로 다음과 같은 3단계의 과정을 거친다.

- 연결설정(connection establishment)
- 데이터 전송(data transfer)
- 연결해제(connection termination)

참고 **연결형/비연결형 프로토콜**

- 연결형 프로토콜
  통신이 이루어지기 전에 핸드셰이크 절차에 의해 논리적 연결(연간)을 설정하고 통신 도중에는 연결을 유지하며, 통신이 완료되면 연결을 해제하는 연결제어 기능을 수행하여야 한다. 연결형 프로토콜은 신뢰성 있는 순서적인 전달 서비스를 제공하지만 장애로 인해 연결이 끊어지게 되면 연결을 다시 설정해야 한다.
- 비연결형 프로토콜
  연결을 설정할 필요가 없으므로 연결설정 지연은 없지만 수신측이 응답을 보내지 않으므로 송신측은 메시지가 순서대로 정확히 도착하였는지를 알 수 없다. 비연결형 프로토콜은 신뢰성 없는 전달 서비스 또는 최선형 서비스라고 하며, 오류제어는 상위 계층 프로토콜이나 응용에서 수행된다.

■ **흐름제어** 흐름제어(flow control)란 수신실체가 송신실체의 데이터 전송량이나 전송속도 등을 조절하는 기능이다. 이와 같은 가장 간단한 흐름제어는

정지/대기(stop and wait) 방식으로 매 PDU를 적용한 후 수신측의 확인신호(ACK)를 받기 전에는 전송할 수 없게 한 것이다.

- **오류제어** 오류제어(error control)는 전송 도중에 발생 가능한 오류들을 검출하고 정정하는 기능으로 대부분의 오류제어는 프레임 순서를 검사하고 오류를 찾고 PDU를 재전송한다.
- **동기화** 동기화(synchronization)란 연결된 통신국간의 타이밍을 맞추는 기능, 즉 두 개의 실체가 같은 상태를 유지하는 것이다.

여기서 상태란 초기화상태, 검사 전 상태, 종료상태 등을 말하는데 2개의 프로토콜 실체가 동시에 명확히 정의되어야 한다.

- **순서결정** 순서결정(sequencing)이란 전송하는 데이터들의 순서를 유지함으로써 데이터 등의 송수신 순서가 어긋나지 않도록 하여 흐름제어 및 오류정정을 용이하게 하는 기능이다.
  - **흐름제어** : 윈도우 기법 등을 이용하여 흐름제어 기능을 수행한다.
  - **오류제어** : ARQ 방식 등을 이용한 오류제어 기능을 수행한다.
- **주소지정** 주소지정(addressing)은 송수신국의 주소를 명기함으로써 정확한 목적지에 데이터가 전달되도록 하는 기능으로서 그 예를 든다면 방송에서 각 스테이션은 자기의 고유번호를 갖는 패킷을 찾으며 교환망에서는 데이터의 올바른 전달이나 연결의 확립을 위해서는 목적지 스테이션을 확인해야 한다.
  - **단일주소** : 단일 목적지로 전달
  - **방송주소** : 모든 곳으로 전달
  - **멀티캐스트** : 지정된 다수의 목적지로 전달
  - **임의주소** : 지정된 주소들 중 임의 개의 목적지로 전달
- **다중화** 다중화(multiplexing)란 하나의 통신로를 다수의 가입자들이 동시에 사용 가능케 하는 기능이다. 프로토콜 연결의 다중화는 1 : 1 대응과 두 방향으로 일어날 수 있는데 여기에는 상향 워드 다중화(upward multiplexing)와 하향 워드 다중화(downward multiplexing)가 있다.

■ **전송 서비스** 프로토콜은 실체가 사용되도록 별도의 부수적인 서비스를 제공할 수 있는데 그 예는 다음과 같다.

- **우선순위**(priority) : 메시지 단위로 우선순위가 높은 메시지 순으로 전송
- **서비스 등급** : 서비스 등급에 따라 서비스
- **보안성**(security) : 액세스 제한 등의 보안체제를 구현

3.2 OSI 참조모델

OSI(Open Systems Interconnection) 참조모델은 1984년 ISO에서 정의한 개방형 컴퓨터 통신 모델로서 [그림 3-5]에서 보는 바와 같이 7계층 구조이다.

오늘날에는 TCP/IP 프로토콜을 기반으로 하는 인터넷이 점차 확산되고 있는 추세이므로 OSI 참조모델이 컴퓨터 통신용 프로토콜로는 별로 사용되고 있지 않지만 다양한 통신 프로토콜을 분류하거나 네트워크 구조들을 비교하는 데에는 유용하게 사용되고 있다.

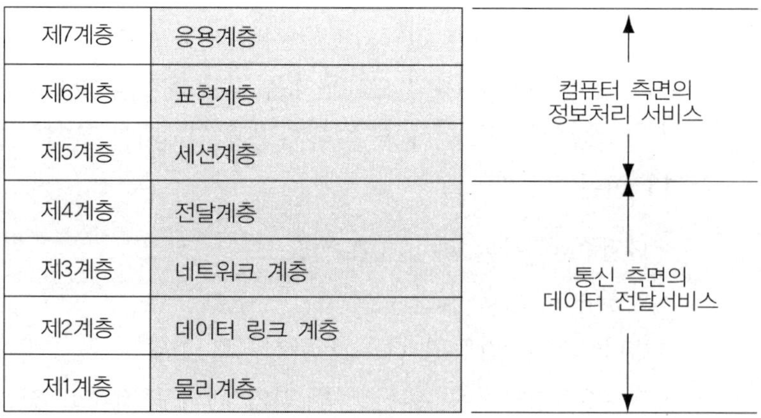

[그림 3-5] OSI 참조모델

OSI 참조모델 각 계층의 기능은 다음과 같다.

1. 물리계층

물리계층(physical layer)은 상위계층에서 넘겨준 패킷의 비트들을 실제로 하나의 링크를 통하여 전달하는 기능을 수행한다. 여기서는 사용하는 링크의 종류나 디지털 변조 방식에 따라 적절한 신호를 만들어 전송한다.

이 위의 상위계층은 링크의 종류나 변조 방식 등에 대하여 신경을 쓸 필요가 없다.

2. 데이터 링크 계층

데이터 링크 계층(data link layer)은 상위계층에서 넘겨준 패킷을 물리계층의 기능을 이용하여 각 링크에서 필요한 헤더와 꼬리를 붙여서 프레임(frame)을 완성하며 링크단위의 에러 탐지 및 재전송 작업을 수행한다.

따라서 상위계층에 매우 안정된 링크 단위의 전송기능을 제공하며, 상위계층은 각 링크에서 패킷이 어떻게 전달되는지에 대해서는 신경을 쓸 필요가 없다.

3. 네트워크 계층

네트워크 계층(network layer)은 상위계층에서 넘겨준 패킷을 데이터 링크 계층의 기능을 이용하여 소스에서 목적지까지 전달하는 기능을 수행한다. 이를 위해 전송경로를 설정하고, 사용하고, 해지하는 기능을 수행한다.

물리계층, 데이터 링크 계층, 네트워크 계층들은 네트워크에서의 패킷 전송을 수행하는 계층들로서 종말에 있는 두 컴퓨터뿐만 아니라 라우터와 같은 네트워크의 중간 노드들도 이 세 계층들을 가지고 있다. 이 위의 상위계층들은 네트워크 중간에 있는 스위치나 라우터에 대하여 신경을 쓸 필요가 없고, 종말 노드간의 기능만 수행하면 된다.

4. 전달계층

전달계층(transport layer)은 상위계층에서 에러발생, 시간지연, 우선순위, 보안 등에 관하여 정해준 조건에 맞도록 패킷들이 양종단간에 잘 전송이 되는지를 감독하는 기능을 가진다. 이를 위해 패킷 일련번호 체크, 종말 노드간의 에러탐지 및 재전송, 흐름제어 등을 수행한다.

5. 세션계층

세션계층(session layer)은 종말 노드간의 대화를 좀더 효율적으로 할 수 있도록 하는 준비를 한다. 종말 노드간의 대화를 전이중 방식(full duplex)으로 할 것인지 반이중 방식(half duplex)으로 할 것인지를 결정하며, 데이터 전송 중 전송장애가 발생하였을 때 처음부터 다시 전송하는 비효율을 줄이기 위하여 데이터 스트림 중간중간에 체크 포인트(check point)를 삽입하여 최근의 체크 포인트부터만 재전송할 수 있게 해주기도 한다.

세션계층은 때로는 생략되기도 한다.

6. 표현계층

표현계층(presentation layer)은 상위계층에서 전달해준 데이터 블록을 필요에 따라 적절히 변환하는 기능을 수행한다. 예를 들어 송수신 컴퓨터가 서로 다른 데이터 표현방식을 사용한다면 표현계층은 상위계층에서 전해준 데이터를 수신 컴퓨터의 표현 방식으로 전환해준다.

또, 데이터 압축이나 암호화의 과정들도 이 계층에서 이루어진다.

7. 응용계층

응용계층(application layer)은 컴퓨터에 있는 애플리케이션들이 OSI 환경에 접속할 수 있도록 하여야 한다.

이상의 설명으로 OSI 7계층은 크게 두 가지 서비스 부분으로 나누어 생각할 수 있다. 하위 4계층은 통신 측면에서의 데이터 전달 서비스를 제공하고, 상위 3개 계층은 컴퓨터 측면에서의 정보처리에 관련된 서비스를 제공하고 있다는 것을 알 수 있다.

3.3 TCP/IP 프로토콜

OSI 참조모델이 나오기 전에 미 국방성은 ARPANET을 위한 TCP/IP 프로토콜 모음을 발표하였다. 1974년에 TCP와 IP라고 불리는 프로토콜이 개발되어 사용되었으며, 1978년에 이 2개를 합친 TCP/IP가 국방성의 표준이 되었고, 1983년에는 공식적으로 채택되었다. 그리고 현재 TCP/IP 프로토콜 모음은 시장에서 확고한 위치를 잡고 있다.

OSI에 기반을 둔 국제적인 표준이 계속 진화하고 있으며, 수많은 컴퓨터 및 망제조업자들이 OSI를 지원하고 있지만 이렇게 TCP/IP를 OSI보다 선호하는 현상은 앞으로도 당분간 계속될 전망이다.

군에서 연구된 TCP/IP가 민간부문에서 이렇게 성공을 거두게 된 것은 TCP/IP가 다양한 기능을 가지며, 성숙한 프로토콜들이라는 것을 의미한다.

[그림 3-6]은 OSI 아키텍처와 TCP/IP 아키텍처를 비교해서 보여주고 있다.

<table>
<tr><td>응용계층</td><td rowspan="3">응용계층</td></tr>
<tr><td>표현계층</td></tr>
<tr><td>세션계층</td></tr>
<tr><td>전달계층</td><td>전달계층</td></tr>
<tr><td>네트워크 계층</td><td>IP계층</td></tr>
<tr><td>데이터링크 계층</td><td rowspan="2">네트워크 액세스 계층</td></tr>
<tr><td>물리계층</td></tr>
</table>

[그림 3-6] OSI와 TCP/IP의 구조 비교

1. 응용계층

사용자에게 전자우편, 원격 로그인, 파일 전달 등의 응용 서비스를 제공하는 기능을 한다. TCP/IP 인터넷에서는 다음과 같이 다양한 응용계층(application layer) 프로토콜들을 정의하고 있다.

- HTTP(HyperText Transfer Protocol) : 웹 페이지 전달
- SMTP(Simple Mail Transfer Protocol) : 전자우편 배달
- Telnet : 원격 로그인
- FTP(File Transfer Protocol) : 파일 전달
- Ping : 연결성 시험
- DNS(Domain Name System) : 호스트 이름을 인터넷 주소로 변환
- NFS(Network File System) : 원격 파일 액세스
- SNMP(Simple Network Management Protocol) : 네트워크 관리
- NTP(Network Time Protocol) : 정확한 시간 제공
- Kerberos : 클라이언트와 서버간의 인증

2. 전달계층

호스트에서 수행되는 응용 프로세서 사용자에게 단대단 데이터 전달 서비스를 제공하는 기능을 한다.

TCP/IP 통신 소프트웨어가 수행되는 컴퓨팅 시스템에서는 많은 응용 프로테스들이 동시에 수행되기 때문에 전달계층(transport layer) 프로토콜은 근원지 호스트의 특정 프로세스에서 목적지 호스트의 특정 프로세스로 데이터를 전달하기 위해 16비트의 포트 번호를 사용한다.

TCP/IP 인터넷에서는 다음과 같은 전달계층 프로토콜을 정의하고 있다.

- TCP(Transmission Control Protocol) : 연결형 데이터 전달 서비스 제공
- UDP(User Datagram Protocol) : 비연결형 데이터 전달 서비스 제공

3. 인터넷 계층

다양한 네트워크를 통하여 데이터가 목적지 호스트까지 전달될 수 있도록 주소 변환과 라우팅 기능을 수행하며, 라우팅 기능을 수행하는 장비를 라우터 혹은 게이트웨이라고 한다.

인터넷 계층(IP layer) 프로토콜은 목적지 호스트로 데이터를 전달하기 위해 32비트의 인터넷(IP) 주소를 사용한다.

TCP/IP 인터넷에서는 다음과 같이 다양한 인터넷 계층 프로토콜들을 정의하고 있다.

- IP(Internet Protocol) : 비연결형 데이터 전달
- ICMP(Internet Control Message Protocol) : 라우터의 상황 및 오류에 대한 정보 전달
- OSPF(Open Shortest Path First Protocol) : 동일한 자치 시스템 내에 있는 라우터간에 라우팅 정보 전달
- RIP(Routing Information Protocol) : 동일한 자치 시스템 내에 있는 라우터간에 라우팅 정보 전달
- BGP(Border Gateway Protocol) : 상이한 자치 시스템의 경계에 있는 라우터간에 라우팅 정보 전달
- IDRP(Inter Domain Routing Protocol) : 상이한 자치 시스템에 있는 라우터간에 라우팅 정보 전달
- IGMP(Internet Group Management Protocol) : 멀티캐스팅 지원
- ARP(Address Resolution Protocol) : 인터넷 주소를 이더넷(ethernet) 주소로 변환

4. 네트워크 액세스 계층

이더넷(ethernet) LAN, FDDI, WAN 등 다양한 데이터 링크 기술을 통해 인터넷 계층으로부터 받은 메시지를 전달할 수 있도록 인터넷 계층에 표준화된 인터페이스를 제공하는 기능을 한다.

호스트를 통신망에 연결하기 위해서는 NIC(Network Interface Card)라고 하

는 네트워크 인터페이스 카드가 요구되며, NIC에 할당된 48비트의 주소를 하드웨어 주소 또는 이더넷 주소라고 한다.

OSI 참조모델에서는 반드시 인접 계층간에서만 인터페이스가 이루어지지만 TCP/IP 프로토콜에서는 계층간에 명확한 구분이 없는 경우도 있다.

예를 들어, 인터넷 계층의 프로토콜인 ICMP나 OSPF 프로토콜들은 동등한 인터넷 계층의 IP 프로토콜을 이용하고, 응용계층의 핑(Ping)은 전달계층을 거치지 않고 직접 인터넷 계층의 ICMP 프로토콜을 이용한다.

[그림 3-7]에 TCP/IP 프로토콜의 종속성을 나타내었다.

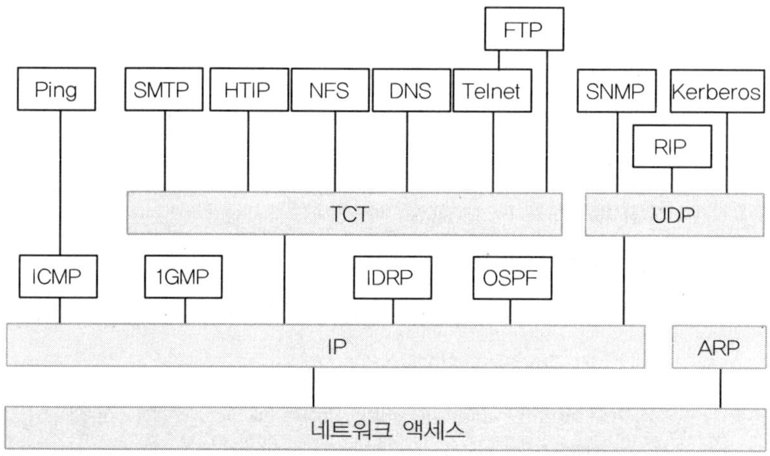

[그림 3-7] TCP/IP 프로토콜의 종속성

TCP/IP 프로토콜에서는 일반적으로 각 계층에서의 데이터 단위를 다음과 같이 부른다. 연결형 TCP 프로토콜을 이용하는 응용인 경우에는 데이터를 스트림, 비연결형 UDP 프로토콜을 이용하는 경우에는 메시지라고 하며, 전달계층에서는 TCP 세그먼트, UDP 데이터그램이라고 한다. 인터넷 계층에서는 IP 데이터그램, 네트워크 액세스 계층에서는 프레임이라고 한다.

연습문제

주관식 (5문제 - 레포트, 세미나 주제용)

3.1__ 통신 프로토콜이란 무엇인가? 또한 일반적으로 계층적 통신 프로토콜을 정의하는 이유에 대하여 기술하여라.

3.2__ 컴퓨터 통신 프로토콜에는 기본적으로 응용계층, 전달계층, 네트워크 액세스 계층이 필요하다. 이와 같이 단순한 3계층 구조의 컴퓨터 프로토콜에 있어서 각 계층의 기능에 대하여 기술하여라.

3.3__ 1984년 국제표준기구인 ISO에서 정의한 7계층 구조의 개방형 컴퓨터 통신 모델인 OSI 참조모델에서 각 계층의 기능에 대하여 기술하여라.

3.4__ 인터넷에서 활용되고 있는 TCP/IP 프로토콜은 4계층 구조로 되어 있다. 각 계층의 기능에 대하여 기술하여라.

3.5__ 연결형 프로토콜과 비연결형 프로토콜의 차이점에 대하여 기술하여라.

객관식 (20문제 - 중간, 기말고사 출제용)

3.6__ 인간사회에 여러 가지 규칙이나 약속이 있는 것과 마찬가지로 컴퓨터간의 통신에도 여러 가지 사전규약이 필요한데 이러한 규약을 무엇이라고 하는가?

① 토폴로지　　② 프로토콜
③ 데이터 룰　　④ 네트워크 룰

◀정답▶ 3.6 ②

3.7__ 다음은 프로토콜에 대한 설명이다. 가장 알맞은 것은?

① 컴퓨터 통신에 대한 일반적인 사용법을 정해놓은 것이다.
② 두 컴퓨터 사이 혹은 컴퓨터와 단말장치 사이에 데이터 전송을 할 수 있도록 규정된 표준법칙 또는 규범을 말한다.
③ 여러 대의 컴퓨터 사이의 통신 규약이지만 서로 다른 기종간에는 불가능하다.
④ 모든 컴퓨터 통신에 대한 일반적인 규칙이나 규범이며 표준화가 되지 않을 수 있다.

3.8__ 다음 중 OSI 참조모델의 논리적 구성요소 가운데(n)층이 (n+1)층에 제공하는 통신기능 (n)을 무엇이라 하는가?

① 실체(entity) ② 프로토콜
③ 서비스 ④ 접속

3.9__ 분산환경에서 파일전달, 원격 로그인, 전자우편 등 다양한 응용들을 지원하는 계층은?

① 네트워크 액세스 계층 ② 전달계층
③ 응용계층 ④ 표현계층

3.10__ 다음 중 통신 프로토콜에서 처리하는 데이터 단위를 나타내는 용어는?

① PDU ② SDU ③ PDP ④ SDP

3.11__ 데이터 블록에 제어정보를 포함하여 전송하는 프로토콜의 기능은?

① 캡슐화 ② 동기화 ③ 다중화 ④ 정보화

3.12__ 다음 중 프로토콜의 제어기능에 속하지 않는 것은?

① 연결제어 ② 흐름제어
③ 오류제어 ④ 다중제어

3.13__ ISO의 OSI에서 규정하는 데이터 통신 모델은 몇 계층으로 구성되어 있는가?

① 5계층 ② 7계층 ③ 9계층 ④ 11계층

3.14__ 데이터 링크체 사이의 비트 전송을 위한 물리적 링크의 설정 · 유지 · 해체를 위한 기계적이고 전기적이며 순서적인 수단을 제공하는 층은?

① 데이터 링크층 ② 물리층
③ 네트워크층 ④ 트랜스포트층

◀정답▶ 3.7 ② 3.8 ③ 3.9 ③ 3.10 ① 3.11 ① 3.12 ④ 3.13 ② 3.14 ②

3.15__ OSI 7계층에서 데이터 블록의 전송에러 검출 · 회복 · 제어 등을 취급하는 계층은?

① 세션 계층 ② 네트워크 계층
③ 데이터 링크 계층 ④ 물리적 계층

3.16__ 다음 중 OSI 참조모델 계층에서 서로 다른 기종간의 데이터 전송이 가능하도록 하며 동기제어를 위한 코드 변환, 포맷 변환 등의 기능을 수행하는 층은?

① 응용층 ② 표현층
③ 세션층 ④ 트랜스포트층

3.17__ 다음 중 OSI 참조모델에서 직접 사용자와 프로그램에 의해 인터페이스하는 계층으로 모든 정보가 이 계층에서 발생하는 계층은?

① 네트워크층 ② 트랜스포트층
③ 표현층 ④ 응용층

3.18__ TCP/IP에 대한 설명으로 틀린 것은?

① TCP는 전송을, IP는 데이터의 에러검출을 담당한다.
② TCP/IP의 데이터는 패킷이라 불리는 작은 단위로 전송된다.
③ 텔넷(telnet)과 FTP는 모두 TCP/IP 프로토콜이다.
④ 100개 이상의 프로토콜로 구성되어 있다.

3.19__ OSI 7계층과 TCP/IP 동작과의 관계가 바르게 연결된 것은?

① 전송계층 – FTP ② 네트워크 계층 – IP
③ 응용계층 – 이더넷 ④ 물리계층 – SMTP

3.20__ TCP/IP 네트워크에서 가장 많이 사용되는 라우팅(경로설정) 프로토콜은 RIP(Routing Information Protocol)와 OSPF(Open Shortest Path First)이다. 이 중 OSPF에 대한 설명으로 틀린 것은?

① OSPF는 어떤 목적지에 대해 TOS(Type of Service)에 따라 여러 개의 경로가 할당될 수 있다.
② 동일한 경로에 대해 트래픽을 분산시키는 로드 밸런싱(load balancing) 기능을 제공한다.
③ OSPF는 네트워크상의 부담을 줄이기 위해 브로드캐스팅(broadcasting) 대신에 멀티캐스팅(multicasting)을 사용한다.
④ OSPF는 라우팅 정보의 보안을 위해 DES 알고리즘으로 암호화한 후에 전송한다.

◀정답▶ 3.15 ③ 3.16 ② 3.17 ④ 3.18 ① 3.19 ② 3.20 ④

3.21__ TCP의 일반적인 특징으로 틀린 것은?

① 안정적으로 데이터를 전송한다.
② 비연결지향(connectionless) 프로토콜이다.
③ 흐름제어를 바이트 단위로 하기 때문에 블록의 크기를 마음대로 할 수 있다.
④ 동시에 양방향으로 전송이 가능하다.

3.22__ TCP/IP 응용 계층 프로토콜에 대한 설명으로 맞는 것은?

① 텔넷(telnet)은 파일전송 및 접근 프로토콜이다.
② FTP은 사용자가 TCP 연결을 설정한 후 다른 서버에 로그인하여 사용할 수 있도록 하는 프로토콜이다.
③ MIME는 전자우편 전송시 영어 이외의 언어나 영상·음성 등의 멀티미디어 데이터를 취급할 수 있도록 지원하는 프로토콜이다.
④ SMTP는 단순한 텍스트형 전자우편을 임의의 사용자로부터 수신해주는 프로토콜이다.

3.23__ TCP/IP 프로토콜의 하나로 네트워크 관리를 용이하도록 지원하는 프로토콜은?

① SNMP ② SMTP ③ TFTP ④ UDP

3.24__ TCP/IP에 대한 설명 중에서 바르지 않은 것은?

① TCP/IP는 사용자의 데이터를 TCP 패킷들로 나눈다.
② IP는 TCP 패킷에 목적지 주소에 관한 정보를 추가시킨다.
③ 데이터가 도착하면 TCP는 각각의 IP 패킷을 모아서 호스트 컴퓨터가 사용할 수 있는 데이터로 변환해준다.
④ TCP는 OSI 7계층 중 네트워크 계층에 속한다.

3.25__ TCP/IP에서 전송 계층을 담당하는 두 프로토콜인 TCP와 UDP간의 설명이다. 맞지 않는 것은?

① TCP는 연결형 프로토콜로 전송한 데이터의 응답을 받아가며 전송한다.
② UDP는 비연결형 프로토콜로 단방향의 데이터만을 담당한다.
③ UDP는 데이터가 제대로 도착했는지의 여부를 확인할 수는 있으나 잘못 전송되었을 경우 복구할 수는 없다.
④ TCP는 송신자의 정보를 분할하여 각 패킷별로 순서에 따라 번호를 부여한다.

◀정답▶ 3.21 ② 3.22 ③ 3.23 ① 3.24 ④ 3.25 ③

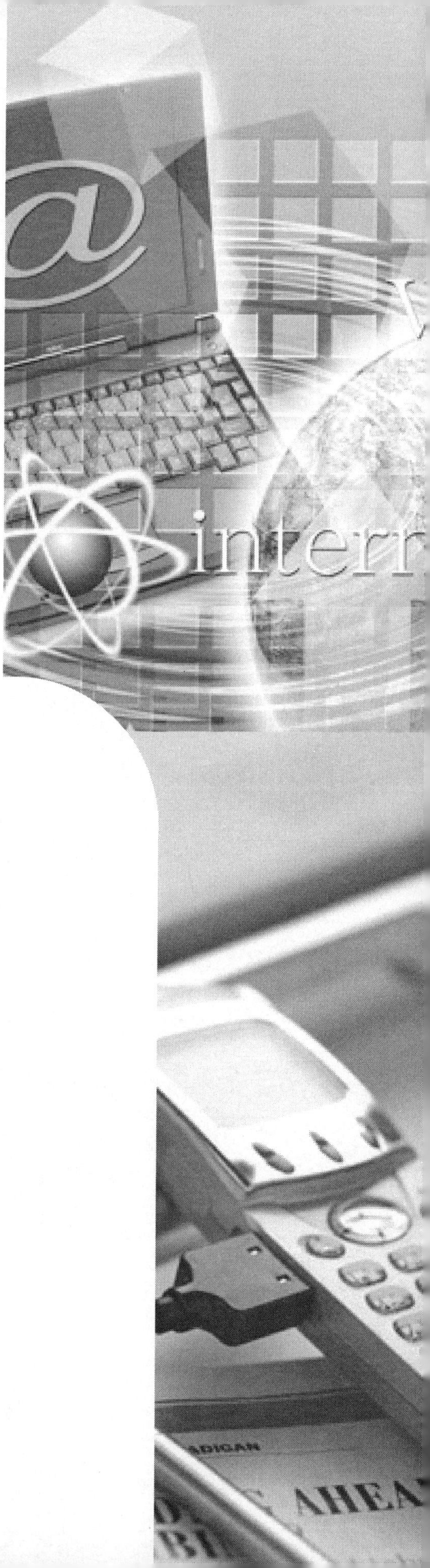

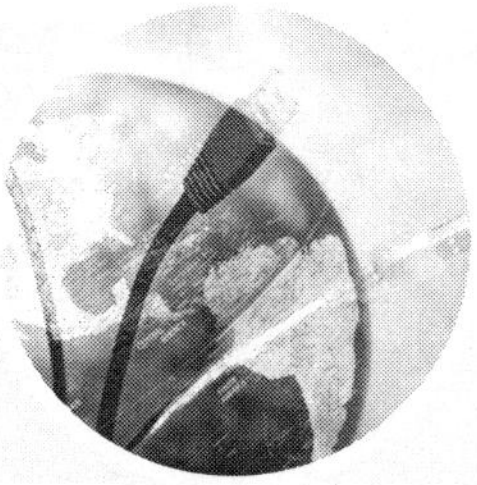

제4장
LAN과 인터넷

4.1 LAN의 구성

데이터 통신을 위한 네트워크들이 점점 대규모로 발전하게 되자 지역적으로 가까이 모여 있는 컴퓨터들을 제각기 독립적으로 대규모 네트워크에 연결하는 것보다는 이들만을 일단 먼저 연결한 후에 이들을 한 단위로 해서 대규모 네트워크에 연결할 필요성이 발생하게 되었다.

예를 들어 한 사무실 안에 여러 개의 컴퓨터들이 있다고 할 때 이들을 각각 독립적으로 대규모 네트워크에 연결한다면 각 컴퓨터들은 이 네트워크에 대한 접속료를 각기 지불하여야 하며, 또 가까이에 있는 이 컴퓨터들 간에서 수행되는 통신조차도 이 대규모 네트워크를 거쳐야만 한다는 것은 비경제적이며 불필요한 시간 지연을 발생시킨다.

이보다는 이 컴퓨터들 간에 서로 통신이 되도록 먼저 이들을 연결한 후 이 묶음을 하나의 노드로 하여 대규모 네트워크에 연결하는 것이 훨씬 경제적이다.

이렇게 지역적으로 가까이 있는 컴퓨터들끼리의 교신이 가능하도록 하기 위해 개발된 네트워크를 LAN(Local Area Network)이라고 부른다.

LAN을 구성하기 위해서는 서버, 네트워크 카드, 서버와 시스템을 연결하는 케이블, 네트워크를 운영해주는 운영체제, 단말기 등이 필요하다. 서버는 LAN구성의 중심이 되는 컴퓨터이며 일반적으로 대용량의 메모리와 고속의 CPU를 장착하고 있으며 웹서버, 파일서버, 메일서버 등과 같은 다양한 기능을 수행한다.

네트워크 인터페이스는 각 노드에서 서버에 접속하기 위해 필요한 신호발생, 전송매체접근, 접근통제 등의 기능을 수행한다. 네트워크 인터페이스의 하나인 네트워크 카드는 모뎀처럼 PC에 장착하여 사용한다. 케이블은 단말기와 서버를 연결하는 통신회선이다. 네트워크 운영체제는 네트워크 전체를 관리하는 운영체제를 말하며 노벨 네트웨어, 유닉스, 윈도우NT 등이 많이 사용된다.

이와 같은 구성요소를 이용하여 LAN을 구성하는 형태를 토폴로지(topology)라 하며, 토폴로지에는 스타(star)형, 링(ring)형, 버스(bus)형, 트리(tree)형 등이 있다.

1. 스타형 LAN

스타(star)형은 [그림 4-1]에서 보듯이 네트워크 중심에 교환기능의 노드를 위치하고, 그것에 복수의 단말을 방사상으로 접속하는 방법이다. 이 방식은 중심 노드가 제어를 집중하여 행하고, 모든 트래픽이 중심 노드를 통하는 방식이다.

그 때문에 비교적 제어가 용이하며, 처리효율이 높다. 그러나 단점으로는 장애가 발생하면 네트워크 전체에 영향을 미치게 된다. 스타형의 대표적인 디지털 PBX이다.

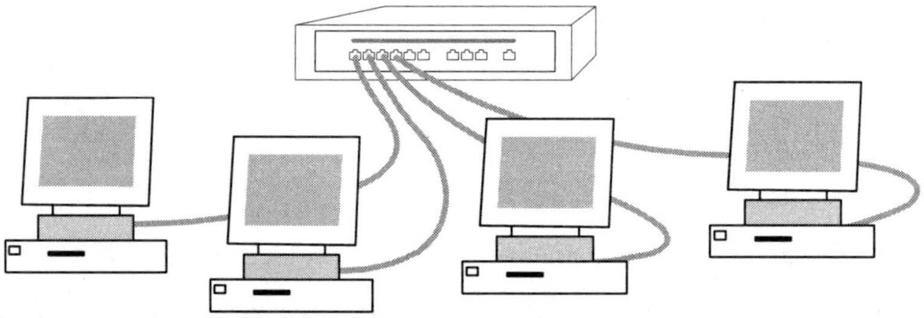

[그림 4-1] 스타형 LAN의 구성

2. 링형 LAN

링(ring)형은 [그림 4-2]에서처럼 각 노드를 루프상에 접속하는 형태이다. 링형의 장점은 회선을 공유하기 때문에 회선의 길이가 짧고, 제어도 간단하며 오버헤드가 적은 것이다. 또 각 노드는 독립성이 높고, 다른 링형 네트워크와 노드를 통해서 접속하는 것도 가능하다. 단점은 트래픽량이 많아지면 회선 용량의 부족을 초래하는 것이다. 링형은 주로 LAN에서 사용하는 것이다.

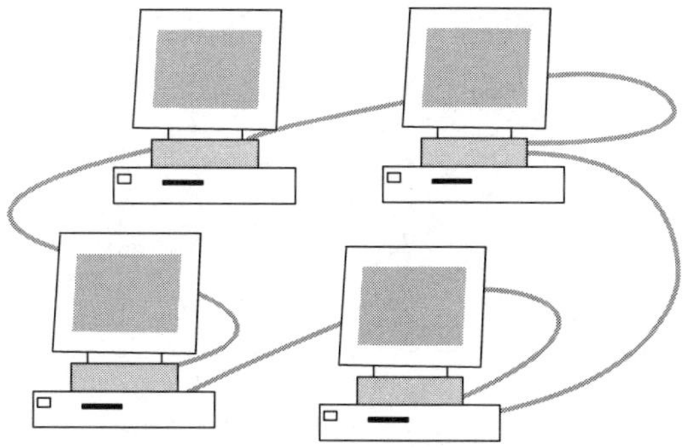

[그림 4-2] 링형 LAN의 구성

2. 버스형 LAN

버스(bus)형은 [그림 4-3]에서와 같이 데이터를 통하는 공통의 고속 버스에 호스트 컴퓨터나 퍼스널 컴퓨터 등의 각종 노드를 접속하는 형태이다. 주로 LAN에 데이터량이 적을 때 사용된다. LAN에서 동축케이블이나 광파이버 케이블에 의해 버스를 구성하고 버스상에 트랜시버(transceiver)를 통해서 호스트 컴퓨터나 각종 단말을 접속한다. 각 노드는 이 버스를 공유해서 필요할 때에 상대 노드와 데이터를 송수신을 행한다.

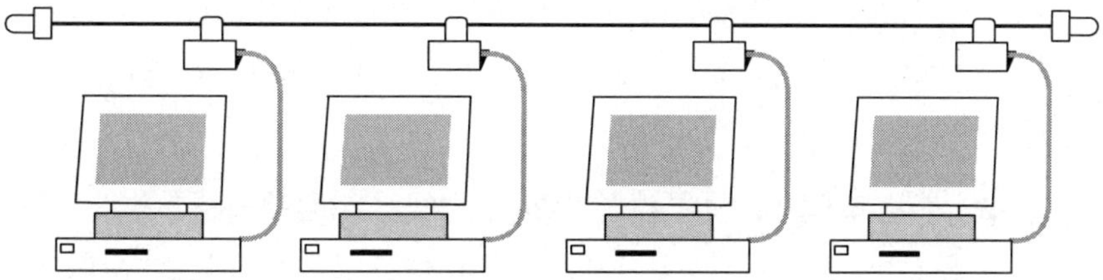

[그림 4-3] 버스형 LAN의 구성

3. 트리형 LAN

트리(tree)형은 [그림 4-4]처럼 각 노드가 계층적으로 접속된 토폴로지이다. 예를 들면 호스트 컴퓨터가 복수의 자사 컴퓨터와 연결되고 다시 이것들이 각

영업소의 컴퓨터와 연결되는 형태이다.

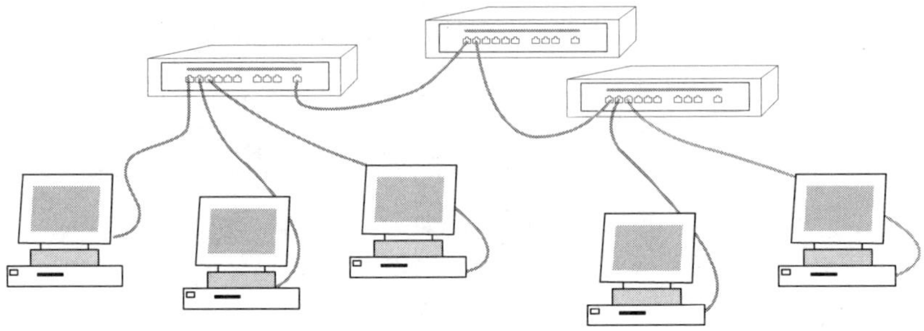

[그림 4-4] 트리형 LAN의 구성

4.2 매체접속 제어

LAN에서는 전송로를 많은 단말에서 공유하여 차례대로 데이터를 전송로로 송신하므로 전송로에 데이터를 송신할 권리를 제어하는 방법이 약속되어 있는데 이를 매체접속제어(MAC : Media Access Control)라 한다. 매체접속제어 방식에는 회선교환에서 사용하는 TDMA방식과 패킷교환에서 사용하는 CSMA/CD 방식이 있다. 또한 패킷교환에는 토큰 패싱(token passing)에 의해 충돌방지를 하는 방식도 있다.

CSMA/CD나 토큰패싱 방식은 어느 시점에서 하나의 단말이 전송로를 점유하여 메시지를 송신하는 패킷 다중형 교환시스템이다. 이것에 대응해서 TDMA방식은 데이터 외에 주기성이 있는 음성이나 정보량이 많은 팩시밀리 등의 정지화면을 다루는 멀티미디어 통신에 적합하다. 여기서는 패킷교환에 사용하는 매체접속제어 방식에 대해서만 설명하도록 하겠다.

1. CSMA/CD 방식

제록스사가 개발한 CSMA/CD(Carrier Sense Multiple Access with Collision Detection) 방식은 버스형 LAN에 적용한다. 이 액세스 방식을 응용한 이더넷(Ethernet)의 발표는 LAN 아키텍처의 표준화와 LAN을 이용한 OA 발전에 큰 영향을 주었다. 이 방식에서는 [그림 4-5]에서처럼 전송로에 이더케이블(Ethercable)이라는 독자적인 전송특성을 가진 동축케이블을 이용한다.

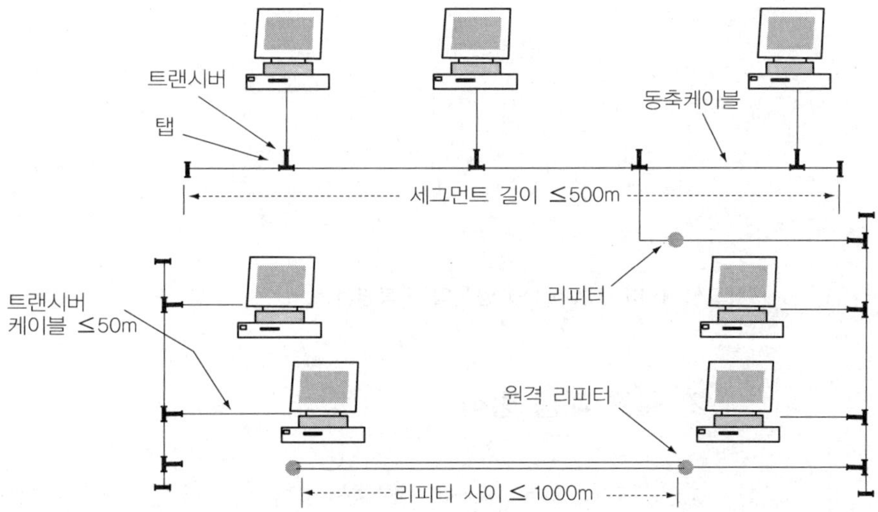

[그림 4-5] 이더넷의 구성

단말은 전송로가 열려 있는가를 조사해서 신호가 없는 것을 확인 후 데이터 통신을 개시한다.

이때 어느 단말이나 항상 데이터 통신을 개시할 수 있으므로 전송로에서 두 개 이상의 단말 신호가 충돌하는 일이 있다. 그래서 송신모듈에는 충돌했을 때의 검출 기구를 갖추고 다시 송신했을 때 재충돌을 일으킬 확률을 낮추는 연구가 되어 있는데 [그림 4-6]에 CSMA/CD 방식의 동작원리를 나타내었다.

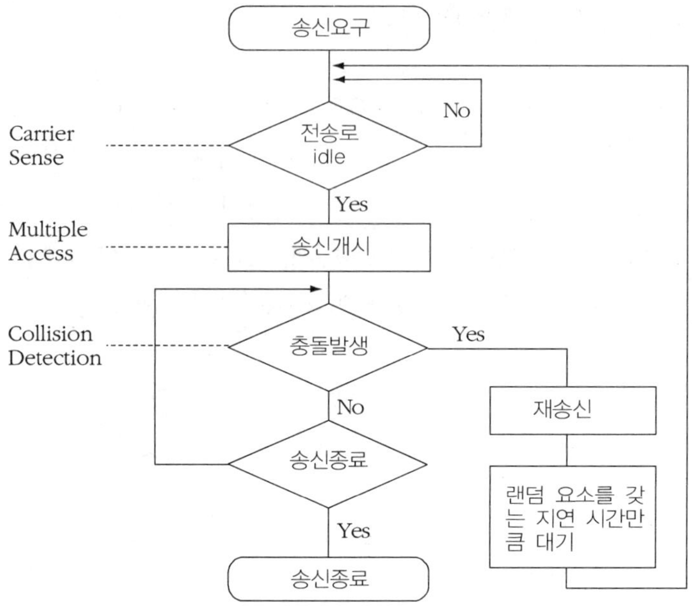

[그림 4-6] CSMA/CD 방식의 동작원리

2. 토큰 패싱 방식

토큰 패싱(token passing) 방식은 링형에 사용되는 일이 많아 토큰 링 방식이라고도 한다. IBM이 IEEE(국제전기전자기술자협회)의 LAN 표준화 프로젝트로 제창하여 주목받고 있는데 이 원리는 일찍부터 고리형 LAN의 통신방식으로 이용되어 왔다.

이 방식에서는 [그림 4-7]과 같이 링 위를 한쪽 방향으로 도는 토큰을 이용하여 데이터 송신권을 노드에게 주는 것으로 CSMA/CD와 같이 충돌은 생기지 않지만 잡음 등에 의한 토큰의 2중 발생방지나 소멸했을 때의 복구 등에 대한 연구가 필요하다.

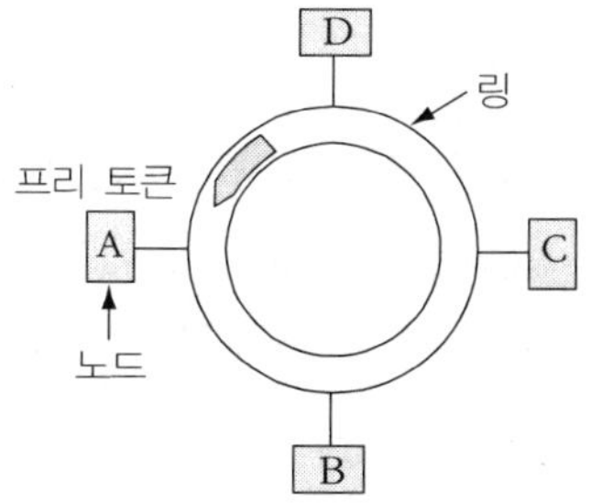

(a) 링 위를 회전하고 있는 프리토큰

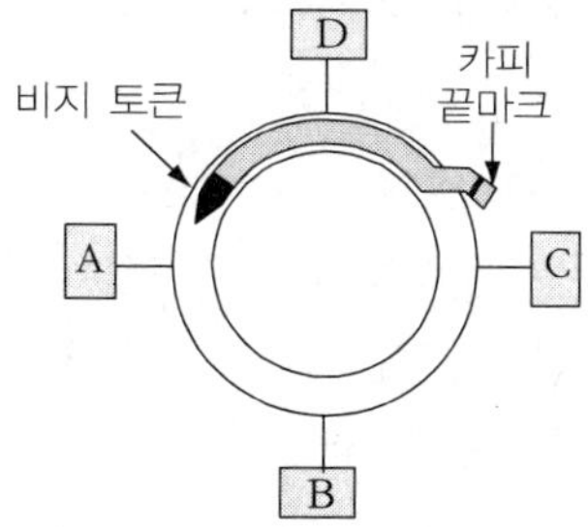

(c) 노드 C의 데이터 복사

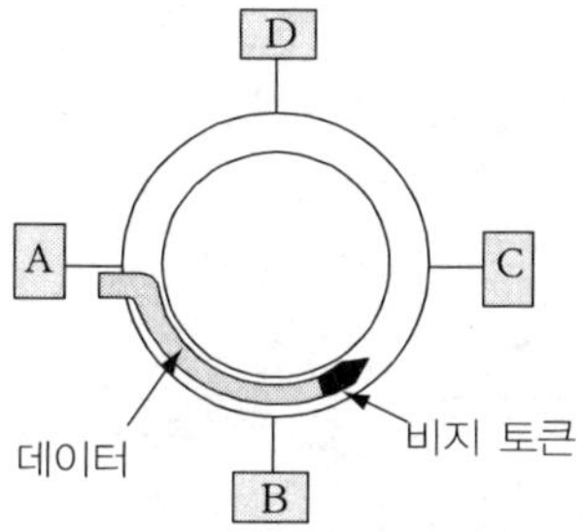

(b) 노드 A의 송신 요구

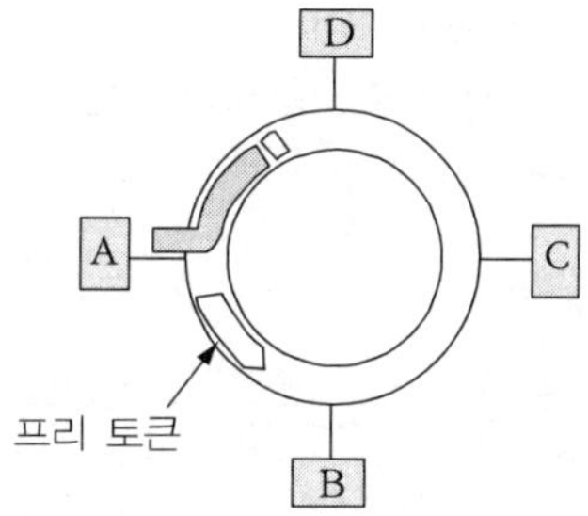

(d) 프레임 제거와 송신권 해방

[그림 4-7] 토큰 패싱 방식의 동작

여기서 토큰이라는 말은 일상생활에서 버스탈 때 쓰는 토큰이라고 생각하면 편리하다.

① 프리 토큰은 각 노드(A, B, C, D)에 의해 중계되고, 링 위를 한쪽 방향으로 회전하고 있다.
② 비지 토큰에 이어지는 수신처 어드레스를 조사하고, 노드 C는 링을 통과하는 데이터를 버퍼로 카피하고, 카피 끝마크를 프레임의 끝에 붙인다.
③ 송신 요구가 있는 노드 A는 프리 토큰의 도착을 기다린다. 프리 토큰이 오면 이것을 비지 토큰으로 바꾸고, 데이터의 수신처 어드레스와 자체 어드레스를 붙여서 송신한다.
④ 노드 A는 비지 토큰이 링을 돌아서 오면, C에서 정확하게 수신한 것을 조사함과 함께 그 프레임을 링으로부터 제거하고, 프리 토큰을 다시 링에 송신함으로써 송신권을 다른 곳에 넘긴다.

3. 토큰 버스

토큰 버스(Token Bus)는 토큰과 버스방식의 장점을 취한 프로토콜로써 토큰을 사용함에 따라 버스형의 자유경쟁법이 갖는 데이터 프레임의 충돌 가능성을 제거함과 동시에, 노드 사이에 우선순위를 정할 수 있다는 특성을 갖는다. 이러한 특성으로 인해 중요도가 다른 각종 장비 및 센서와 프로세서들 간에 정해진 시간범위 내에서 정보교환이 가능하기 때문에 공장자동화에 많이 사용된다. 실제로 GM사에서 자동차 자동공정을 위해 개발한 MAP (Manufacturing Automation Protocol)도 토큰 버스 LAN([그림 4-8])을 사용한다.

이 유형은 동축케이블을 전송매체로 사용하는 경우가 많다.

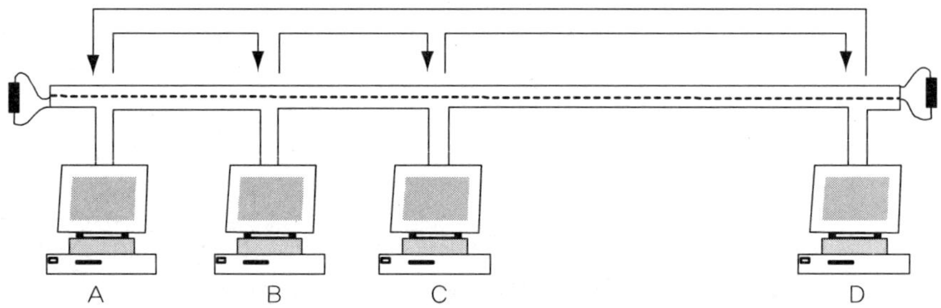

[그림 4-8] 토큰버스의 구조

한 노드가 패킷을 전송한 후 토큰을 방송형태(broadcast)로 버스에 방출하면, 다음 순위의 노드(보통은 바로 옆의 노드)가 이를 인지하여 토큰을 받아들이고 패킷을 송출하는 방식으로 진행된다. 여기서의 노드들은 토큰 링에서와 같은 적극적인 중계기능을 수행하지는 않는다. 또한, 노드를 추가하거나 삭제할 때에는 노드의 우선순위를 재조정하는 절차가 필요하다.

4.3 무선 LAN

최근에는 더욱 고용량의 데이터를 고속으로 전송하기 위한 프레임 릴레이

망, ISDN망, ATM(Asynchronous Transfer Mode)을 기반으로 한 B-ISDN망 등이 전 세계적인 관심을 받고 있다. 그러나 최근까지의 데이터 통신 형태는 대부분 이중나선(twisted pair)이나 동축케이블 또는 광섬유케이블로 구성된 유선망을 통하여 이루어져왔다.

그러나 통신을 위해서 항시 컴퓨터간 케이블이 연결되어 있어야 한다는 제약은 시간과 장소에 관계없이 필요한 정보를 얻고자 하는 사람들의 정보 욕구를 충족시키기에는 역부족인 면이 있다. 또한 각 컴퓨터 및 주변기기에 연결되어 벽, 마루, 천장 등을 뱀처럼 휘감고 있는 케이블은 유선 통신을 이용하는 이용자들, 특히 망 관리자에게는 큰 골치덩어리이다.

이런 케이블은 기존의 사무실 환경에 설치하기도 번거로울 뿐 아니라, 설치 후에도 컴퓨터의 이동이나 추가시마다 케이블 비용과 인건비의 추가 부담이 초래된다. 또한 케이블 공사중에는 모든 시스템이 다운되어 있어야 하는 문제점을 갖고 있어 직·간접적인 망 관리비용과 시간 낭비를 초래하고 있다.

따라서 최근에는 이동성이라는 사용자 요구에 부응하여 제약없는 연결성을 제공하는 무선 LAN이 급속히 부각되고 있다.

무선 LAN은 다양한 정보와 자원을 공유할 수 있게 하는 LAN의 장점과 제약 없는 연결성 제공이라는 편리성을 동시에 제공하는 무선통신 기술의 결정체로서, 신뢰성 있는 데이터 전송뿐 아니라 유연성(flexibility)과 설치의 용이성(insatiability)을 장점으로 갖고 있다. 특히 무선 LAN은 케이블을 이용하지 않기 때문에 지정학적인 설치의 제한을 받지 않으며, 단말의 위치 변동 또는 추가 삭제 시에도 선로의 증설이나 변경이 필요 없어 인적, 경제적 비용을 유선 LAN에 비해 현격히 절감할 수 있다. 이것은 성능향상 못지 않은 대단한 매력으로 작용하고 있다.

무선 LAN에 대한 국제 표준화는 1990년 10월부터 IEEE 802.11 위원회에 의해 무선 매체접근제어(wireless MAC)와 물리계층 규격에 대한 표준화가 OSI 참조모델에 준하여 진행되고 있다.

현재 무선 LAN에 관련된 국제표준은 아직 마련되어 있지 않다. 따라서 현재까지 소개된 무선 LAN 제품들은 상호간에 호환성이 없다. 비록 IEEE 802.11 위원회에서 스펙트럼 확산, 협대역, 적외선 방식에 적용할 수 있는 하나의 MAC 프로토콜을 표준화하고 있으나, 여전히 "어떤 무선 LAN을 선택해야 하는가"라는 현재의 고민은 해결하지 못할 것 같다. 또한 IEEE 802.11 표준에 따른다 해도 이용 주파수가 다를 경우에는 주파수 변환 브리지가 없으면 통신할 수 없는 문제를 계속적으로 숙제로 남기게 될 것이다.

그러나 무선 LAN은 설치시뿐 아니라 망의 이동이나 확장시에도 케이블 작업이 필요 없어 유선 LAN에 비해 시간적·경제적 이점을 제공할 수 있기 때문에 점진적으로 확대될 것으로 예상된다. 비록 초기에는 LAN 배선이 힘들거나, 이동이 빈번한 곳, 또는 유선으로 설치할 경우 위험하거나 비용이 비싼 곳에만 백본(backbone)으로 유선을 두고 소량 이용되겠지만 점차적으로 유선 LAN이 차지했던 많은 부분을 대신하게 될 것이다.

4.4 인터넷의 구성

인터넷(internet)이란 대규모의 컴퓨터 네트워크로서 전세계 컴퓨터를 연결하는 네트워크(network)를 의미한다. 인터넷이라는 이름은 전세계의 컴퓨터를 하나의 네트워크로 연결하겠다는 의미의 인터네트워크(inter-network)라는 용어에서 시작되었고 이를 줄여서 인터넷이라고 불리게 되었다.

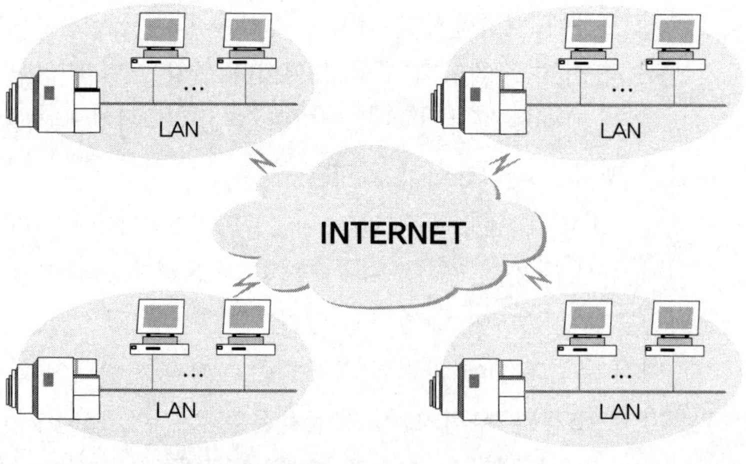

[그림 4-9] 인터넷의 구성

단어 자체의 의미만 해석해 본다면 [그림 4-9]와 같은 네트워크의 네트워크이다. 즉, 여러 네트워크들이 묶여 이루어진 네트워크라고 말할 수 있다.

이와 같이 인터넷은 하나의 거대한 컴퓨터 네트워크로서 다양한 컴퓨터들이 서로 연결되어 있다. 그러나 인터넷에 연결된 컴퓨터들은 모두 같은 회사의 제품이 아니기 때문에 데이터 표현이나 데이터 전송에 따르는 데이터 처리 방식이 서로 다를 수 있다.

이러한 이 기종 컴퓨터(heterogeneous computer) 상호간의 통신에서 아무런 사전 약속도 없이 정보를 전송하거나 요구한다면 큰 혼란이 발생하게 될 것이다. 따라서 정보를 주고받기 이전에 컴퓨터들 간에 사전에 약속을 해야 하는데 바로 이러한 약속(또는 규약)을 통신 프로토콜(communication protocol)이라고 한다.

이러한 프로토콜에는 여러 가지 종류가 있는데 현재 인터넷에서 사용하는 중요한 통신 프로토콜은 TCP/IP이다.

TCP/IP는 문자 그대로 전송제어 프로토콜(TCP : Transmission Control Protocol)과 인터넷 프로토콜(Internet Protocol)을 의미한다. 서로 다른 컴퓨터, 서로 다른 벤더, 서로 다른 운영체제(Operating System) 하에서도 사용이 가능하며 인터넷의 기본이 되는 프로토콜인 것이다.

여기서 보통 TCP/IP라고 말하면 이는 계층 3, 계층 4 프로토콜만을 애기하는 것이 아니라 대부분 TCP/IP 프로토콜 조합(Protocol Suit)을 의미하는 것이다.

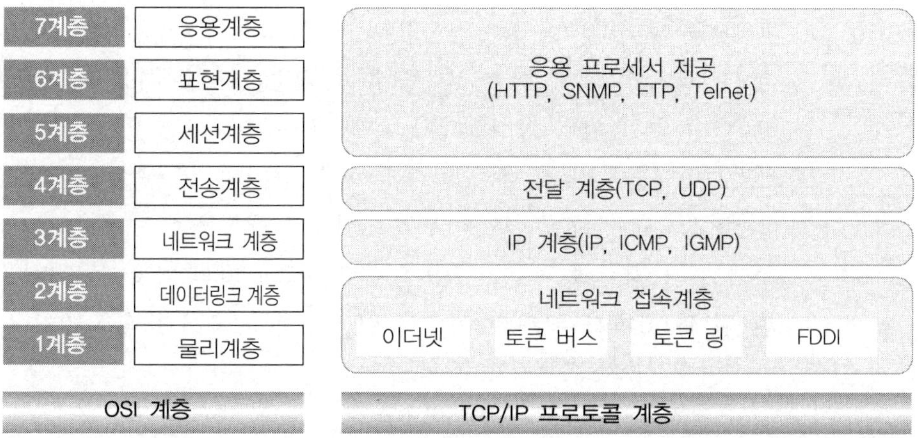

[그림 4-10] OSI 7계층과 TCP/IP 프로토콜의 대응관계

그래서 우리가 현재 사용하고 있는 인터넷은 TCP/IP를 뼈대로 하는 거대한 네트워크 서비스라고 할 것이다.

[그림 4-10]은 OSI 7 계층과 TCP/IP 프로토콜 조합(suit)과의 관계를 나타내었다. [그림 4-10]에서 가장 하위 계층(layer)은 패킷이 전송되는 도중에 만나게 되는 다양한 서브네트워크들을 적절히 통과시키는 기능이다.

이 계층에서는 목적지까지 어떻게 전달되는지는 신경쓸 필요가 없고 단지 패킷이 각 서브네트워크들을 통과할 수 있도록 하는 기능만을 가지고 있다. 이 계층을 네트워크 접속계층(network access layer)이라고 한다. 그러나 네트워크 접속계층만으로는 패킷이 목적지까지 전달될 수 없다. 네트워크 접속계층 위의 계층은 시작 노드에서 목적지까지 패킷이 제대로 라우팅이 되도록 하는 기능을 가진다. 이 계층을 IP 계층(Internet Protocol layer)이라고 부른다. IP 계층에는 IP(Internet Protocol)와 ICMP(Internet Control Message Protocol) 등 2개의 프로토콜이 있다. 네트워크 접속계층과 IP 계층이 제대로 작동되면 두 종말노드간에 패킷 전송이 수행된다. 그러나 이 경우에도 전달되는 패킷은 도중에 비트 에러가 발생한다든가 하는 이유로 분실될 수도 있다. 따라서 IP 계층 위에는 IP 계층의 기능이 제대로 작동하여 올바른 패킷이 수신자에게 제대로 전송되었는지를 확인하고 잘못된 경우 재전송을 요구하는 등의 제어기능을 가지는 계층이 있으며, 이 계층을 전달계층(transport layer)이라고 부른다.

전달계층에는 이러한 기능을 수행하기 위하여 TCP(Transmission Control Protocol)와 UDP(User Datagram Protocol) 등 2개의 프로토콜들이 있다. 전달계층이 제대로 작동되면 그 위에서 종말기기의 사용자는 FTP, TELNET, RLOGIN 등의 여러 가지 응용프로세스(application process)들을 이용하여 인터넷 서비스를 이용할 수 있다. 이 최상위의 계층을 응용프로세스 계층(application process layer)이라고 부른다. 이러한 계층적 구조로 시스템을 구축한다면 각 계층의 프로세스나 프로토콜들을 다른 계층과 독립적으로 작성할 수 있다. 따라서 시스템 설계가 단순해지고 관리가 용이해진다.

4.5 인터네트워킹 장비

인터네트워킹(internetworking)이란 단위 네트워크들이 서로 연결된 상태를 말하며, 이 장에서는 주로 LAN과 LAN의 연결을 의미한다. 인터네트워킹이 필요한 이유는 다음과 같다. 가령 처음에 적은 규모의 LAN이 구축된 뒤 부서의 규모가 커지거나 다른 부서와 연결할 필요가 있을 경우가 있다.

부서의 LAN 규모가 점차 커지면 LAN을 논리적으로 분할할 필요가 생긴다. 혹은 다른 부서의 LAN과 연결할 필요가 있는 경우에 이들 부서간에 LAN을 연결하는데 장비가 필요하다. 이러한 연결장비를 Internetconnect 혹은 인터네스워킹(Internetworking) 장비라고 한다.

인터네트워킹 장비로는 리피터, 브리지, 라우터, 스위치, 게이트웨이 등이 있다.

이와 같은 인터네트워킹 장비는 [그림 4-11]에서처럼 OSI의 7계층 참조모델과 비교하여 설명할 수 있다.

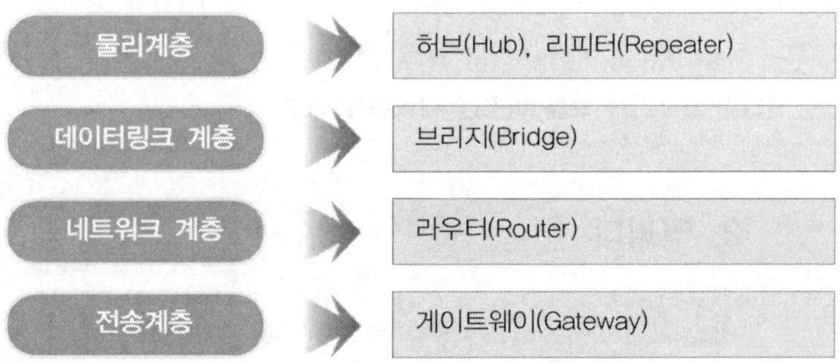

[그림 4-11] OSI 7계층과 네트워크 장비

1. 허 브

허브(hub)는 가정에서 여러 개의 가전제품을 연결할 때 사용되는 멀티 콘

센트처럼 근거리 통신망에서 여러 전송 케이블을 한 곳에 모아서 접속하기 위해 가까운 거리의 컴퓨터들을 케이블을 이용해 서로 연결시켜 주는 네트워크 장비([그림 4-12] 참조)이다.

허브의 목적은 케이블링의 간소화 및 이동의 편리함과 더불어 근거리 통신망에 있어서 통합회선 관리를 목적으로 주로 사무실 내에서 사용된다. 일반적으로 더미 허브(dummy hub)라고 불리는 초기의 허브는 (물론 지금도 많이 쓰인다) 신호의 증폭과 재생기능을 하는 리피터와 유사한 기능을 하면서 단순히 각 노드들을 집중화하는 장비였으나 점차로 발전하여 네트워크 관리 모듈인 SNMP(Simple Network Management Protocol)가 장착되어 네트워크 관리까지 할 수 있는 인텔리전트 허브(intelligent hub)로 발전하게 되었다.

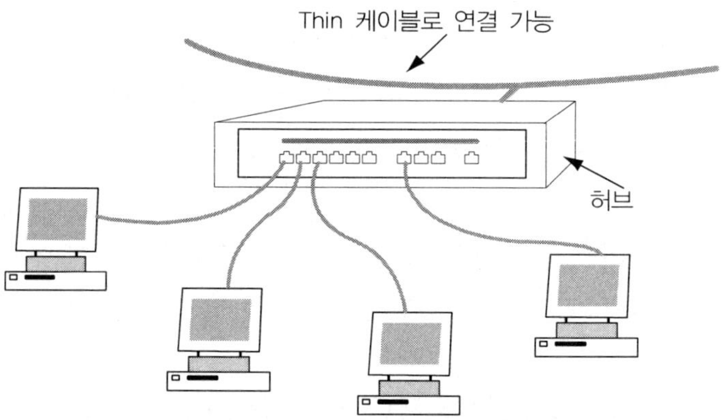

[그림 4-12] 허브를 이용한 네트워크 연결

2. 리피터

네트워크의 선로가 짧으면 신호를 증폭시킬 필요 없이 그대로 전송하면 되지만, 케이블의 길이가 길어지면 중간에 약해진 신호를 증폭시킬 필요가 있다. 리피터([그림 4-13] 참조)는 네트워크 선호를 통해 전달되는 신호를 증폭시키기 위한 장치이다.

리피터(repeater)는 손으로 잡을 수 있을 담배갑 정도 크기의 네모난 상자로 두 개의 네트워크 케이블을 연결하여 하나의 케이블에서 받은 신호를 증폭시켜 다른 케이블로 보냄으로써 목적지까지 일정한 신호가 유지되도록 하는 역할을 한다.

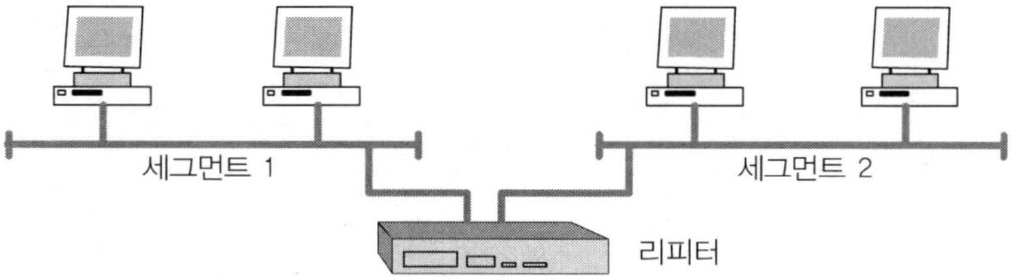

[그림 4-13] 리피터를 이용한 네트워크 연장

2. 브리지/스위치

브리지(bridge)는 OSI 참조모델의 데이터 링크 계층 중 MAC 계층에서 통신을 하며 두 세그먼트를 연결해주는 장비이다. 두 세그먼트를 연결한다는 점은 리피터의 역할과 같을 수도 있지만 리피터가 모든 신호를 브로드캐스팅하여 트래픽을 증가시키는 반면 브리지는 트래픽을 필터링할 수 있다. 즉, 통신하고자 하는 노드가 다른 세그먼트에 있을 경우 [그림 4-14]에서처럼 트래픽을 그 세그먼트로 보내지 않는다.

브리지는 여러 가지로 분류할 수 있겠지만 일반적으로는 로컬과 원격 브리지로 나눈다. 로컬 브리지는 말 그대로 동일 지역 내에서 다수의 LAN 세그먼트를 직접 연결하는 것이고 원격 브리지는 근거리 통신망과 원거리 통신망을 연결하는 것으로 서로 다른 지역간의 다수의 LAN 세그먼트들을 연결하는 것이다.

지금은 라우터가 이 기능을 대신하므로 거의 쓰이지 않는 장비이다.

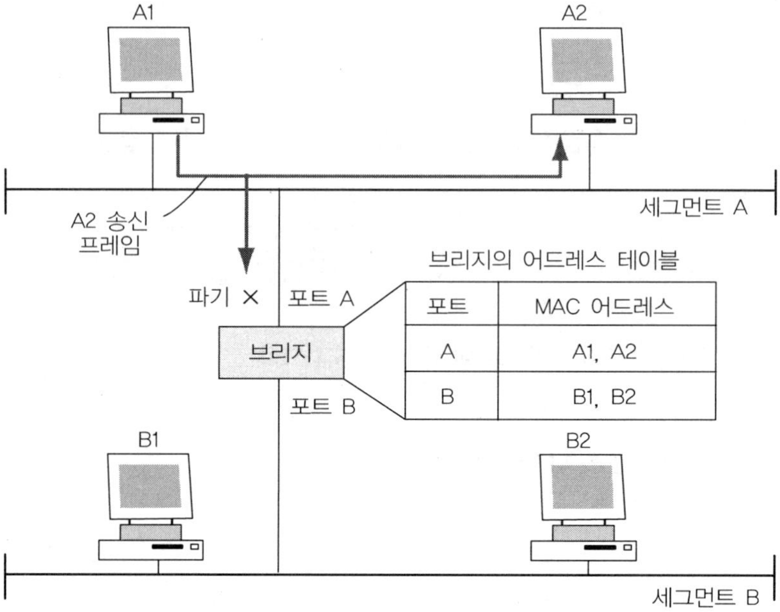

[그림 4-14] 트랜스패어런트브리지의 필터링 기능

3. 라우터

라우터(router)는 인터넷을 구성하는 서로 상이한 여러 네트워크들을 연결하는 장치로 [그림 4-15]와 같다. 라우터의 기능은 한 네트워크에 접속된 여러 시스템(PC, 워크스테이션, 서버)상에서 수행되는 프로그램이 다른 네트워크에 접속된 시스템과의 통신을 해야 하는 경우에 상호간의 자료 전송을 중계한다. 라우터는 패킷 내의 목적지 주소를 읽어서 라우터 내의 라우팅 테이블(routing table)을 이용하여 패킷이 지나가야 할 경로를 지정한다. 또한 라우터는 망 내의 혼잡 상태를 제어할 수 있는 기능을 갖고 있어서 어떤 경로에 많은 트래픽이 있는 경우에는 패킷을 다른 경로로 전송하는 등의 기능도 가지고 있다.

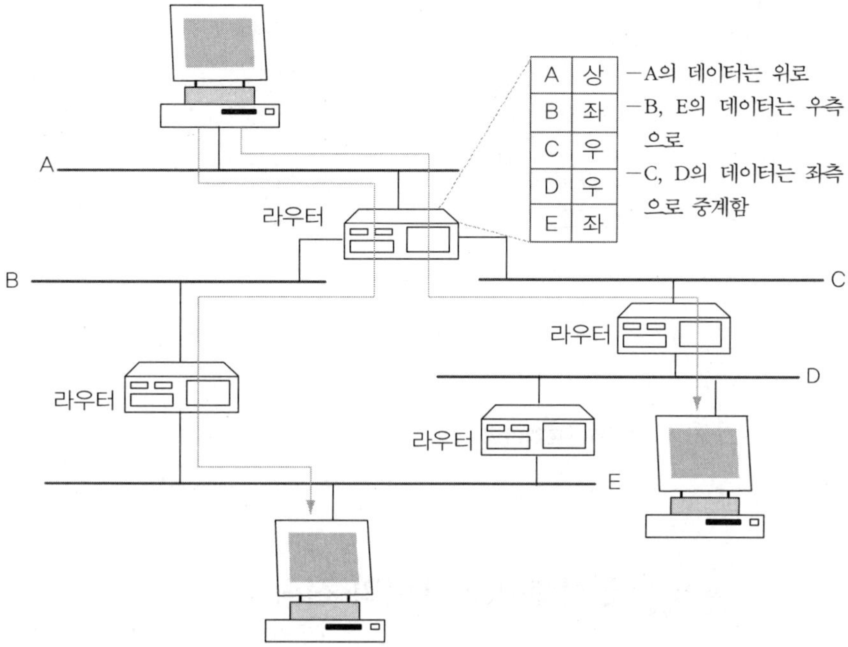

[그림 4-15] 라우터의 동작원리

4. 게이트웨이

원래 라우터를 게이트웨이(gateway)라고 불렀다. 일반적으로 게이트웨이는 다른 시스템과 정보를 교환하는 출입구에 해당하는 기기를 말한다.

그러나 최근에는 게이트웨이를 애플리케이션 게이트웨이(application gateway)라 부른다.

이것은 [그림 4-16]에서와 같이 다른 프로토콜을 사용하는 애플리케이션을 서로 연결시키는 것을 의미하며 프로토콜 변환 기능을 수행하는 장치를 지칭할 때 일반적으로 사용된다. 특히, LAN에서 호스트 컴퓨터 등 다른 네트워크에 데이터를 보내거나 다른 네트워크로부터 데이터를 받아들이는 등 통신 기능을 가진 컴퓨터가 그 대표적인 예이다.

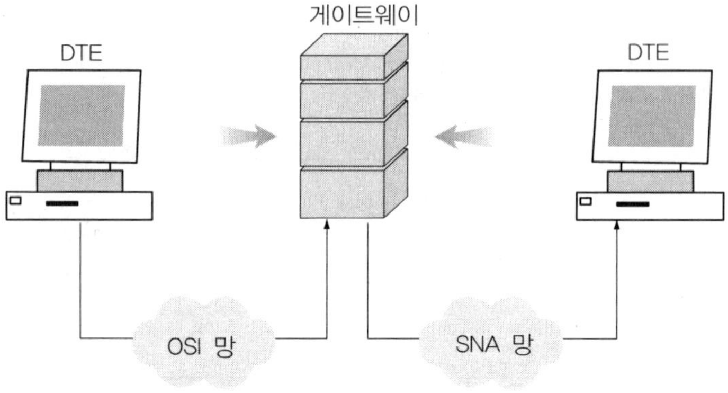

[그림 4-16] 게이트웨이의 역할

4.6 인터넷에서 패킷의 전송

인터넷에서 한 컴퓨터가 보낸 패킷은 여러 라우터와 게이트웨이를 거쳐서 상대방에게 전송된다.

이러한 전송이 제대로 이루어지기 위해서는 몇 가지 기능이 필요하다. 가장 기본적으로는 전송 도중에 지나게 되는 각각의 서브네트워크를 그 네트워크가 사용하고 있는 프로토콜에 맞추어 제대로 통과할 수 있어야 한다. 이러한 기능을 가지게 되면 다음에는 각 라우터에서 라우팅이 제대로 이루어지도록 할 수 있어야 한다.

이러한 두 가지 기능을 갖춘 경우에도 전송 도중 패킷에 에러가 발생하여 분실될 수도 있다. 따라서 송수신 컴퓨터는 패킷이 제대로 전달되었는지를 서로 확인하는 기능도 필요하다.

인터넷에서 서브네트워크들을 연결하는 라우터는 패킷의 헤더를 서브네트워크의 양식에 맞도록 고쳐서 서브네트워크로 보낸다. 따라서 라우터는 자신이 연결되어 있는 모든 네트워크들의 네트워크 접속계층을 가지고 있어야 한다. 또, 각 라우터에서 적절한 라우팅 테이블이 만들어지게 하기 위해서는 이러한 기능을 수행하는 IP 계층이 각 라우터에 들어 있어야 한다. [그림 4-17]은 네트워크의 각 노드들이 가지는 TCP/IP 계층들을 보여주고 있다.

종말 노드에서는 TCP/IP 아키텍처를 모두 가지고 있으며 중간의 라우터는 IP 계층과 자신이 연결되어 있는 모든 네트워크들의 네트워크 접속계층들을 가지고 있다.

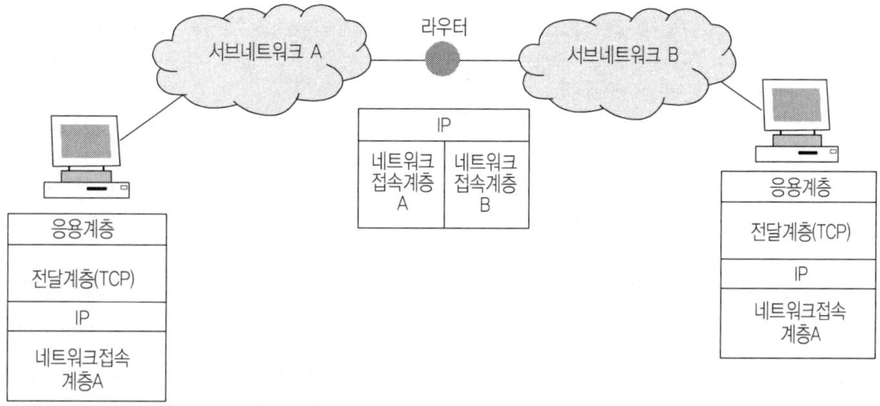

[그림 4-17] 각 노드들이 가지고 있는 TCP/IP 계층

위와 같은 TCP/IP 아키텍처를 이용하기 위해서는 패킷의 헤더는 네트워크 접속 계층의 기능을 위한 정보를 적은 부분, IP 계층의 기능을 위한 정보를 적은 부분, 전달계층의 기능을 위한 정보를 적은 부분 등을 가지고 있어야 한다. 이 정보들은 패킷의 헤더에 [그림 4-18]과 같은 순서로 정리되어 있다.

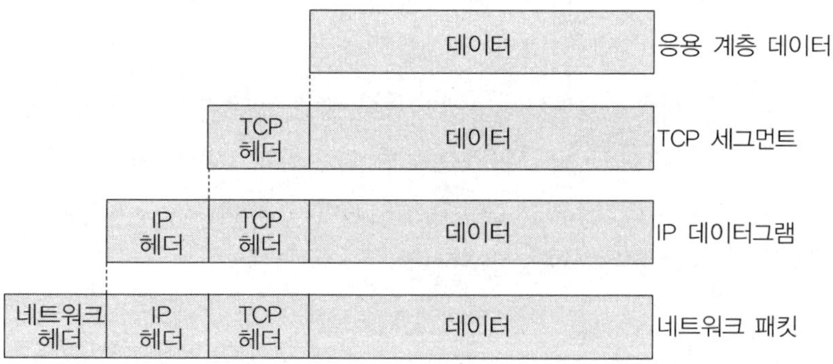

[그림 4-18] 패킷의 헤더

송신 컴퓨터에서 데이터를 보내려는 응용계층의 한 프로세스는 하나의 데이터 조각을 TCP에 전달한다. TCP는 필요에 따라 이 조각을 더 작은 조각으로 나누기도 한다. TCP는 이 조각에 TCP 헤더를 붙여서 하나의 TCP 세그먼트(segment)를 만든다. 이 TCP 헤더에는 수신 컴퓨터의 어느 응용프로세스에게 전달되는 것인지를 나타내는 목적지 포트(destination port), TCP 세그먼트의 일련번호, 에러를 체크할 수 있는 체크섬(checksum) 등이 들어 있다. TCP는 이렇게 작성된 TCP 세그먼트를 수신측의 IP 주소와 함께 IP 계층으로 전달한다.

IP는 TCP에게서 받은 TCP 세그먼트에 IP 헤더를 붙여서 IP 데이터그램(datagram)을 작성한다. 하나의 IP 데이터그램의 길이는 64k바이트까지 될 수 있다. 이 IP 헤더에는 수신측의 IP 주소 외에도 몇 가지 정보들이 들어 있다. IP가 IP 데이터그램을 네트워크 접속계층에 전달하면 여기서 네트워크헤더가 붙여져서 패킷이 만들어지며 이 패킷은 목적지를 향해 전송된다.

네트워크 헤더는 처음에는 송신 호스트가 연결되어 있는 LAN의 양식에 맞게 작성된다. 이 패킷은 LAN의 라우터에 도착하게 되며 이 라우터는 양쪽 네트워크의 네트워크 접속계층과 IP 계층을 가지고 있다. 패킷을 받은 라우터는 네트워크 헤더를 벗겨버리고 IP 헤더에 있는 수신 컴퓨터의 IP 주소 및 여러 정보를 읽은 후 라우팅 테이블에 따라 적절한 네트워크로 넘기게 되는데 이때 라우터는 이 패킷을 넘겨주게 되는 서브네트워크의 전송 방식에 맞는 새로운 네트워크 헤더를 씌워서 보내게 된다. 이러한 과정은 라우터를 통할 때마다 이루어지게 되어 전송 도중의 모든 네트워크를 적절히 통과할 수 있게 된다. 이러한 과정에서 네트워크 헤더는 라우터를 거칠 때마다 새로이 바뀌게 된다. 이 패킷이 수신 호스트에 도착하면 이 호스트에 있는 전달계층은 TCP 헤더에 있는 패킷의 일련번호나 체크섬 등을 통하여 제대로 된 패킷이 수신되었는지를 판단한다. 만일 패킷에 에러가 있거나 일련번호가 맞지 않으면 GO BACK N이나 SRP(Selective Repeat Protocol)와 같은 적절한 재전송 방식을 적용한다.

연습문제

주관식 (5문제 - 레포트, 세미나 주제용)

4.1 인터네트워킹 장비들의 종류를 쓰고 각각의 특징을 간략히 설명하시오.

4.2 CSMA/CD의 동작원리를 플로우차트 형식으로 설명하시오.

4.3 유선 LAN에서 무선 LAN으로 발전하는 배경은 무엇인가?

4.4 OSI 7 계층 구조와 TCP/IP 프로토콜 조합의 계층 구조를 비교 설명하시오.

4.5 네트워크 토폴로지를 비용과 연결성의 측면에서 설명하시오.

객관식 (20문제 - 중간, 기말고사 출제용)

4.6 모든 메시지가 중앙컴퓨터에 받아들여 원하는 곳으로 교환이 되는 메시지 교환망은?

① 불규칙형　② 환형
③ 성형　④ 격자형

4.7 다음은 링형 망에 대한 설명이다. 옳지 않은 것은?

① 데이터가 단말들의 중계에 의한 전달이므로 각 단말에게 제공되는 통신망 서비스가 공평하다.
② 오류가 발생한 데이터는 링을 따라 계속 순환될 수 있으나, 각 단말에 중계기능이 있으면 이의 감시기능이 불필요하다.
③ 방송 모드 이용이 가능하고, 전송로의 길이를 가장 짧게 할 수 있다.
④ 단말마다에는 중계기능이 있어야 하므로, 단말이 비교적 복잡하다.

◀정답▶ 4.6 ③ 4.7 ②

4.8__ 다음은 버스형 망에 대한 설명이다. 옳지 않은 것은?

① 각 단말이 통신제어 기능을 갖고 있어서 통신 처리량이 커지면, 각 단말은 이에 대처하기 위한 처리 능력이 필요하다.
② 통신회선이 1개로 물리적 구성이 간단하고, 단말이 증가와 삭제가 용이하다.
③ 방송 모드이므로 경로 제어가 불필요하다.
④ 분산 제어형에서 우선순위 제어가 용이하다.

4.9__ 다음 통신망의 구성에 대한 설명 중 틀린 것은?

① 버스형은 구조가 간단하고 터미널의 고장이 통신망 전체가 영향을 주지 않는다.
② 트리형은 중앙컴퓨터와 일정 지역을 담당하는 컴퓨터를 연결할 경우 적합하다.
③ 성형은 집중 제어형으로 유지 관리가 용이하다.
④ 링형은 터미널의 추가 및 전송 매체와 터미널의 고장 발견이 쉽다.

4.10__ 30개의 노드를 망형으로 연결할 때 소요 회선 수는?

① 30　　② 435
③ 870　　④ 2500

4.11__ 다음은 컴퓨터 통신망의 기본 유형이다. 메시형은?

①
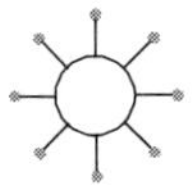
②
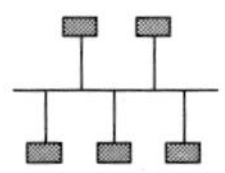
③
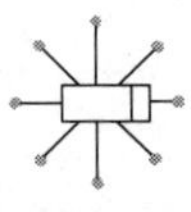
④
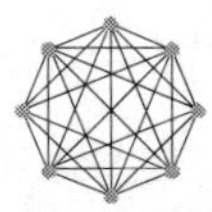

4.12__ 다음 중 패킷교환 방식에 대한 설명으로 옳지 않은 것은?

① 컴퓨터와 통신회선의 이용효율을 높이는 방식이다.
② 패킷 형태로 만들어진 데이터를 패킷 교환기가 목적지 주소에 따라 적당한 통신경로를 선택해 주는 방식이다.
③ 수신측이 준비되지 않을 경우 데이터전송이 불가능하고 접속 후에는 전송을 위한 추가 데이터가 없다.
④ 메시지를 패킷 단위로만 축적하므로 빠른 응답시간이 요구되는 응용에 사용된다.

◀정답▶ 4.8 ④ 4.8 ④ 4.10 ② 4.11 ④ 4.12 ③

4.13__ 광대역 통신망과는 달리 빌딩이나 공장 구내 등 한정된 지역 내의 정보 처리장치들을 연결하기 위하여 최적화되고 신뢰성 있는 고속 통신채널을 제공하는 망은?

① VAN ② WAN ③ MAN ④ LAN

4.14__ 다음 중 LAN의 정의로 적합하지 않은 것은?

① 한정된 지역 내에 분산 설치되어 있는 각종 정보처리기기와 통신처리 장치 등을 동축 또는 광섬유 케이블과 같은 고속 전송회선으로 연결한 망이다.
② 사설통신망으로서 통신비와 제도 등의 제약이 적고 사용자의 자유도가 크며, 음성과 영상 등을 포함한 종합 정보통신망으로 발전성이 크다.
③ 어떤 종류의 스위칭 테크놀로지를 갖고 있는 원거리망보다 낮은 통신 속도를 갖고 있다.
④ 공중 전기통신망에 대비되는 망으로서 전자, 사설교환기와 협의의 LAN으로 구성된 통신망이다.

4.15__ 다음 중 LAN의 특성으로 옳지 않은 것은?

① 광대역 전송매체의 사용으로 고속통신이 가능하다.
② 망 내의 어떤 기기와도 통신이 가능하다.
③ 매우 낮은 오류율을 가지며 방송형태의 이용이 가능하다.
④ 경로선택과 제어가 필요하나 노드의 값이 싸다.

4.16__ 다음 중 LAN의 선정시 고려해야 할 사항으로서 옳지 않은 것은?

① 속도가 고속이고 주파수 대역폭이 넓어야 한다.
② 호환성이 있어야 한다.
③ 통신망의 구성과 통신망에 새로운 기기의 연결이 간단하고 용이해야 한다.
④ 근거리 사설통신망이므로 표준화에 구애받지 않아 융통성, 확장성이 크다.

4.17__ 다음 LAN의 접속방식 중 버스형에 많이 사용되고 모든 컨트롤러가 대등한 액세스 권리를 갖는 방식은?

① 토큰 패싱 방식 ② 토큰 링 방식
③ 토큰 버스 방식 ④ CSMA/CD 방식

4.18__ LAN의 접속방식 중 공유하고 있는 통신회선에 대한 제어신호를 각 노드간에 순차적으로 옮겨가면서 수행하는 방식은?

① 토큰 패싱 방식 ② CSMA/CD 방식
③ TDMA 방식 ④ 프레임 전달 방식

◀정답▶ 4.13 ④ 4.14 ③ 4.15 ④ 4.16 ④ 4.17 ④ 4.18 ①

4.19__ LAN의 특성으로 잘못 설명된 것은?

① 광대역 전송매체로 고속통신이 가능하다.
② 단일기관에서 관리하므로 인접기관과는 통신이 불가능하다.
③ 범위가 넓지 않아 상대적으로 관리하기 쉽다.
④ 통신망 내의 어떤 기기와도 통신이 가능하다.

4.20__ 스타형 네트워크의 특징으로 바르지 않은 것은?

① 일반적으로 각 컴퓨터가 중앙의 허브라고 하는 장비에 연결되는 형태를 갖는다.
② 신호 전송에 토큰 패싱 방법을 주로 사용한다.
③ 허브가 고장이 나면 허브에 연결된 모든 컴퓨터는 통신을 할 수 없다.
④ 전달되는 신호는 신호를 보내는 컴퓨터에서 허브를 통해 연결된 네트워크상의 모든 컴퓨터로 보내진다.

4.21__ 다음은 링 토폴로지에 대한 설명이다. 틀린 내용은?

① 링 형태로 연결이 되어 있기 때문에 환형 또는 고리형이라고도 부른다.
② 모든 노드가 통신기능의 일부를 수행하고 있다.
③ 수신지로 데이터가 이동된 후에도 링에서는 데이터가 남아 있다.
④ 노드의 변경이나 추가가 비교적 어려우며 노드 고장에 대처하기 어려운 면이 있다.

4.22__ 버스(Bus) 형태의 네트워크에 대한 설명으로 바르지 않은 것은?

① 버스 형태의 네트워크에서는 일반적으로 컴퓨터와 케이블의 연결을 위해 BNC 커넥터를 사용한다.
② 소규모 네트워크 구성에 효과적인 형태이다.
③ 케이블에 문제가 발생했을 경우 원인이 되는 곳을 발견하기가 어렵다.
④ 초기 네트워크 구성시 많은 비용이 든다.

4.23__ CSMA/CD(Carrier Sense Multiple Access / Collision Detection)에 대한 설명으로 바르지 않은 것은?

① 각 컴퓨터가 실제로 데이터를 전송하기 전에 전송하고자 하는 의향을 신호로 보낸 후 데이터를 보내는 방식이다.
② IEEE 802.3으로 표준화되어 있다.
③ 충돌발생시 임의의 시간만큼 기다린 후 재전송을 실시한다. 16번까지 재전송을 시도한 다음 실패할 경우 전송을 포기하고 상위계층에 통보한다.
④ 토큰 링 네트워크에서 사용된다.

◀정답▶ 4.19 ② 4.20 ② 4.21 ③ 4.22 ④ 4.23 ④

4.24__ 다음은 토큰 패싱 방식에 관한 설명이다. 이 중 맞지 않는 것은?

① 일찍부터 고리형 LAN의 통신방식으로 이용되어 왔다.
② 버스 토폴로지를 위한 매체접속제어 방식으로 사용되기도 한다.
③ 가끔은 CSMA/CD와 같이 충돌이 발생한다.
④ 토큰의 2중 발생방지나 소멸에 대한 대책이 필요하다.

4.25__ 1980년 2월 LAN에 관한 표준의 필요성으로 프로젝트를 추진한 IEEE 802 위원회는 OSI 7계층 참조모델의 물리계층과 데이터링크 계층에서 설명된 네트워크의 물리적인 요소에 대해 정의하였다. 802 설명서는 네트워크 인터페이스 카드가 액세스하고 물리적인 매체를 통해 데이터를 전송하는 방법을 정의하고 있다. 이것은 네트워크 장치의 연결, 유지 그리고 해제를 포함하고 있는데, 이런 IEEE 802 범주 중 이더넷(ethernet)에 관한 표준으로 정의된 범주는 무엇인가?

① 802.3 ② 802.4 ③ 802.5 ④ 802.11

◀정답▶ 4.24 ③ 4.25 ①

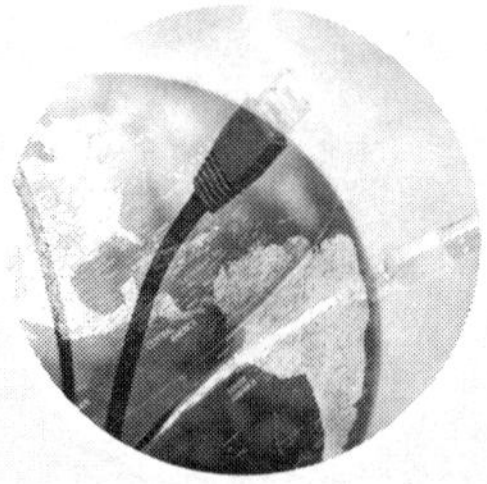

제5장 Web의 이용과 검색

5.1 인터넷 주소체계

인터넷에는 데이터 전송 서비스를 하는 중대형급 컴퓨터들이 많이 있는데 이를 호스트(host)라고 한다. 호스트 컴퓨터들은 처리속도가 빠르고, 대형이며, 다중의 처리요구를 통괄하여 처리할 수 있는 능력을 가지고 있다.

인터넷상에는 이런 대형 호스트들이 수도 없이 연계되어 있고, 이런 호스트 컴퓨터를 식별해 내기 위한 4자리 단위의 숫자 조합체계의 주소를 각 호스트에 부여했는데 이것이 바로 IP 주소(IP Address)이다.

예를 들면, 172.16.2.23과 같이 고유한 주소로서 네트워크 주소와 호스트 주소로 구성된다.

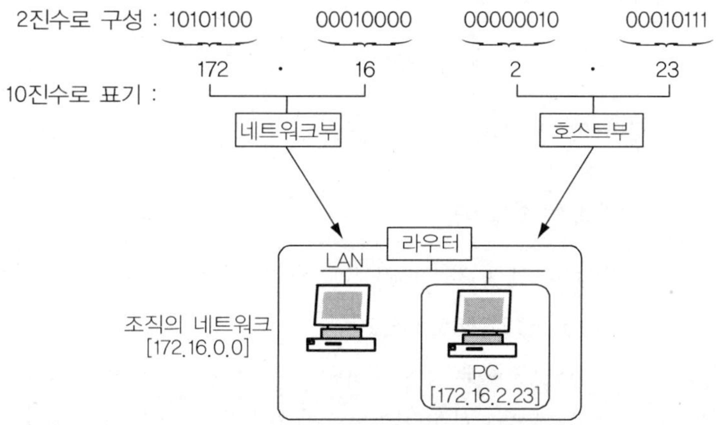

[그림 5-1] 네트워크부와 호스트부로 나누어져 있는 IP 어드레스

IP 주소체계는 32bit로 이루어지며 일반적으로 4부분으로 구성된다. 10진수로 표현되는 각 부분은 "."으로 구분된다. IP주소는 건물로 말하자면 우편번호와 같은 것이다.

IP 주소는 네트워크의 크기에 따라 적용할 수 있도록 여러 클래스로 나누어져 있다. 클래스는 IP 주소가 나타낼 수 있는 네트워크와 호스트의 수를 나타낸다. IP 클래스는 크게 클래스 A, 클래스 B, 클래스 C, 클래스 D 및 클래스 E의 5가지로 분류되나, 인터넷상에서는 A, B, C클래스가 사용된다.

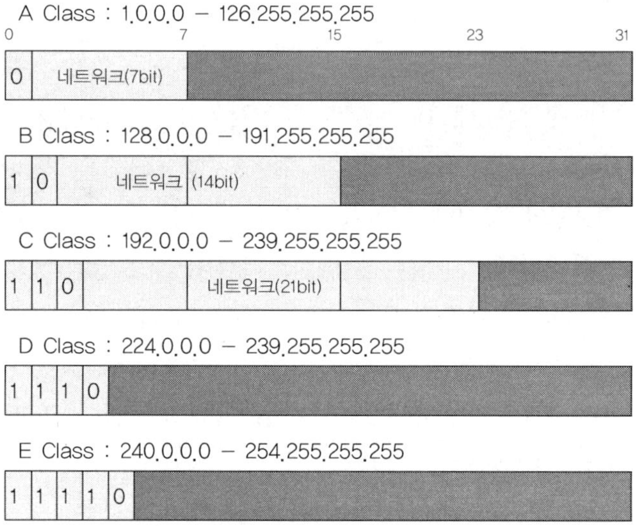

* 1th Byte : 0, 127, 255 사용하지 않음
* 나머지 Byte : 0, 255 사용하지 않음

[그림 5-2] IP주소의 분류 및 형식

■ A 클래스 주소공간

- 최상위 첫 번째 bit가 "0"인 아래의 범위에 해당하는 주소
- 0,0,0,0 ~ 127.255.255.255
- "·"으로 구분되는 4개의 숫자 중 첫 번째 숫자가 네트워크 주소로 쓰이며 다음 3개의 숫자는 각각 호스트 주소로 사용된다. 결국 A 클래스 주소를 사용할 경우 16,777.214(256*256*256-2)개의 호스트를 LAN상에 연결할 수 있다.

■ B 클래스 주소공간

- 최상위 두 bits가 "10"인 주소로 아래 범위로 해당하는 주소
- 128.0.0.0 ~ 191.255.255.255
- "·"으로 구분되는 4개의 숫자 중 두 번째 숫자가 네트워크 주소로 쓰

이며 다음 2개의 숫자는 각각 호스트 주소로 사용된다. 결국 B 클래스 주소를 사용할 경우 65,534(256*256-2)개의 호스트를 LAN상에 연결할 수 있다.

■ C 클래스 주소공간

- 최상위 세 bits가 "110"인 아래 범위에 해당하는 주소
- 192.0.0.0~223.255.255.255
- "·"으로 구분되는 4개의 숫자 중 세 번째 숫자가 네트워크 주소로 쓰이며 다음 1 개의 숫자는 각각 호스트 주소로 사용된다. 결국 C 클래스 주소를 사용할 경우 254(256-2)개의 호스트를 LAN상에 연결할 수 있다.

이와 같은 32비트 주소체계를 사용하는 IPv4는 논리적으로 2^{32}(약 43억)개의 주소공간을 제공할 수 있으나 클래스(A, B, C) 단위로 할당하는 초기 정책에 의해 설제 사용 가능한 주소공간은 이보다 적을 것으로 예상되고 있다. 인터넷 초기 시절 미국의 경우, A 클래스 주소공간을 다수 할당받는 등 무분별하고 이기적인 정책에 따라 유럽이나 아시아 국가들에 비해 상대적으로 많은 수의 IPv4 주소공간을 확보하는 등의 불균등한 주소 배정 문제와 배정을 받고도 사용하지 않는 주소공간 등의 문제 그리고 신규 인터넷 서비스 사업 진출 시 주소확보의 어려움에 대한 우려가 주소 부족 문제의 심각성을 더욱 부각하고 있다. IPv4의 주소공간은 국제적으로는 인터넷 이용자의 급증과 이동전화 정보가전 등 새로운 인터넷 서비스 등장으로 2010년대에는 고갈이 예상되고 있으며, 이보다 일찍 2003~2005년에 국내에서도 인터넷 주소 고갈문제가 발생할 것으로 예상되고 있다.

IPv4의 주소공간 부족 문제 이외에도 기업 인트라넷의 보안 및 전자상거래에서의 사용자 인증 등과 같은 보안에 대한 필요성의 증대와 최선형(best effort) 서비스만을 제공하므로 지연과 지연 변이, 패킷 손실 등의 QoS를 보장하지 못하는 즉, 실시간 멀티미디어서비스를 보장받지 못하는 IPv4 인터넷에 대한 개선 요구의 증대는 IPv6라는 대안으로의 전환을 필연적인 것으로 만들고 있다.

IPv6는 이미 IETF(Internet Engineering Task Force)에 의해 기본적인 표준화

작업이 완료된 상황이며 국내외적으로 IPv6 기반 차세대 인터넷으로 성공적인 전환을 위한 시험망이 시험 운용되고 있다. 국내에서는 정보와 연구기관의 협력 하에 IPv6 주소체계를 점진적으로 도입하여 기존 IPv4 사용자가 불편없이 진화할 수 있도록 IPv6 도입을 추진하고 있다.

IPv6는 128비트의 주소체계를 통해 거의 무한대(2^{128}≒43억×43억×43억×43억)에 가까운 인터넷 주소공간을 제공하여 IPv4의 주소 고갈 문제를 해결할 수 있으며 멀티캐스트, QoS, 보안 문제 등을 효율적으로 해결할 수 있을 것이다.

IPv6는 무선 인터넷, 정보가전, 지능형교통체계(ITS) 등의 분야에서 우선적으로 활용될 것으로 예상되며, 실제 IMT-2000 서비스 지원되는 차세대 이동통신 환경에서는 IP가 고정적으로 내장된 이동전화 사용이 필수적이어서 보안성과 이동성이 보장된 IPv6 주소방식이 적용될 것이다. 이와 함께 인터넷 TV, 전화, 냉장고 등의 정보가전 단말수가 2005년부터 본격적으로 증가할 것으로 예상되며 이 중의 상당수의 정보가전 단말이 제공되는 사이버 아파트 등에서도 IPv6 주소방식을 이용한 네트워크가 들어설 것으로 예상되고 있으며 보안에 대한 요구사항이 까다로운 군사분야에서도 IPv4보다 보안 관

〈표 5-1〉 IPv4와 IPv6의 비교

	IPv4	IPv6
주소 길이	32비트	128비트
표시 방법	8비트씩 4부분으로 10진수로 표시(콤마로 구분) 예 203.106.7.99	16비트씩 8부분으로 16진수로 표시(콜론으로 구분) 예 ab1d:d312:ffbc:5716:7771:ed2c:2c1d:f197
주소 개수	232(약 43억 개)	약 43억×43억×43억×43억 개 거의 무한
주소 할당	A, B, C, D 등 Class 단위의 비순차적 할당(비효율적)	네트워크 규모 및 단말기 수에 따른 순차적 할당(효율적)
Mobil IP	상당히 곤란(비효율적)	용이(효율적)
웹 캐스팅	곤란	용이

련 기능이 강화되고 이동성이 보장되는 IPv6 주소에 대한 수요가 증가할 것으로 전망된다. 따라서 IPv6로의 전환은 IPv4의 주소 고갈 문제에 대한 해결책인 동시에 새로운 인터넷 서비스를 지원하기 위해 필연적이다.

5.2 DNS(Domain Name System)

네트워크 사이에 호스트를 인식하기 위해 IP 주소를 사용한다는 것을 앞서 밝혔다. 그러나 실제 사용에 있어 숫자는 불편함이 따르게 된다. 그래서 IP 주소 외에 이와 기능적으로 거의 같은 영어 이름을 사용하는데 이를 도메인 네임(Domain Name)이라고 한다.

도메인 네임을 IP 주소와 대응시키기 위해서 DNS(Domain Name System)라는 계층적 시스템을 사용한다.

DNS 구조는 루트 도메인(Root Domain)이라 불리는 도메인의 하부에 역트리(inverted tree) 구조로 이루어져 있다. 루트 도메인의 하부 단계를 1단계 도메인 또는 최상위 도메인(TLD : Top Level Domain)이라고 하며, 1단계 도메인의 하부 단계를 2단계 도메인 또는 차상위 도메인(SLD : Second Level Domain)이라고 한다.

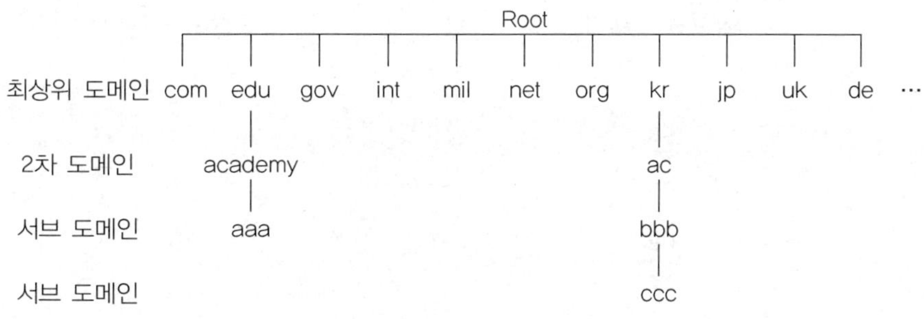

[그림 5-3] 도메인의 구조

1. 최상위 도메인(TLD)

최상위 도메인(TLD)은 일반 최상위 도메인(generic TLD)과 국가별 최상위 도메인(natinal TLD)으로 구성되어 있다.

미국은 기관의 종류를 표시하는 〈표 5-2〉와 같은 일반 도메인을 사용하고, 미국 이외의 국가들은 국가별 최상위 도메인을 사용한다. 주요 국가별 최상위 도메인을 〈표 5-3〉에 나타내었다.

〈표 5-2〉 일반 최상위 도메인(미국)

최상위 도메인	설 명
com	상업 기관(Commercial Organizations)
edu	교육 기관(Education Organizations)
gov	정부 기관(Government Organizations)
int	국제 기관(Internation Organizations)
mil	군사 기관(Military Organizations)
net	네트워크 관련 기관(Network Organizations)
org	비영리 기관(Noncommercial Organizations)

〈표 5-3〉 주요 국가별 최상위 도메인

최상위 도메인	설 명	최상위 도메인	설 명
au	호주	jp	일본
ca	캐나다	kr	대한민국
cn	중국	kp	북한
de	독일	ru	러시아
fr	프랑스	uk	영국

도메인 네임의 부족에 따른 문제해결 방안으로 국제인터넷주소관리기구(ICANN)가 추가로 만든 최상위 도메인으로 2000년 11월 16일 제5차 이사회에서 발표되었다. 1980년 인터넷 주소체계가 처음 만들어진 이후 가장 큰

규모의 인터넷 개편작업이다.

〈표 5-4〉에 새로 지정된 7개의 최상위 도메인을 나타내었다.

〈표 5-4〉 새로 지정된 7개의 최상위 도메인

도메인	사용목적	상세한 의미
.biz	비즈니스	닷컴(.com)을 대신하여 사용가능하다.
.info	제한없는 사용	닷넷(.net)을 대신하여 사용 가능하다.
.name	개인	우리나라의 pe.kr을 대신하여 사용 가능하다.
.pro	회계사, 의사, 법조인 등	의사, 변호사 등 전문가용 도메인으로 사용 가능하다.
.museum	미술관	박물관이 사용할 수 있다.
.aero	항공수송산업	항공과 관련되어 사용 가능하다.
.coop	협동조합	협회나 협동조합 등이 사용 가능하다.

2. 2차 도메인(SLD)

2차 도메인(SLD) 역시 미국과 미국 이외의 국가들에 다르게 사용되는데, 미국은 기관의 이름, 미국을 제외한 국가들은 기관의 종류를 표시한다.

한국인터넷정보센터(KRNIC)에 의한 우리나라의 2차 도메인 종류는 〈표 5-5〉와 같다.

〈표 5-5〉 기관 성격별 도메인

분 류		해당 영역	분류	해당 영역
2차 도메인	ac	대학/대학원	ne	네트워크
	co	기업/상용기관	re	연구소
	or	비영리기관/단체	pe	개인
	go	정부 기관		
학교 도메인	kg	유치원	hs	고등학교
	es	초등학교	sc	기타 학교
	ms	중학교		

또한, KRNIC에서는 우리나라의 각 지역별로 특수한 형태의 도메인을 부여하고 있는데, 이를 지역 도메인이라 한다. 우리나라의 지역 도메인 종류는 〈표 5-6〉과 같다.

이와 같은 도메인 네임에 여러 가지 인터넷 서비스를 요청하는 일종의 머리표가 달려 있는 형태를 URL(Uniform Resource Locator)이라고 한다.

〈표 5-6〉 지역 도메인

분 류	해당 영역	분 류	해당 영역
seoul	서울특별시	busan	부산광역시
daegu	대구광역시	incheon	인천광역시
gwangju	광주광역시	daejeon	대전광역시
ulsan	울산광역시	gyeonggi	경기도
gangwon	강원도	chungbuk	충청북도
chungnam	충청남도	jeonbuk	전라북도
jeonnam	전라남도	gyeongbuk	경상북도
gyeongnam	경상남도	jeju	제주도

청와대 홈페이지를 보기 위해 청와대에 웹 서비스를 요청하는 URL은 http://www.bluehouse.go.kr/이다.

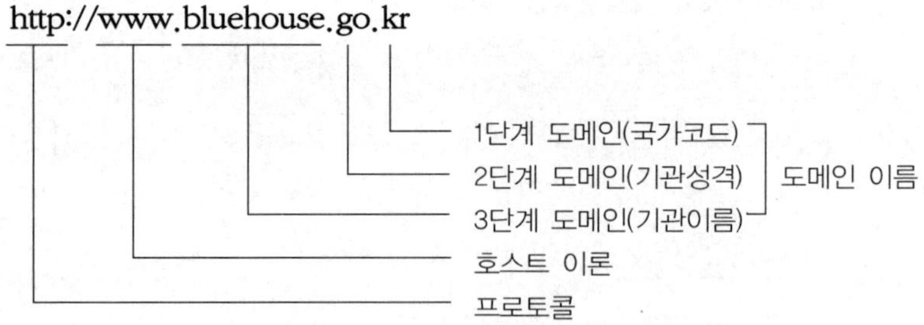

처음의 www는 웹의 약어이며, 두 번째 bluehouse는 청와대의 영문이름이다. 그리고 세 번째 go는 정부기관을 의미하며, 네 번째 kr은 한국(korea)의 약어이다. 결국 한국의 정부기관 청와대의 웹 서버라는 것을 의미한다. 이

와 같은 호스트 이름을 이용하면 사람들이 외우거나 이해하기 쉽고 IP 주소를 몰라도 쉽게 찾을 수 있다.

웹 브라우저의 기본 서비스는 HTTP(HyperText Transfer Protocol)로 URL을 기억할 때 주소만 써주게 되면 'http://'가 생략된 형태로 인식하고 HTTP 서비스가 자동으로 이루어진다.

5.3 월드 와이드 웹

인터넷은 전 세계에 걸쳐 연결된 방대한 규모이며 인터넷에서 자신이 필요로 하는 정보를 찾아낸다는 것은 쉬운 일이 아니다. 이러한 배경 속에서 사용자가 간편하게 통합적인 서비스를 제공받을 수 있고, 기존의 텍스트 위주의 서비스로부터 오디오, 이미지, 동화상 등의 멀티미디어 서비스를 제공할 수 있는 웹(World Wide Web, 간단하게 web)이 등장하게 되었다. 1993년 초에 모자익(Mosaic)이 처음 소개될 때까지만 해도 고퍼(Gopher)가 정보 서비스 검색 시스템으로 많이 이용되었다. 모자익이라고 하는 웹 브라우저를 이용함으로써, 웹은 사람들이 정보를 찾아보고, 작성하는 방식을 바꾸어 놓았다. 웹의 가장 중요한 기능은 멀티미디어를 포함한 모든 컴퓨터 정보 및 처리 기능과의 연결 가능성, 용이한 사용자 인터페이스, 통합 환경 제공이라 할 수 있다.

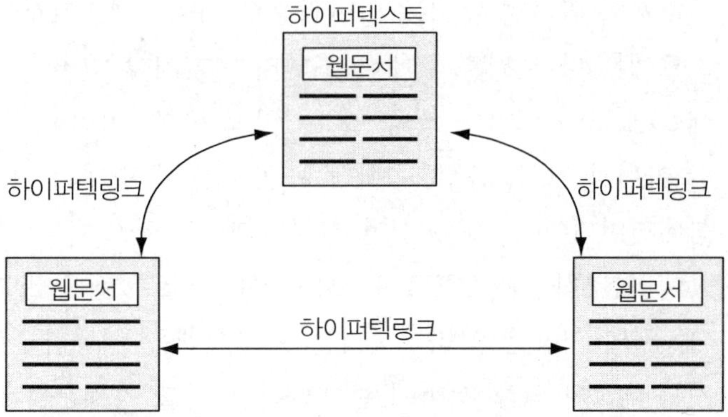

[그림 5-4] WWW의 동작 방식

웹은 매우 간단한 사용자 인터페이스를 제공해 준다. 이전까지는 인터넷 정보에의 접근이 매우 어려웠던 것을 웹이 해결해 준 것이다.

참고

웹의 발전사

- 1945년 하이퍼텍스트 개념 등장
- 1960년대 Xanadu 프로젝트(Ted Nelson)
- 1989년 3월 CERN의 Tim Berners Lee에 의해서 WWW프로젝트가 시작하였으며 목적은 CERN내의 각종 연구 자료와 다양한 정보들을 효율적인 방법으로 서로 공유하기 위한 것이었다.
- 1990년 말 CERN에서 하이퍼텍스트 프로젝트가 시작, 최초의 구현 프로그램 전시
- 1991년 Hypertext '91 Conference에서 전시
- 1992년 WWW 발표, telnet으로 이용
- 1993년 6월에 NCESA(National Center for Supercomputing Applications)에서 WWW 서비스에 대한 사용자 인터페이스인 Mosaic을 제작
- 1994년 Marc Andressen이 Jim Clark와 더불어 넷스케이프사를 설립, 넷스케이프라는 새로운 브라우저를 제작
- 1994년 12월 빌 게이츠의 마이크로소프트사가 인터넷 지향 전략 지시
- 1995년 8월 마이크로소프트의 인터넷 익스플로러 발표
- 1997년 각 밴더들의 시장성 점유확보 전쟁
- 1999년 인터넷 전자상거래와 쇼핑몰 대두

웹에서 하이퍼텍스트(hypertext) 문서라 하면 어떤 자료를 가지고 있고, 또 다른 문서로의 링크를 가지고 있는 문서를 가리킨다.

바꾸어 말하면 문서는 일반적으로 하이퍼텍스트로 되어 있고 이 하이퍼텍스트에는 다른 정보에 대한 포인터를 가지고 있어서 사용자로 하여금 더 자세한 정보에 대한 선택을 할 수 있게 한다. 이러한 문서들이 단순한 문자뿐만 아니라 그림, 음성, 동화상 등의 다양한 형태의 자료를 포함하고 있을 때 하이퍼미디어(hypermedia)라고 부른다.

이러한 하이퍼텍스트 문서를 읽는 프로그램을 브라우저(browser)라고 한다. 웹의 사용은 브라우저라는 프로그램을 실행함으로써 가능하다. 브라우저는 URL에 의해 서버에 존재하는 문서를 가져온다. 정보의 제공자는 하이퍼미디어 서버를 만들고, 브라우저가 가져갈 수 있는 HTML(HyperText Markup Language) 문서를 만들어 이를 사용자가 이용할 수 있게 한다.

브라우저는 또한 기존에 있는 FTP, Email, Gopher와 같은 서비스를 이용할 수 있게 하며 MIME에 정의된 데이터를 볼 수 있게 한다. 실제로 웹은 하이퍼미디어 형태로 자료를 보관하고 있다. 현재 가장 많이 사용되는 웹 브라우저는 넷스케이프사의 네비게이터와 마이크로소프트사의 익스플로러가 있다.

■ 넷스케이프사의 네비게이터

- URL = http://www.netscape.com/
- 94년 넷스케이프 커뮤니케이션사에서 제작
- 모자익처럼 PC, 유닉스 등 다양한 환경에서 사용 가능하다.
- 99년 12월 현재 버전 4.7까지 나와 있다.

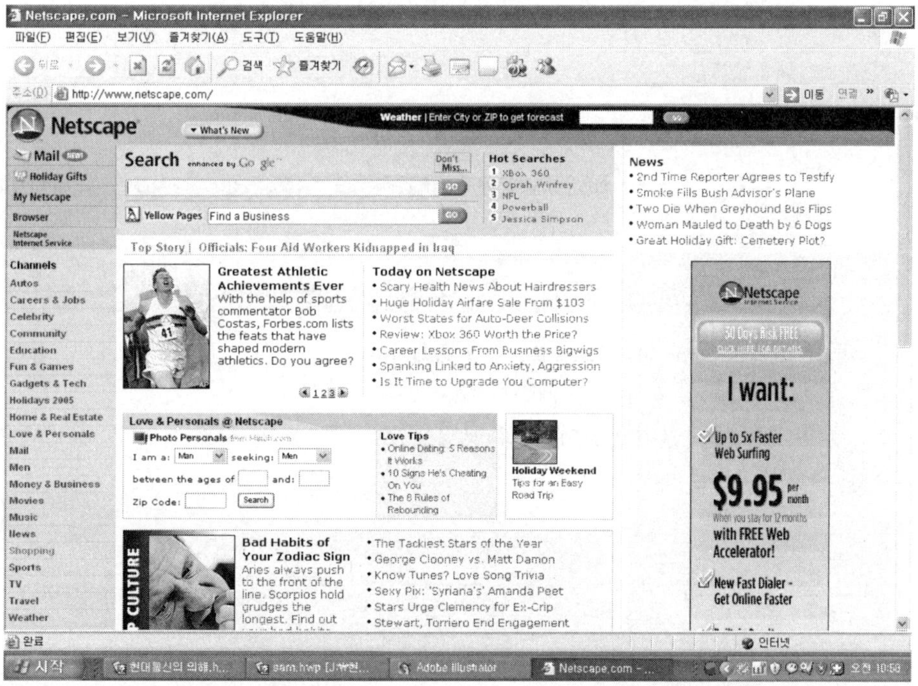

[그림 5-5] 넷스케이프사의 홈페이지

■ 마이크로소프트사의 익스플로러

- URL=http://www.microsoft.com/
- 마이크로소프트사에서 1995년 제작

- 모자익처럼 PC, 유닉스 등 다양한 환경에서 사용 가능하다.
- drap-and-drop 지원
- 99년 12월 버전 5.0까지 나와 있다.

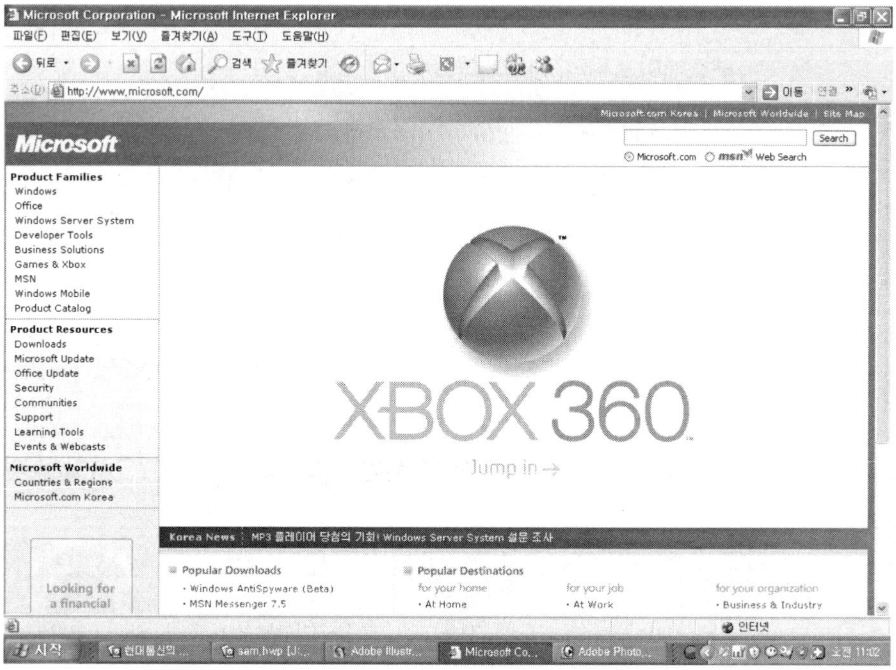

[그림 5-6] 마이크로소프트사의 홈페이지

웹은 인터넷상에서 수행되는 서비스 중의 하나이므로 인터넷의 가장 기본적인 토대가 되는 TCP/IP 프로토콜을 준수한다.

계층	프로토콜				
응용계층	HTTP(HyperText Transfer Protocol)				
전송계층	TCP(Transmission Control Protocol)				
인터넷 계층	IP(Internet Protocol)				
네트워크 계층 / 연결계층	CSMA/CD	Token Ring	HDLC (X25)	SLIP	PPP
물리계층	Ethernet, Token-ring, Fiber-Optics,...				

[그림 5-7] TCP/IP 계층에서의 동작 관계

다시 말해서 웹 서비스를 주고받기 위해 사용되는 웹 프로토콜인 HTTP는 그 아래에 TCP/IP를 기반으로 하고 있다.

WWW의 동작방식은 클라이언트/서버 모델에 의하여 동작하고, HTTP (HyperText Transfer Protocol)은 웹 클라이언트와 서버 사이에 데이터 송수신을 하기 위해 쓰이는 프로토콜로 동작 과정은 [그림 5-8]과 같다.

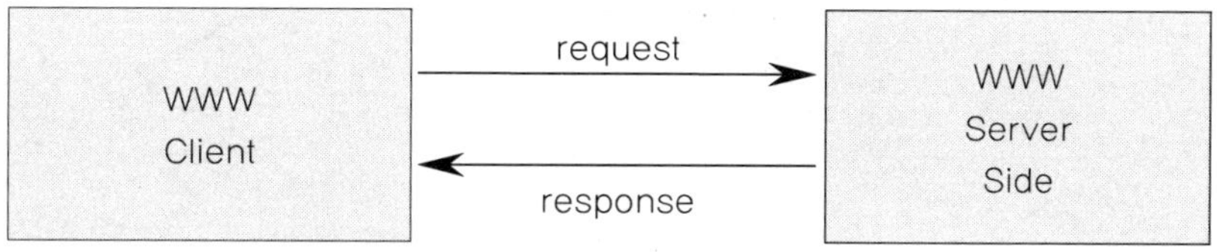

[그림 5-8] 서버와 사용자와의 송수신

웹의 동작 과정을 순서대로 살펴보면 다음과 같은 순서로 동작된다.

① 웹 클라이언트는 하이퍼링크에 수반된 URL에 접속할 호스트의 도메인 네임을 읽고 DNS를 통하여 IP 주소를 찾아낸다.
② URL에 전송 프로토콜(HTTP)에 따라 상대편 서버와 연결한 후, HTTP 프로토콜을 통하여 클라이언트는 서버에게 관련된 문서(정보)를 요청한다.
③ 서버는 해당 문서를 찾아 보내주고 클라이언트는 수신한다.
④ 클라이언트는 수신한 문서를 사용자 화면에 보여준다.

다른 응용 프로그램과 웹 서버 사이의 상호 동작을 가능하게 하는 것으로 응용 프로그램의 실행결과를 웹을 통해 서비스받을 수 있게 한다. 다음 그림은 웹 서버와 CGI(Common Gateway Interface)를 통해 새로운 웹 서비스를 받는 형태를 보여주고 있다.

인터넷의 사용자는 앞으로 전 세계 인류의 수와 같아지며 인류 생활의 많은 부분이 서로간의 통신을 통하여 이루어질 것이다. 그러한 의미에서 웹의 발전은 인류적으로, 학술적으로 그리고 상업적으로 커다란 혜택을 줄 것이다. 웹의 멀티미디어 처리 기술의 발전을 바탕으로 금융망과의 연동 등을 통해 홈쇼핑이 가능해지며, 대화형 게임, 대화형 TV로 원하는 프로그램을 인터넷을 통하여 볼 수 있을 것이다.

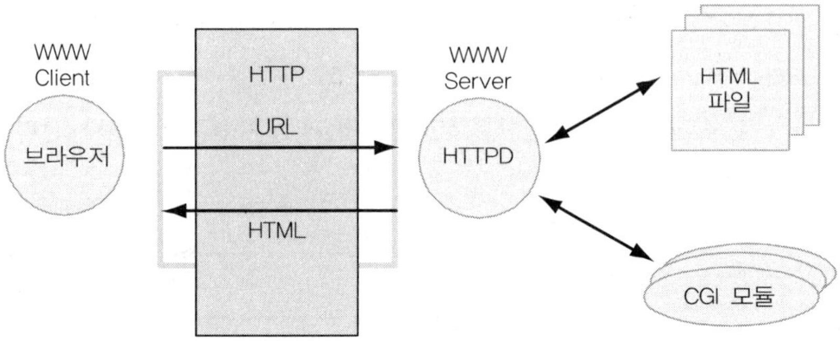

[그림 5-9] CGI와 HTML, WWW 사용자의 상호 관계

앞으로 남은 몇 가지 문제점들, 즉 홈페이지 제작, 보안의 문제, 통신 속도와 검색 방법 모색, 새로운 정보 생성의 인지, 효율적인 정보관리와 검색 방법 모색, 새로운 형태의 미디어의 수용 등을 통하여 향후 웹은 인터넷을 살아있는 가상 현실의 세계로 만들 것이다. 이러한 인터넷의 발전은 우리 실생활에 좀더 적극적이고 편안한 사용도구가 아닌 하나의 삶의 형태로 남을 것이다.

5.4 인터넷 정보검색

웹이 대중화된 이후 인터넷에는 매일 새로운 서버들이 우후죽순처럼 생겨나고 있고, 또한 서버 수만큼이나 다양한 정보들을 제공하고 있고, 정보의 제공단위가 기관에서 개인으로 작아지고 있다. 때문에 최근에는 찾고자 하는 정보에 관련된 웹서버들을 "누가 많이 그리고 빨리 찾을 수 있느냐?"가 인터넷 사용 능력의 척도로 간주되고 있다. 따라서 검색엔진의 능통한 사용이 정보검색사뿐만 아니라 일반 인터넷 사용자들에게도 요구되고 있다.

인터넷 정보검색이라는 분야는 인터넷에 널려 있는 수많은 자료들을 찾도록 하는 것을 목적으로 하고 있는 분야이기 때문에 그 자료를 찾을 수 있도록 도와주는 서비스를 제공하고 있다. 이러한 서비스를 이용하는 도구를 검색엔진(Search Engine)이라고 한다.

여기서 엔진이란 이름은 자동차 엔진같이 강력한 추진력으로 검색을 해준다는 뜻에서 붙게 되었다.

검색엔진의 원리는 다음과 같다. 미리 수집된 각 웹사이트의 내용들을 데이터베이스로 만들어 놓은 뒤, 사용자가 어떤 검색어를 입력하면 데이터베이스에서 검색어와 일치하는 내용이 웹사이트만 선택하여 사용자에 보여주는 방법이다. 그러나 웹 사이트에는 하루에도 수많은 웹사이트가 나타났다 사라지는 실정이라 신속한 데이터베이스의 변경이 검색엔진의 성패를 좌우한다.

검색도구들은 홈페이지의 형식으로 인터넷상에서 서비스를 제공하고 있는데, YAHOO와 AltaVista가 그 대표적 검색도구라고 말할 수 있다.

검색도구들은 제공하는 서비스의 형태별로 [그림 5-10]과 같이 그 종류를 나누어 볼 수가 있다.

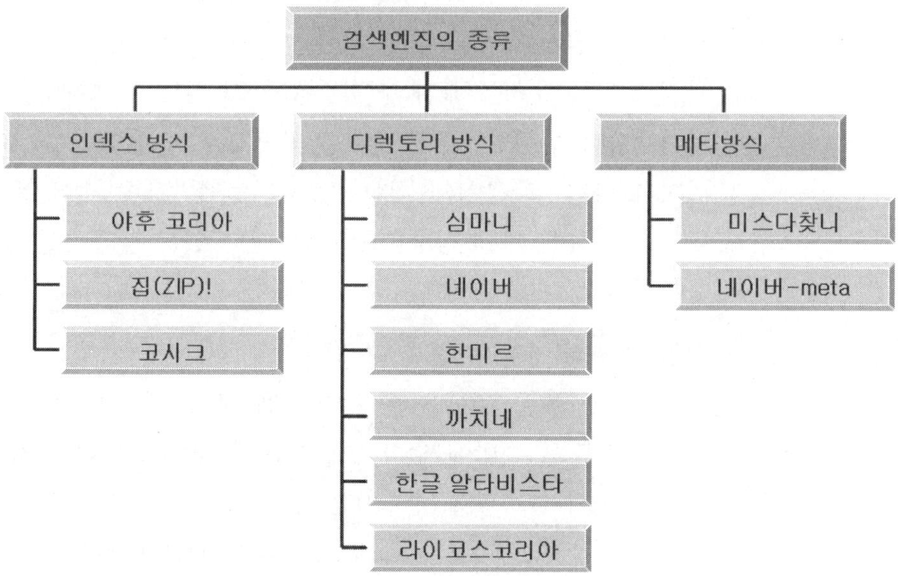

[그림 5-10] 검색엔진의 종류

■ 인덱스 방식

일반적으로 "인터넷 정보검색"하면 많은 사람들이 이 인덱스 방식의 검색 도구들을 떠올리곤 한다. 그 만큼 존재하는 검색도구들이 이 인덱스 방식의 서비스를 많이 제공한다는 의미이기도 하다. 인덱스 방식의 검색에서는 검색어라는 일련의 단어들을 이용하여 그 단어가 들어간 웹 문서들을 검색하는 방법이 일반적인 검색방법이다. 인덱스 검색방법은 기본적으로 검색어(KEYWORD)로 정해준 단어들을 문서의 본문에서 찾아준다. 하지만 각각의 검색도구들마다 그 형태는 조금씩 다르지만 제목(TITLE), 주소(URL)에서 특정 단어를 검색하게 할 수도 있다.

• 인덱스 방식의 검색원리

인덱스 방식으로 검색서비스를 제공해주고 있는 검색도구들은 보통 4천에서 5천만개의 문서들을 데이터베이스화해서 가지고 있다. 그러면 이렇게 많은 양의 문서를 어떻게 소유할 수 있을까? 하는 의문이 생긴다.

인덱스들은 일명 로봇(ROBOT), 혹은 SPIDEER라고 불리는 일종의 프로그램을 일정한 시간 간격을 두고 수행한다. 이 로봇은 자신이 지금 가지고 있는 문서들에 대한 정보를 가진 상태로 인터넷을 무작위로 돌아다니다가 방문한 웹 문서나 홈페이지에 대한 정보를 자신이 가지고 있지 않다면 그 문서에 대한 정보를 인덱스로 보내어 등록한다. 물론 방문한 문서에 대한 정보를 이미 가지고 있는 상태라면 갱신된 내용만 등록시키고 나머지는 무시하고 지나간다.

• 인덱스 방식의 장점, 단점

웹 인덱스들은 로봇을 이용하여 웹 문서들을 소유하므로 당연히 그 소유량이 많을 수밖에 없다. 이 점은 웹 인덱스들의 장점이다. 그러나 또한 단점이라고 말할 수 있다.

먼저 검색해서 나오는 결과수가 많기 때문에 사용자의 선택을 그만큼 넓혀 주었다고 할 수가 있다. 하지만 일반적으로 너무나 많은 결과수가 출력이 되기 때문에 오히려 사용자의 판단을 흐릴 수도 있다. 따라서 검색하고자 하는 자료의 성격에 따라 웹 인덱스와 웹 디렉토리를 구분하여 검색하는 것이 좋다.

검색하고자 하는 목적이 연예정보 등과 같이 많은 결과가 나와도 상관이 없는 것이라면 웹 인덱스를 사용하여 검색을 하는 것이 좋겠고, 논문검색 등과 같이 결과수가 적으면 적을수록 좋은 것들은 웹 디렉토리를 이용하는 것이 좋다. 특히 웹 인덱스에서 일반적인 단어(PLAY, AMERICA, POPSONG 등)를 검색어로 채택한다면 아마도 검색을 했는지 안 했는지 헷갈릴만큼 많은 결과가 나올 것이다.

또 하나의 웹 인덱스의 단점은 로봇이라는 프로그램이 데이터베이스를 구축하기 때문에 결과로서 검색한 웹 문서들의 신뢰도가 떨어진다는 점이다. 즉, 검색결과로는 나와 있지만 웹 문서가 없어져버렸거나 다른 주소로 이동한 경우가 상당히 많다는 의미이다. 상대적으로 검색결과로 나온 웹 문서에 대한 신뢰도는 웹 디렉토리가 높다.

- **인덱스 방식의 검색도구들**

  –AltaVista(http://altavista.digital.com)

  –Lycos(http://www.lycos.com)

  –Excite(http://www.excite.com)

  –InfoSeek(http://www.infoseek.com)

  –WebCrawler(http://webcrawler.com)

  –DejaNews(http://dejanews.com)

  –심마니(http://simmany.chollian.net?)

  –까치네(http://kachicom)

■ 디렉토리 방식

인덱스 방식의 검색도구들에서 검색어를 사용하여 검색을 할 때는 '연산자'라는 일종의 '검색공식'을 사용해야만 하는 경우가 대부분이다. 따라서 처음 사용하거나 아직 인터넷이라는 개념이 서지 않은 사용자들에게는 약간 사용상의 무리가 있을 수도 있다.

하지만 디렉토리 방식의 검색서비스를 제공하는 검색도구들은 인터넷상에 존재하는 문서들의 주소를 주제별, 계층별로 정리를 해놓았기 때문에 처음 사용하는 사용자들도 쉽게 검색을 할 수가 있다. 또, 분류항목 자체가 아주 일반적, 상식적으로 구분되어 있기 때문에 누구든지 분류된 항목으로만 따라서 마우스를 클릭하면 자신이 원하는 자료가 있는 문서의 주소를 발견할 수가 있다.

- **디렉토리 방식 검색 원리**

인덱스는 로봇이라는 프로그램이 문서들의 주소를 모으지만, 디렉토리는 '사람'이 직접 이를 수집하고 관리한다. 디렉토리 방식의 검색도구에 자신의 홈페이지가 등록되는 경우는 두 가지인데, 첫 번째는 검색도구관리자가 직접 특정 홈페이지를 등록을 시켜주는 경우인데, 상당한 수준의 홈페이지라면 이런 경우도 있겠지만 이러한 경우는 거의 드물다. 두 번째 경우는 홈페이지 작성자가 검색도구의 관리자에게 자신의 홈페이지 등록신청을 하는 것인데 이러한 경우가 거의 대부분이다. 관리자는 등록신청이 된 홈페이지에 직접 접속을 해보고 그 홈페이지에 대한 일종의 평가를 내린 다음 검색도구의 분류항목에 등록을 할지를 결정한다. 따라서 수준 이하의 문서이거나 불량한 홈페이지라면 등록이 되지 않는다.

- **디렉토리 방식의 장점, 단점**

먼저, 비교적 검색결과의 문서의 숫자가 적다는 것이다. 디렉토리는 '사람'이 문서를 수집, 관리하기 때문에 당연히 프로그램이 문서를 수집하는 인덱스 방식보다는 데이터베이스화하고 있는 문서의 숫자가 적은 것이다. 하지만 디렉토리가 가지고 있는 문서의 신뢰도가 높다는 것이 가장 큰 장점으로 이러한 단점을 무시할 수도 있을 것이다.

- **디렉토리 방식의 검색도구들**

—YAHOO(http://www.yahoo.com, http://www.yahoo.co.kr)

—LYCOS-A2Z(http://a2z.lycos.com)\)

—Argus Clearinghouse(http://www.clearinghouse.net)

—Galaxy(http://www.einet.net/galaxy.html)

—Internet Public Library(http://www.ipl.org/bldg.dir)

■ 메타 방식

메타 방식의 검색도구들은 자신만의 데이터베이스는 소유하고 있지 않고 사용자가 입력하는 검색어들을 다른 검색도구들로 보내어 나온 결과를 사용자에게 보여주는 원리를 가지고 있다. 즉, 남만 일시키고 자신은 결과를 출력하는 일만 해주는 검색도구라고도 할 수 있다.

하지만 이러한 메타 방식의 검색도구들도 나름대로의 장점을 가지고 있으며 유용한 검색도구들도 있다. 메타 방식의 검색도구들은 그 사용법이 인덱스 방식과 유사하므로 간단하게 언급하겠다.

- **메타 방식의 검색도구들**
  - Savvy Search(http://guaraldi.cs.colostate.edu:2000/form)
  - MetaCrawler(http://www.metacrawler.com)
  - 미스다찾니(http://www.mochanni.com)
  - 메타글라이더(http://www.infoglider.com)
  - Robban's SuperSearch Engine(http://www.robtex.com/search/query.htm)
  - All 4 One(http://all4one.com)
  - EZ-Find at The River(http://www.theriver.com/TheRiver/Explore/ezfind.html)
  - Starting Point(http://www.stpt.com)

연습문제

주관식

5.1 IPv4에서 주소공간을 클래스로 나누어 사용한다. 클래스 A, B, C의 주소공간을 구분하는 방법을 설명하시오.

5.2 IPv4와 IPv6의 차이점을 설명하시오.

5.3 클라이언트/서버 모델을 간략히 설명하시오.

5.4 DNS의 내부 동작과정을 설명하시오.

객관식

5.5 IP 주소는 몇 바이트로 구성되어 있는가?

① 2바이트 ② 3바이트 ③ 4바이트 ④ 5바이트

5.6 IP 주소의 클래스의 이름이 아닌 것은?

① A 클래스 ② B 클래스 ③ C 클래스 ④ P 클래스

5.7 IP 주소에 대한 설명 중 옳지 않은 것은?

① IP 주소는 10진수로 표현될 때 점으로 구분하여 표시한다.
② IP 주소는 네트워크 부분과 호스트 부분으로 구분할 수 있다.
③ IP 주소는 개인에게 부여되는 주소로 이동성이 있다.
④ A 클래스가 B 클래스보다 많은 호스트 주소를 갖는다.

◀정답▶ 5.5 ③ 5.6 ④ 5.7 ③

5.8__ IP 주소를 식별하여 목적지로 패킷이 도착하도록 하는 네트워크 장비는?

① 리피터 ② 허브 ③ 라우터 ④ DSU

5.9__ IPv6 주소는 몇 바이트로 구성되어 있는가?

① 6바이트 ② 10바이트 ③ 16바이트 ④ 20바이트

5.10__ IPv6의 필요성으로 적합하지 않은 것은?

① IPv4의 주소공간이 고갈되고 있다.
② IPv4보다 Mobile 환경에 적합하다.
③ IPv4보다 보안성이 강화되었다.
④ IPv4와는 완전히 다른 주소체계이다.

5.11__ 호스트에 부여되는 숫자로 된 IP 주소 대신에 영문이름으로 사용하게 하는 방법은?

① 게이트웨이 ② DNS ③ TCP/IP ④ 라우터

5.12__ DNS의 최상위 도메인 이름이 아닌 것은?

① kr ② ac ③ uk ④ ca

5.13__ 관련 자료에 대한 포인터를 갖는 형태로 관련 텍스트 자료들을 서로 연결해 놓은 링크를 가지고 있는 문서를 무엇이라고 하는가?

① hypertext ② hypermedia ③ anchor ④ http

5.14__ 브라우저가 웹 상의 서버에 존재하는 문서를 가져오려면 꼭 알아야 하는 것은?

① 서버이름 ② URL ③ HTML ④ hypermedia

5.15__ 다음 프로그램 중 그 기능이 다른 것은?

① 익스플로러 ② 네비게이터 ③ 모자이크 ④ FTP

◀정답▶ 5.8 ③ 5.9 ③ 5.10 ④ 5.11 ② 5.12 ② 5.13 ① 5.14 ② 5.15 ④

5.16__ 웹의 동작과정을 순서적으로 올바르게 표시한 것은?

a. 웹 클라이언트는 하이퍼링크에 수반된 URL에 접속할 호스트의 도메인 네임을 읽고 DNS를 통하여 IP 주소를 찾아낸다.
b. 서버는 해당 문서를 찾아 보내주고 클라이언트는 수신한다.
c. URL에 전송 프로토콜(HTTP)에 따라 상대편 서버와 연결한 후, HTTP프로토콜을 통하여 클라이언트는 서버에게 관련된 문서(정보)를 요청한다.
d. 클라이언트는 수신한 문서를 사용자 화면에 보여준다.

① abcd ② acbd ③ dabc ④ cdba

5.17__ 검색엔진의 검색 방식이 아닌 것은?

① 인덱스 방식 ② 디렉토리 방식 ③ 메타 방식 ④ CGI 방식

5.18__ 자신은 베이터베이스를 갖지 않고 사용자가 입력하는 검색어들을 다른 검색도구들로 보내어 나온 결과를 사용자에게 보여주는 검색 방식은 ?

① 인덱스 방식 ② 디렉토리 방식 ③ 메타 방식 ④ CGI 방식

◀정답▶ 5.16 ② 5.17 ④ 5.18 ③

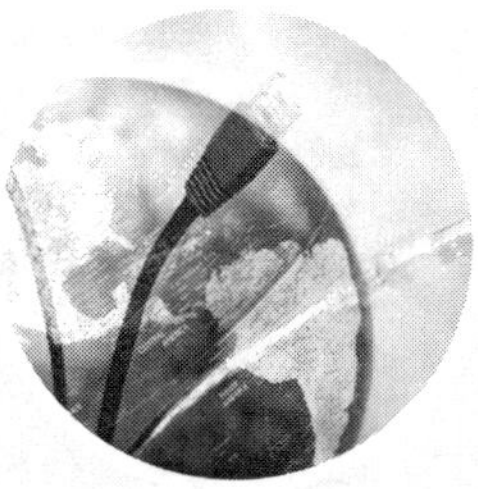

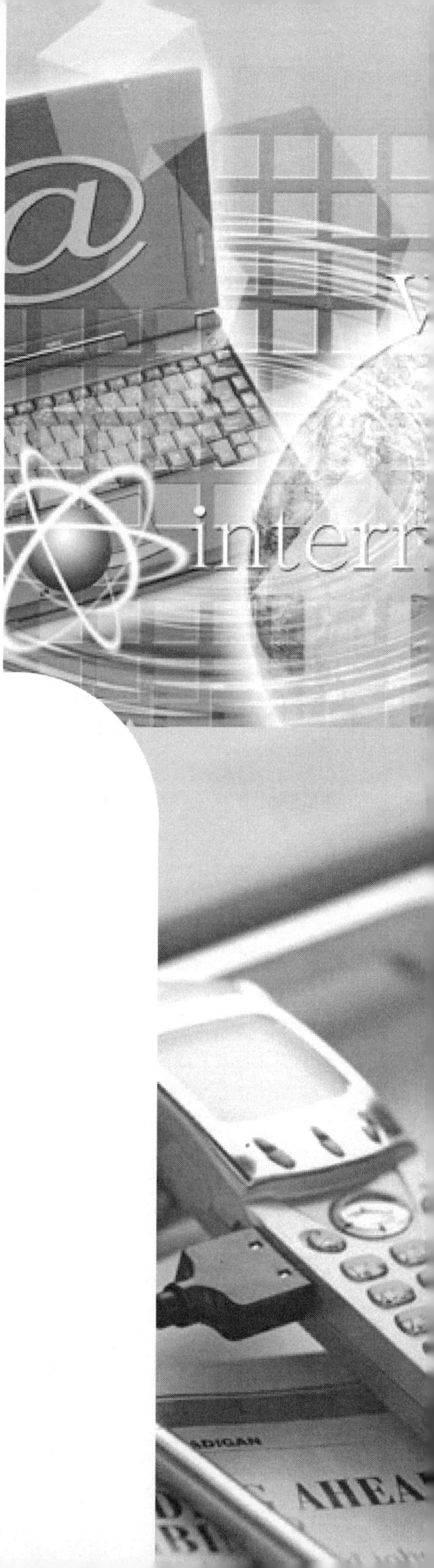

제6장

데이터 압축 기술

6.1 압축의 필요성

일반적으로 디지털로 변환된 정보 신호는 그 데이터의 양이 많다. 예를 들어서 컴팩트 디스크 수준의 음질을 가지는 음악을 PCM화하여 디지털로 표현할 경우 1초당 약 141만 비트가 소요된다. 이러한 정도라면 1.4[MB] 정도를 저장할 수 있는 플로피 디스켓에는 음악을 10초 가량도 저장할 수 없고, 가정에서 많이 이용하는 초고속 인터넷을 이용해야 겨우 실시간으로 전송할 수 있을 정도의 분량이 된다. 영상 데이터의 경우는 데이터량이 훨씬 증가하여 가정용 비디오 정도의 화질을 가지는 영상은 1초당 6천만 비트 정도로 표현이 되어 저장 및 전송이 더욱 어려워지게 된다. 따라서 통신 시스템에서는 데이터를 적당히 가공하여 양을 줄임으로써 전송 채널 및 저장 장치를 효율적으로 이용할 수 있도록 하는 데이터 압축 방법이 필요하게 된다.

데이터의 압축에도 정보원 심볼들의 발생확률이나, 시간적 또는 공간적 상관관계를 이용된다.

예를 들면 '0'과 '100'이라는 데이터만으로 이루어진 정보가 있는데, 0이 10번, 100이 1000번 사용되었다고 하자. 이것을 그대로 기술한다면 3,010개의 문자가 필요할 것이다. 그러나 '100' 대신에 '1'이라는 문자를 사용하되, 이것이 '100'을 나타낸다고 미리 정의해 약속하면 이 정보를 나타내는 데 필요한 문자는 1,010개면 될 것이다.

또한 영어로 된 문서에서는 알파벳 'e'가 많이 나오고 'x'가 적게 나온다는 것을 알고 있다. 그러므로 모든 알파벳 문자를 같은 길이로 부호화하지 말고 자주 나오는 문자는 짧게, 흔히 나오지 않는 문자에는 길게 부호를 할당하면 전체 문서를 부호화한 데이터의 양을 줄일 수 있다.

전화 음성의 경우 상대방의 말을 듣는 동안에는 말을 하지 않는 경우가 많다는 점을 이용해서 말을 하지 않을 때는 정보를 보내지 않음으로써 전송 데이터의 양을 줄일 수 있다. 팩시밀리로 전송하는 문서의 경우에는 대부분이 흰 여백이고, 문자로 검게 표현된 영역은 많지 않으므로 데이터를 줄일 수 있다(실제로 여백이 많은 문서가 그렇지 않은 문서보다 더 짧은 시간 안에 전송된다).

동영상은 1초당 수십 장의 그림을 보내는 것인데, 직전 그림과 현재 그림이 거의 차이가 없다는 점을 이용하여 둘 사이에 변경된 내용만을 보냄으로써 전송 데이터량을 줄일 수 있다.

압축에서는 또 사람이 시각, 청각 등으로 인식할 수 있는 정보만을 추려서 남기고 감지할 수 없는 정보는 삭제함으로써 데이터의 양을 줄일 수 있다. 예를 들면 사람은 큰 소리를 들은 직후에는 그보다 작은 소리는 잘 듣지 못하게 된다. 이와 유사한 현상을 MP3와 같은 음향 압축에서 사용하고 있다. 들리지 않는 정보는 아예 삭제하여 데이터량을 줄이는 것이다. 또한 그림을 볼 때는 밝기의 변화에 민감한 반면 색상의 변화에는 상당히 둔감한 특성이 있다. 이를 이용하여 밝기 정보는 자세히 하되 색상에 대해서는 덜 자세히 묘사함으로써 전체 정보의 양을 줄일 수 있게 된다.

6.2 압축 기법의 분류

지금까지 개발된 데이터 압축의 기법은 매우 다양하며, 지금도 연구가 계속 이루어지고 있다. 대표적인 예를 [그림 6-1]에 나타내었다. 데이터 압축 기법은 크게 무손실(loseless) 압축, 손실(lossy) 압축, 그리고 혼성(hybrid) 압축으로 구분할 수 있다.

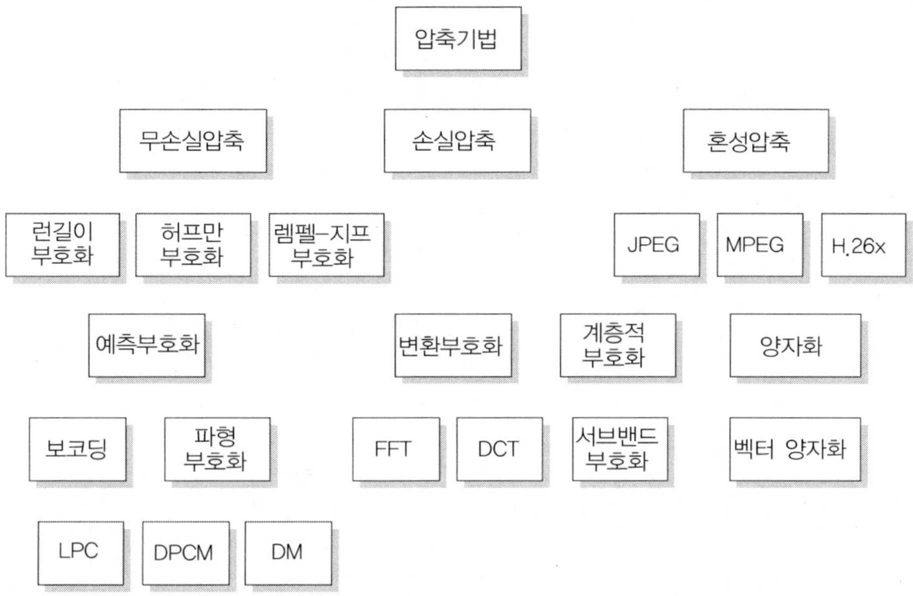

[그림 6-1] 압축기법의 종류

1. 무손실 압축

무손실 압축이란 원시 데이터를 부호화해 압축한 결과로부터 다시 정확한 원시 데이터를 복원할 수 있는 압축 방법을 의미하며, 산술 압축 부호화(arithmetic coding)라고 하기도 한다. 대표적인 무손실 압축 기법으로는 허프만 부호화(Huffman coding), 런길이 부호화(run-length coding), 렘펠-지프 부호화(Lempel-Ziv) 등이 있다. 허프만 부호화는 원시 데이터로부터 데이터 심볼을 정의하고, 각 데이터 심볼의 발생 확률을 계산하여 확률이 큰 데이터는 짧은 부호를 할당하고 확률이 작은 데이터는 긴 부호를 할당함으로써 정보를 표현하는 데 필요한 데이터의 양을 줄이는 방법이다. 런길이 부호화는 원시 데이터에서 연속적으로 나타나는 패턴(예를 들면 '111111111…')을 첫 번째 데이터 값과 반복 횟수 등으로 대체하는 방법이다. 렘펠-지프 부호화는 정보 내에 반복적으로 나타나는 패턴을 더 간단히 다른 부호로 대체, 등록하여 데이터량을 줄이는 방법으로서 lzh, zip 파일과 같이 컴퓨터의 파일 압축에 많이 이용되고 있다.

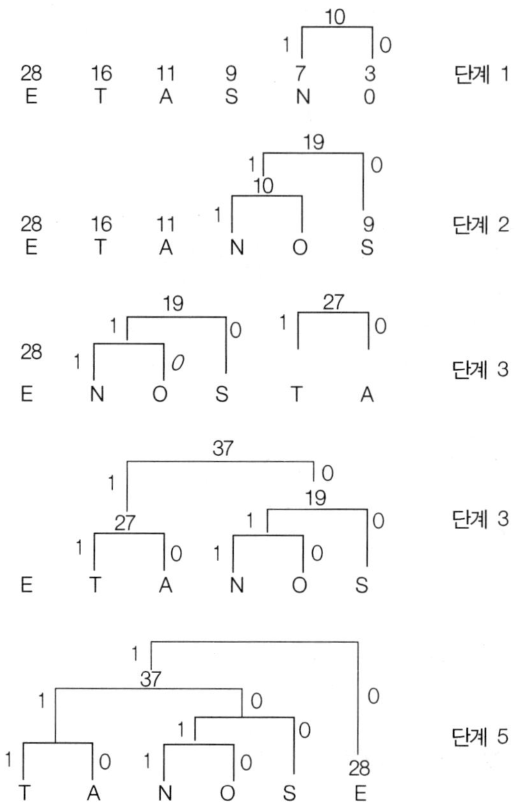

[그림 6-2] 허프만 부호화 과정의 예

여기서는 무손실 압축의 대표적인 방법 중 한가지인 허프만 부호화 방법을 간단한 예를 통하여 알아보자. 먼저, 압축하고자 하는 전체 데이터를 분석한 결과, 문자 'E', 'T', 'A', 'S', 'N', 'O'가 각각 28, 16, 11, 9, 7, 3회 나타났다고 가정하자. 이 결과를 바탕으로 [그림 6-2]의 단계 1에 나타난 것처럼 각 데이터를 빈도 순서대로 차례로 나열하고, 그 위에는 빈도 수를 적는다. 그 다음, 가장 빈도가 낮은 두 데이터(이 예에서는 N과 O)를 트리(tree)의 가지로 묶고, 트리의 가지 양쪽에는 '1'과 '0'을 각각 할당한다. 이때, 어느 쪽을 '0'으로 할당할 것인가는 임의로 정해도 되지만, 한 번 정해지면 부호화 과정 동안 그 규칙을 계속 적용하도록 한다. 트리의 위에는 두 데이터의 빈도수의 합(7+3=10)을 적는다. 이제 두 데이터의 빈도수를 합한 것을 하나의 데이터처럼 취급하여 하나의 빈도수로 보고, 단계 2를 진행한다. 단계 2에서도 단계 1에서와 마찬가지로 각 데이터를 빈도 순서대로 차례로 나열한 다음(단계 1에서 하나로 묶은 N과 O는 한 개의 데이터로 생각한다). 빈도가 가장 낮은 두 데이터(여기서는 N, O와 S)를 트리의 가지로 묶고 양쪽에는 '1'과 '0'을 각각 할당한다. 트리의 위에는 두 데이터의 빈도수의 합(10+9=19)을 적는다. 마찬가지 방법으로 반복하여 최후에 남은 두 개의 빈도를 묶고 나면 [그림 6-2]에서 단계 5의 [그림 6-2]와 같은 트리가 완성된다. 이제 각 데이터에 해당하는 부호를 할당할 수 있다. 부호는 트리의 위로부터 데이터까지의 경로상에 존재하는 '0' 또는 '1'을 순서대로 나열하면 된다. 예를 들어서 알파벳 '0'에 해당하는 부호는 '1010'이 된다. 〈표 7-1〉에 전체 알파벳에 대한 압축 부호를 정리하였다. 표에서 볼 수 있는 바와 같이 빈도가 높은 데이터는 보호의 길이가 짧고, 빈도가 낮은 데이터는 길이가 긴 부호가 할당된다. 데이터를 전송할 때에는 〈표 6-1〉에서의 데이터와 부호 쌍을 먼저 전송한 다음, 전송할 각 데이터 대신에 대응하는 부호를 전송한다. 수신측에서는 수신된 부호표에 따라 수신 부호를 데이터로 역변환한다. 이때, 하나의 부호는 다른 부호의 앞부분 일부와 일치하지 않기 때문에 정확하게 원래의 데이터를 복원할 수 있다.

〈표 6-1〉 허프만 부호표

문자	허프만부호
E	0
T	111
A	110
S	100
N	1011
O	1010

2. 손실 압축

손실 압축이란 일단 부호화하여 압축된 데이터로는 원본 데이터를 100% 복원할 수 없는 방식이다. 보통 압축을 많이 할수록 원본 데이터와 차이가 커지게 된다. 손실 압축에는 예측(predictive) 부호화, 변환(transform) 부호화, 양자화(quantization), 서브밴드(sub-band) 부호화 등이 있다.

예측 부호화는 현재의 데이터 값이 이전 시점의 데이터 값에 많이 연관된다는 점을 이용하여 과거의 데이터 값들을 바탕으로 현재의 데이터 값을 예측하는 방식이다. 예측 부호화의 종류에는 음성의 발생 원리를 모델화하여 그 모델의 파라미터를 부호화하는 선형 예측 부호화(linear predictive coding : LPC)과 같은 보코딩(vocoding) 기법과 이전의 데이터로 현재 데이터를 예측한 것과 실제 데이터의 차이 성분을 PCM하는 차분 PCM(differential PCM : DPCM)이나 델타 변조(delta modulation : DM) 등과 같은 파형 부호화(waveform coding) 기법 등이 있다.

변환 부호화는 데이터를 표현하는 방법을 주파수 영역 등 다른 영역으로 변환함으로써 데이터의 분포 특성이 특정 영역으로 밀집되게 해서 부호화할 데이터의 수를 줄여나가는 방법이다. 변환된 데이터를 양자화할 때는 인간의 감각 특성에 맞게 비선형 양자화를 한다. 변환 방법으로는 이산 코사인 변환(discrete cosine transform : DCT), 고속 푸리에 변환(Fast Four Transform : FFT), wavelet 변환 등이 있다.

계층적 부호화(layered coding) 기법의 하나인 서브밴드 부호화(subbsnd coding)는 데이터를 주파수 영역으로 변환하여 여러 주파수 밴드로 분할한 후 각 밴드에 대해 데이터의 특성에 알맞은 부호화를 적용하는 방식이다.

벡터 양자화(vector quantization ; VQ)는 데이터를 일정한 블록 단위로 묶어서 벡터로 만든 다음, 각 데이터 벡터를 데이터로부터 만들어진 대표 벡터 패턴이 저장되어 있는 코드표를 참조하여 가장 잘 일치하는 대표 벡터 패턴의 인덱스 값으로 대체하는 방법이다.

3. 혼성 압축

혼성 압축 방법은 지금까지 언급한 여러 압축 방법을 두 가지 이상 결합하여 데이터를 압축함으로써 압축 성능을 향상시키는 방법으로, 통신 시스템에 적용되고 있는 많은 압축 방법이 채택하고 있다. 예를 들면 휴대전화에서 음성을 압축하는 데 이용하는 CELP 압축 방식은 LPC와 DPCM 기술이 결합되어 있다. 또한 동영상의 압축 표준으로 제정되어 있는 MPEG은 DCT, DPCM, Huffman coding, run length coding, 움직임 예측·보상 등 많은 압축 기법이 동원되었다.

[그림 6-3]은 혼성 압축 방식을 이용하는 정지 영상 압축 표준 방식 중 한 가지인 JPEG 압축 방법으로 데이터를 압축한 영상을 복원한 예이다. 좌측으로부터 각각 원시 영상, 데이터를 1/4, 1/35, 1/40로 압축한 영상을 보여준다. 그림에서 보는 바와 같이 압축을 크게 할수록 복원된 영상의 품질이 저하됨을 알 수 있다.

6.3 음성 압축기술

음성과 같이 연속적으로 변화하고 있는 입력신호의 진폭을 불연속적인 일정시간 간격으로 정보를 추출해 내는 조작과정을 표본화라 하고, 이때 추출해낸 정보를 표본치라 하며, 표본화 펄스의 반복주파수를 표본화 주파수라 부른다.

C.E sannon은 “보내려는 신호 성분 중 최고 주파수의 2배 이상의 주기로 표본을 행하면 원신호를 충실히 재현할 수 있다.”는 표본화의 정리를 발표하여 PCM이론의 근거를 마련했다. 여기서 전송하고자 하는 주파수 대역을 W라 하면 표본화 주파수는 2W가 된다. 즉 4kHz인 음성대역의 경우 2×4kHz=8kHz가 표본화 주파수이고, 표본화 시간은 $T=\frac{1}{2W}=\frac{1}{8000}=125$ $[\mu s]$이다.

PCM은 표본화된 펄스 진폭의 크기를 숫자로 나타내고 이 숫자를 부호의 형태로 나타내는 변환 방법을 사용한다. 그러나 입력 파형이 음성과 같은 연속적인 양이면 아무리 최대 진폭값을 제한하여도 진폭의 값은 무한개의 값을 가질 수 있다. 따라서 이를 부호화하는 것은 불가능하므로 유한개의 정해진 범위로 구분하여 그 범위내에 있는 하나의 대표값으로 표시하는 조작과정을 양자화(quantizing)라 한다.

즉 양자화란 아날로그 양을 디지털 양으로 변화시키기 위해 계단모양의 근사파로 만드는 과정으로 이때 표본치는 정수가 되도록 반올림한다.

양자화된 표본펄스의 진폭을 디지털 신호로 바꾸는 과정을 부호화(coding)라 하고 그 반대 과정을 복호화(decoding)라 한다.

펄스를 부호화하면 전송로에서는 펄스의 유무만 문제가 될 뿐 진폭의 크기는 관계가 없으므로 전송로의 잡음, 누화 등의 영향을 거의 받지 않으므로 전송특성이 우수하다.

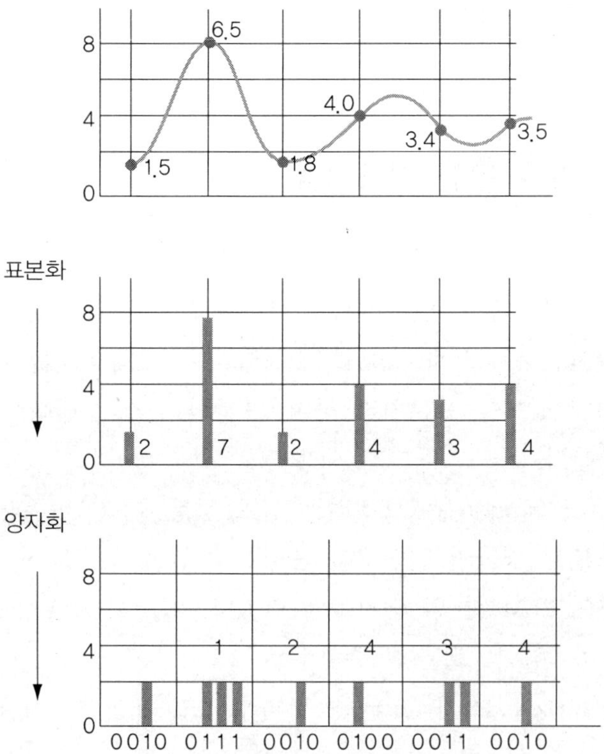

[그림 6-3] 양자화와 양자화 잡음

양자화 과정에서 음성의 경우 계단을 128($2^7 = 128$)계단 또는 256계단($2^8 = 256$)으로 하는 경우 펄스 표본화는 7비트 내지 8비트의 2진화 부호가 얻어진다.

비트수를 많이 하면 S/N 비가 개선되고 잡음을 억제할 수 있으나 부호수가 많아 펄스 주파수가 높아지고 장치가 복잡해진다.

이와 같은 PCM을 사용하면 하나의 음성신호는 64kbps의 디지털 데이터로 바꿀 수 있다. 그러나 음성신호가 가지고 있는 특성을 잘 활용하면 훨씬 더 적은 양의 디지털 데이터만으로도 하나의 음성신호를 표현할 수 있다. 즉, 하나의 음성신호를 전송하는 데에 필요한 통신량을 줄일 수 있다. 이러한 과정을 압축(compression)이라고 한다.

앞에서 설명한 64kbps PCM에서는 어느 한 순간의 신호의 세기를 256개의 구간 중의 하나로 표현하였다. 그리고 125μs 후의 신호의 세기도 또다시 256개의 구간 중의 하나로 표현하였다. 이 경우 이 인접한 두 시점에서의 신호의 세기는 각기 256개의 구간 중의 하나에 어디든지 속할 수 있다고 본 것이다. 그러나 실제 인간의 음성신호는 인접한 두 순간의 신호 크기 사이에는 강한 상관관계를 가지고 있어서 125μs 정도로 인접한 두 시점에서의 음성신호의 크기는 매우 비슷한 값을 가진다. 따라서 각 측정 시점에서의 신호를 각기 독립적으로 양자화하지 않고 직전 시점에서의 신호의 크기와의 차이값을 양자화한다면 이 차이값은 신호 자체보다 매우 작은 값이므로 더 적은 비트만으로도 표현할 수 있다. 수신하는 곳에서는 어느 한 시점에서의 신호의 크기는 전 시점에서의 신호의 크기에 이 차이값만을 더해주면 얻을 수 있다. 이러한 방식을 DPCM(Differential PCM)이라고 부른다. 만일 차이값을 나타내기 위하여 4개의 비트만을 사용한다면 약 32kbps의 디지털 데이터로 압축할 수 있다. DPCM 이외에도 DPCM이 가지고 있는 문제점들을 보완한 ADPCM(Adaptive DPCM) 방식도 있다.

이러한 압축기술은 나날이 지속적으로 발전하고 있다. 따라서 디지털 통신 시스템의 전송능력은 더욱더 향상되고 있다. 예를 들어 현재 우리가 사용하고 있는 이동통신 시스템인 CDMA 시스템은 약 10kbps 정도로 압축한 음성정보를 사용하고 있다. 이러한 압축기술로 인하여 동일한 주파수대역을 가지고서도 디지털 시스템은 아날로그 시스템보다 많은 용량을 제공할 수 있다.

음성이 아닌 경우에도 압축이 가능하며 음악 압축에 가장 널리 사용되는 표준 기술로는 MP3(MPEG-1 Audio Layer-3)가 있다.

MP3는 다음에 설명한 MPEG-1의 subset으로, 특별히 오디오에 대해서 압축/저장하는 규격으로 청각 심리적 특성을 이용하여 고압축률을 실현하고 있다. MPEG 오디오는 압축 알고리즘이 복잡하지만 압축률이 높고 오디오 품질이 양호하므로 멀티미디어 응용의 오디오 압축에 널리 사용되고 있다. MPEG 오디오의 표본화율은 32kHz, 44kHz, 48kHz의 3가지가 사용된다.

MPEG 오디오 부호기의 기능은 [그림 6-4]와 같다.

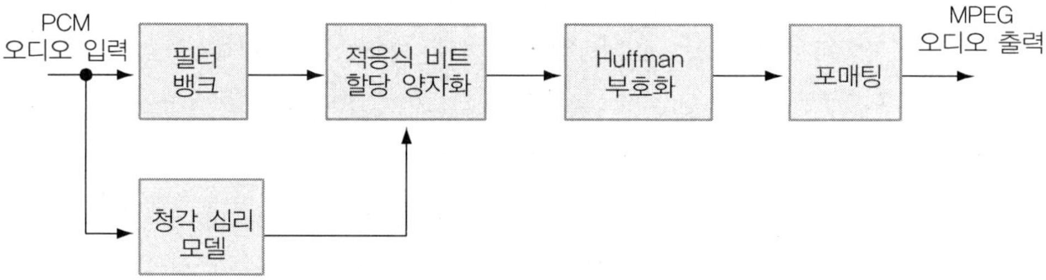

[그림 6-4] MPEG 오디오 부호기

- PCM 오디오 입력 스트림이 들어오면 필터 뱅크는 32개의 부대역으로 분할한다.
- 청각 심리 모델은 각 부대역의 신호대 마스크비를 결정한다.
- 적응식 비트 할당 양자화기는 가청 양자화 잡음이 최소가 되도록 신호대 마스크비를 이용하여 양자화 비트수를 결정하고 각 부대역의 신호를 양자화한다.
- 양자화 결과를 허프만(Huffman) 부호화한다.
- 한 프레임의 비트 스트림을 AAU(Audio Access Unit)로 포매팅한다.

6.4 정지영상 압축기술

화상정보를 디지털화하는 방법 중 가장 간단하고 널리 사용되는 방법은 화상 영역에 픽셀(pixcel)이라고 부르는 미세한 화소(picture element)를 바둑판처럼 배열하고 각각의 픽셀에 하나의 색상 및 밝기를 대응시켜서 전체적으로 원하는 화상을 나타내는 방법이다. 단순한 흑백의 글씨를 담은 화상이라면 각 픽셀당 흑 또는 백을 표현하는 하나의 비트만을 사용하면 된다. 만일 흑백의 그림이라면 PCM의 양자화 과정처럼 명암의 정도를 여러 구간으로 구분한 후 어느 구간에 속하는지를 나타내기 위하여 디지털 데이터를 사용하면 된다. 만일 명암의 정도를 16개의 구간으로 나누는 경우에는 픽셀당 4개의 비트를 사용하면 된다. 만일 컬러 화상이라면 삼원색 별로 명암의 정도를 나타내면 된다. 예를 들어 하나의 컬러 화상을 위하여 1인치당 가로로 200개, 세로로 200개의 픽셀을 사용하며 화상의 크기가 8인치×10인치라고 하고 삼원색 하나당 8개의 비트를 사용하여 표현한다고 하면 필요한 총 비트의 수는

$$200\times8\times200\times10\times30\times8=76.8\text{Mb(mega bits)}$$

가 된다. 물론 컬러 화상의 품질에 따라 픽셀의 개수와 색상당 비트의 수도 다를 수 있기 때문에 하나의 컬러 화상을 표현하는 데에 필요한 비트의 수는 수 Mb에서 수백 Mb까지 다양하다.

화상정보의 경우에도 압축이 가능하며 현재 화상압축에 가장 널리 이용되는 표준기술로는 JPEG이 있다.

JPEG(Joint Photographic-Experts Group)은 1991년에 'ISO10918'로서 국제표준화되었고, 나아가 1992년에 'ITU-T T.81'로서 권고된 컬러 정지화상 부호화 방식의 국제표준이다. 많은 색공간에 대응하며 가역압축과 비가역압축을 모두 지원하기 때문에 이용분야는 확대 일로에 있다. 압축률은 화질이나 화상

의 종류에 따라 다르지만 수분의 1에서부터 수십분의 1정도까지이다. 압축률이 수십분의 1 이상이 되면 복원시에 원화상과의 차이가 커지게 된다.

밝기나 색의 변화에 대한 인간의 시각은 하늘이나 바다 등의 완만한 변화(저주파성분)에 비해 섬세한 그림과 같은 변화(고주파성분)에 둔감하다. 자연화상에는 저주파성분이 많고 고주파성분이 적은 특성이 있기 때문에, 양자화(量子化)할 때에 저주파성분을 조밀하게, 고주파성분을 엉성하게 함으로써 인간의 눈으로 본 화질의 저하를 억제하면서 데이터를 압축할 수 있다.

이 특성을 이용한 JPEG의 압축은 [그림 6-5]와 같이 이산 코사인 변환(DCT : Discrete Cosine Transform), 양자화, 부호화의 순으로 실행한다. 각 화소는 밝기를 나타내는 휘도(輝度)신호와 색채를 나타내는 2종류의 색차신호로 표현되고, 각 신호(화소값)마다 처리를 실시한다.

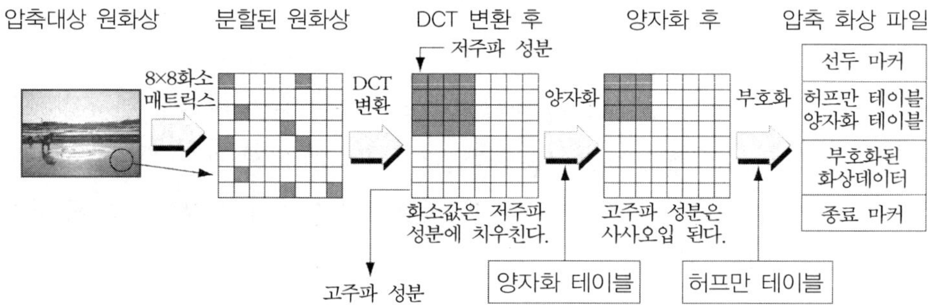

[그림 6-5] JPEG에 의한 압축처리의 흐름

DCT는 음성을 주파수로 표현하는 것처럼 화상을 주파수성분으로 변환하는 프로그램이다. JPEG에서는 화면을 8×8화소 단위의 다수의 매트릭스 분할하고, 각 매트릭스에 DCT를 실행한다. 변환 전의 매트릭스의 화소값 배열은 원화상의 X-Y 좌표에 대응하고 있지만, DCT변환 후의 각 요소는 좌상으로부터 우하로 향하여 지그재그로 저주파성분으로부터 고주파성분의 순으로 바꾸어 늘어서게 할 수 있다. 다시 말해 64패턴의 주파수성분으로 분해하여 표현된다.

주파수성분을 시각적으로 표현하면 64개의 바둑판모양의 눈매의 어디를 완전히 칠하느냐에 상당한다. 모든 눈매를 완전히 칠하든가, 아니면 칠하지 않는 경우가 가장 주파수성분이 낮은 패턴이다. 가장 주파수성분이 높은 패턴을 가로・세로방향 모두 하나 걸러서 번갈아 완전히 칠한 바둑판 무늬(체크 무늬)이다. DCT변환 후 매트릭스의 각 요소의 값은 각 주파수성분의 패턴을 어느 정도의 세기로 겹치게 하면 원래의 화상을 재현할 수 있는가를 나타내는 계수가 된다.

양자화란 DCT에서 얻어진 값(계수)을 양자화 테이블의 값으로 나눈 다음 나머지를 버리고 몫만을 취하는 것이다. 실제의 양자화 테이블에서는 저주파성분을 세분하고 고주파성분 중 값이 작은 계수는 0이 되도록 겹치게 한다. 양자화 테이블의 값을 변경하면 압축률이 변한다.

부호화란 통신이나 축적보존 등의 목적에 맞추어 정보를 가공하는 것이다. 허프만부호화는 출현회수가 높은 데이터 집합에 짧은 비트길이를 할당하고, 출현회수가 낮은 데이터 집합에 긴 비트길이를 할당함으로써 모든 데이터를 변환한다. 그 결과 데이터 전체를 변환 전보다 짧게 하며 결국 압축할 수 있는 것이다.

DCT는 동화상의 압축에도 널리 이용되고 있으며 특히 자연화에서는 높은 변환효율을 얻을 수 있다. 다만, 일반적으로 고주파성분이 많은 CG 데이터 등을 압축하면 복호화 후의 화상과 원화상과의 차이가 두드러지는 경우가 있다.

6.5 동영상 압축기술

동영상(video)은 일련의 정지화상을 계속해서 보여줌으로써 가능하다. 예를 들어 미래의 고품질 TV인 HDTV(High Definition Television Fomat)는 하나의 화면에 1,280×720개의 픽셀을 가지고 있으며 1초에 60개의 프레임(frame, 하나의 정지화면)을 보내며 삼원색당 8개의 비트를 사용한다. 따라서 HDTV 전송에 필요한 전송속도는

$$1{,}280 \times 720 \times 60 \times 3 \times 8 = 1.33\text{Gbps(giga bps)}$$

가 된다.

동영상의 경우에도 압축이 가능하며, 현재 동영상압축에 널리 사용되는 표준기술로는 MPEG이 있다.

MPEG(Moving Picture Experts Group)은 ITU-T가 표준화를 실시하고 있는 국제표준규격으로 MPEG-1, MPEG-2, 1999년 초에는 IS로 확정될 것으로 보이는 MPEG-4, 그리고 1997년 표준화 작업이 시작된 MPEG-7이 있다.

MPEG-1의 화질은 VHS비디오에서의 3배속 녹화 재생시 정도이다. 방송서비스에서는 별로 사용하지 않지만 일부 통신 카라오케나 비디오 CD 등에 이용되고 있다. 1.5Mbps 이하의 전송대역에서 사용한다.

MPEG–2는 HDTV를 포함한 고품질의 화상압축을 목표로 하여 표준화가 진행되어 왔다. DVD나 구미의 새로운 텔레비전 방송방식으로 채용이 결정되는 등 앞으로 급속히 보급될 것으로 보인다. 통상의 텔레비전 방송의 화질을 유지하기 위해서는 MP@ML 규격에서 15Mbps 정도에서의 이용이 필요하다고 말하고 있다.

다만, MPEG-2는 MPEG-1 등에 비해 월등히 계산량이 많고, 보다 고속의 전송속도가 요구되기 때문에 종래는 전용 하드웨어로 실현하고 있었다. 최근에는 PC에서 영상을 손쉽게 다룰 수 있도록 보드화가 시도되고 있다. 예를 들면 NTT 그룹은 PCI 버스 대응의 MPEG-2 엔코더(encoder : 부호기) 보드를 1996년 6월에 제품화했다.

MPEG-4는 64kbps 이하의 초저속 전송률을 목표로 삼고 있다. 전송대역이 좁은 무선통신에 의한 휴대정보단말 등에서의 멀티미디어통신을 상정하고 있다.

동화상의 압축에서도 정지화상 때와 마찬가지로 DCT 변환 등을 이용하여 프레임내로 닫혀진 압축을 실행한다. 이를 I 픽처(I picture)라고 부른다. 다만 I 픽처만으로는 압축률을 그다지 높게는 할 수 없다.

그렇지만, 프레임 사이를 보면 통상은 전후의 화상에서 같은 부분이 많다. 예를 들면, [그림 6-6]과 같이 열차가 오른쪽에서 왼쪽으로 달리고 있으면 전후의 프레임에서의 차이는 열차 부분뿐이다. 배경은 변하지 않는다. 변화된 부분만을 전송하더라도 앞의 화면으로부터 다음 화면을 재생할 수 있다. 이와 같이 압축할 프레임을 다른 프레임으로부터 예측하는 방식을 '프레임간 예측 부호화 방식'이라고 부르며 프레임간에서 상이한 부분을 '예측오차'라고 한다.

예측오차인 열차에 주목하면 위치정보만이 변화하고 각 요소가 가진 색정보나 각 화소간의 상대적인 위치관계는 변하지 않는다. 원화상의 열차를 구성하는 화소에 움직임을 표현하는 벡터를 부가하면 예측오차정보를 보낼 필요도 없게 된다. 이 방법을 '움직임(동작) 보상'이라고 부른다. 프레임간 예측 부호화보다도 한층 더 정보가 줄어들고, 압축률이 향상된다. 다만, 물체의 그림자에 숨어 있는 것, 화면의 모서리로부터 출현하는 것, 회전이나 확대·축소 등의 변형을 수반하는 것은 보상할 수 없으므로, 그 부분은 프레임 내 압축을 실시한다.

이와 같이 하나 앞의 화상으로부터 움직임 보상에 의하여 얻어진 화상을 'P 픽처', 전후 2개의 화상으로부터 양방향의 움직임 보상을 한 화상을 'B 픽처'라고 부른다. 실제로는 여러 가지의 기능이나 품질을 유연하게 실현하기 위해서 I픽처를 기점으로 하여 P, B를 적당히 조합하여 화상 데이터를 구성한다.

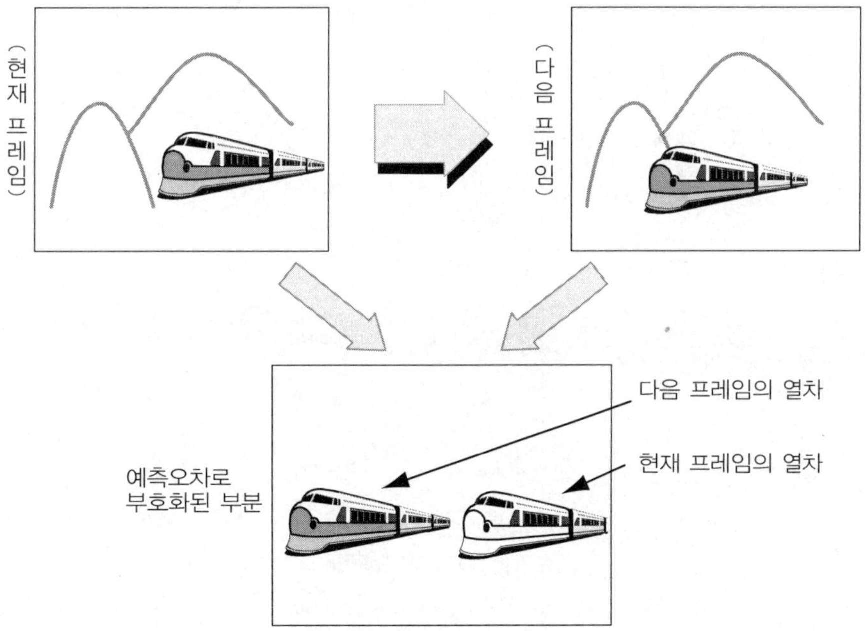

[그림 6-6] 프레임간 예측부호화방식의 개념

예를 들어, 빨리감기나 되감기 등 랜덤 액세스(random access) 조작을 요구하는 축적계(蓄積系) 미디어 등에서는 3개의 픽처 모두를 조합하여 사용한다. VOD에서 이용하는 디지털 비디오 서버내의 동화상 데이터도 마찬가지이다.

다만, 텔레비전 회의의 H.261 방식에서는 B픽처를 사용하지 않는다. 텔레비전 회의에서는 강한 실시간성이 요구되므로 부호화는 복호화의 처리시간을 단축하여 지연을 줄일 필요가 있기 때문이다. 그 대신에 화질은 떨어진다.

연습문제

주관식 (5문제 – 레포트, 세미나 주제용)

6.1__ 무손실 압축(loseless compression)의 종류와 각각에 대하여 기술하라.

6.2__ 다음의 데이터 THIS IS THE TEST SENTENCE. 에 대하여 허프만(Huffman) 코드화 했을 때 각 문자마다 할당된 코드를 기술하라.

6.3__ 압축 시스템의 평가요소 3가지를 기술하라.

6.4__ 이미지 압축 포맷형식 JPEG와 MPEG에 대하여 기술하라.

6.5__ 손실 압축(lossy compression)의 종류와 각각에 대하여 기술하라.

객관식 (20문제 – 중간, 기말고사 출제용)

6.6__ 다음 중 압축 기법이 아닌 것은?

① Indeo ② JPEG ③ QuickTime ④ Hashing

6.7__ 다음 중 무손실 압축에 대한 설명으로 적당하지 않은 것은?

① 압축 이전의 데이터를 정보의 손실 없이 복원할 수 있는 압축 기법이다.
② 압축률이 나쁘다.
③ 동일한 정보의 중복성만을 제거한다.
④ huffman 코드화, Lempel_Ziv 코드화, 보간 기법 등이 있다.

◀정답▶ 6.6 ④ 6.7 ④

6.8__ 다음 데이터의 Run_Length 코드화시 부호화된 데이터로 옳은 것은?

· 압축 이전의 데이터 : TABBBBBBBBBBBBBBGLC

① TAB@14GLC ② T1A1B14G1L1C1 ③ TAB14GLC ④ TAB@EGLC

6.9__ 데이터를 구성하는 단위 정보들의 빈도수를 기반으로 각 단위 정보를 표현하는 비트 수를 효율적으로 할당하는 압축 기법은?

① 렘펠-지프(LZ) 코드화 ② 무손실 압축
③ 허프만(Huffman) 코드화 ④ 프랙털 압축

6.10__ 압축 시스템의 평가 요소가 아닌 것은?

① 압축률 ② 데이터의 중복성
③ 복원된 데이터의 품질 ④ 압축/복원 속도

6.11__ 렘펠-지프(LZ) 압축기법에 대한 설명으로 옳지 않은 것은?

① 일반적으로 허용가능한 문자열 엔트리를 늘릴수록 압축률은 저하된다.
② 이스라엘 lempel과 ziv가 처음으로 제안한 압축 기법이다.
③ lzw알고리즘을 채용하고 있는 상용 압축파일에는 국내에서 자주 쓰이고 있는 pkarc, pkzip 등이 있다.
④ 1985년 현재 유니시스사의 전신인 스페리사의 welch가 수정 구현한 압축 기법이다.

6.12__ 다음 중 손실 압축에 대한 설명으로 적당하지 않은 것은?

① 복원한 데이터가 압축 전의 데이터와 일치하지 않는 기법이다.
② 손실기법은 사용자가 압축/복원 후의 정보가 본래의 정보와 다르다고 느낀다.
③ 대체로 연속 매체를 압축하는 데 적당하다.
④ 사람이 그 내용을 인식하는 데 별로 영향을 주지 않는 정보들을 삭제함으로써 압축률을 높이고자 하는 것이다.

6.13__ 다음 중 손실 압축의 종류가 아닌 것은?

① 변환 기법 ② 양자화 기법 ③ 보간 기법 ④ 혼성 기법

6.14__ 다음 중 변환 기법에 대한 설명으로 옳은 것은?

① 데이터의 영역을 적당한 변환을 통하여 다른 영역으로 옮김으로써 데이터를 구성하는 단위정보의 개수를 줄이는 기법이다.

◀정답▶ 6.8 ① 6.9 ③ 6.10 ② 6.11 ① 6.12 ② 6.13 ④ 6.14 ①

② 반복되어 나타나는 정보들을 그 정보와 반복되는 횟수로 표현하는 기법이다.
③ 아날로그 신호를 샘플링을 통해 디지털 데이터로 변환하는 기법이다.
④ 어떠한 데이터를 반복 작업을 통해 생성해 낼 수 있는 시스템이 있는 경우에 이 시스템의 구성 정보로 그 데이터를 부호화하는 기법이다.

6.15__ 다음 중 예측 기법의 종류가 아닌 것은?

① DPCM ② DM ③ DCT ④ ADM

6.16__ 다음 데이터의 DPCM 기법으로 부호화된 데이터로 옳은 것은?

· 압축 이전의 데이터 : 13 27 40 28 39 54 50 52

① −37 −23 −10 −22 −11 +40 +2
② +3 +7 +10 +7 +10 +14 +12 +12
③ +13 +14 +13 −12 +11 +15 −4 +2
④ +13 +14 +27 +15 +26 +41 +37+39

6.17__ 혼성 압축(hybrid compression)의 과정으로 옳은 것은?

① 데이터 준비 → 양자화 → 데이터 변환 → 손실 압축
② 데이터 준비 → 데이터 변환 → 양자화 → 손실 압축
③ 데이터 준비 → 양자화 → 데이터 변환 → 무손실 압축
④ 데이터 준비 → 데이터 변환 → 양자화 → 무손실 압축

6.18__ 보간 기법(interpolation)에 대한 설명으로 옳은 것은?

① 유사한 정보들이 연속적으로 나타나는 경우에 그 중 하나를 생략하고 앞과 뒤의 정보를 이용하여 복원하는 기법이다.
② 불필요한 정보를 삭제하고 반복되는 정보를 간략히 기술함으로써 데이터의 크기를 줄이는 기법이다.
③ 동일한 어구가 반복적으로 나타나는 경우 맨 처음 그 어구가 나타난 문서상의 위치 정보를 이용하여 그 이후에 나타난 어구들을 부호화하는 기법이다.
④ 양자라고 불리는 미리 정의된 정보들을 이용하여 주어진 데이터를 코드화하는 기법이다.

6.19__ 프랙털 압축(Fractal compression)의 압축 기법에 대한 설명으로 옳지 않은 것은?

① 어떠한 데이터를 반복 작업을 통해 생성해 낼 수 있는 시스템이 있는 경우에 이 시스템의 구성 정보로 그 데이터를 부호화하는 것이다.

◀정답▶ 6.15 ③ 6.16 ③ 6.17 ④ 6.18 ① 6.19 ②

② 부호화 과정은 반복 연산을 통해 비교적 빠르게 이루어진다.
③ 데이터의 복원은 반복 연산을 통해 비교적 빠르게 이루어진다.
④ 엄밀하게 말하면 프랙털 압축은 손실 압축의 일종이다.

6.20 JPEG(Joint Photographic Experts Group)에 대한 설명으로 옳은 것은?

① 동화상과 음향으로 이루어지는 여화를 압축하기 위한 표준이다.
② CompuServe의 정지 영상 압축 기법이다.
③ 정지 영상 압축에 대한 국제 표준으로 개발한 압축/복원 알고리즘이다.
④ 1982년 DCT를 기반으로 하는 코드화 방법이 표준안으로 채택되었다.

6.21 JPEG 압축 알고리즘에서 지원하는 부호화 방법이 아닌 것은?

① 순차적 모드 ② 점진적 모드 ③ 손실 예측 모드 ④ 계층적 모드

6.22 H.261 에 대한 설명으로 옳지 않은 것은?

① 통신망에서 대화형 멀티미디어 응용을 지원하기 위한 실시간 동영상 코드화 표준이다.
② 높은 압축률과 실시간 압축을 지원, 이것은 낮은 속도의 비디오 폰과 같은 것을 위한 것이다.
③ 압축 대상으로 CIF(Common Intermediate Format), QCIF(Quarter CIF) 두 종류의 동영상을 삼고 있다.
④ CIF는 실시간으로 압축/복원할 수 있어야 하고, QCIF는 선택 사항이다.

6.23 MPEG(Moving Picture Experts Group) 에 대한 설명으로 옳지 않은 것은?

① 압축을 많이 하기 위해서는 압축시간이 지나치게 많이 걸린다.
② 인코더와 디코더의 복잡도가 같기 때문에 상호 대칭 형태가 더 효율적이다.
③ 동화상과 음향으로 이루어지는 영화를 압축하기 위한 표준이다.
④ 약 1.5Mbps의 데이터 전송률 내에 동영상을 인코딩하는 방법이다.

6.24 다음 설명이 가리키는 MPEG의 표준화 규격으로 옳은 것은?

- 멀티미디어 응용에 대한 표준, 시청각 자료를 객체 단위로 부호화
- 매우 높은 압축 효율을 얻음으로써 매우 낮은 비트율로 전송하기 위한 것
- 동영상의 전송에 필요한 전송 대역폭을 수십 kbps 정도로 줄임으로써 이동 환경에서
- 멀티미디어 통신이 가능할 정도의 압축률을 제공

① MPEG-1 ② MPEG-2 ③ MPEG-4 ④ MPEG-7

◀정답▶ 6.20 ④ 6.21 ③ 6.22 ③ 6.23 ② 6.24 ③

6.25 GIF(Graphics Interchange Format) 압축 알고리즘에 대한 설명으로 옳지 않은 것은?

① 무손실 압축 기법인 LZW 코드화를 이용하였다.
② 16bpp(bit-per-pixel) 영상을 코드화하는 방법이다.
③ 무손실 압축 기법을 사용하므로 색상 정보를 제외하고는 손실되는 정보가 없다.
④ 실무로부터 얻어진 영상이 아닌 컴퓨터 그래픽 영상을 부호화하는 경우에는 JPEG 보다 더 적합하다.

◀정답▶ 6.25 ②

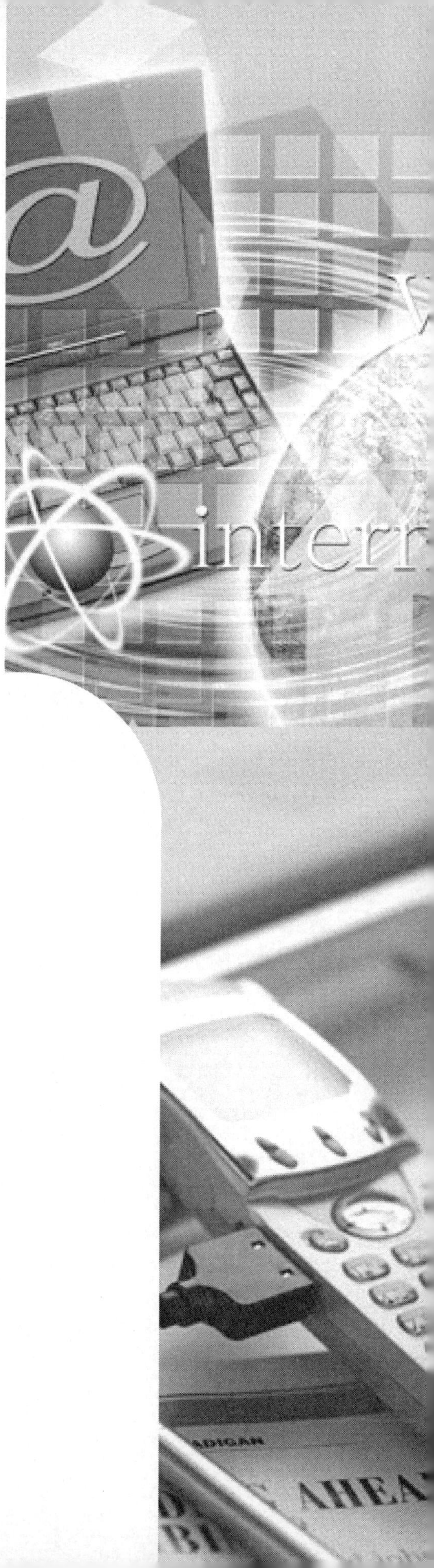

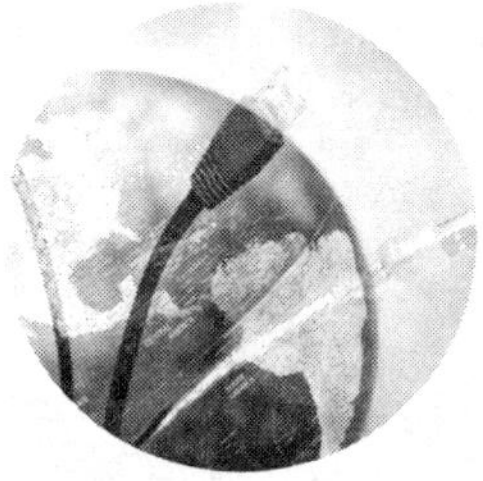

제7장
ISDN과 멀티미디어 통신

7.1 ISDN의 개념

사회가 고도화되고 복잡해짐에 따라 더욱 다양한 정보통신 서비스가 요구되고 있다. 따라서 기존의 통신망은 [그림 7-1]에서 보듯이 음성 서비스를 위해서는 전화교환망, 텔렉스나 PC 서비스를 위해서는 패킷교환망, 팩시밀리 서비스를 위해서는 팩시밀리망 등이 요구되는 것과 같이 서비스별로 별도의 통신망 형태로 구성되는 것이 일반적이다. 따라서 다양하게 요구되는 서비스를 서비스별로 별도의 망(네트워크)을 구성하여 제공하게 되므로 통신망 구조가 복잡해지고 사용에 불편이 따를 뿐만 아니라 경제적인 면에서도 불리하게 된다.

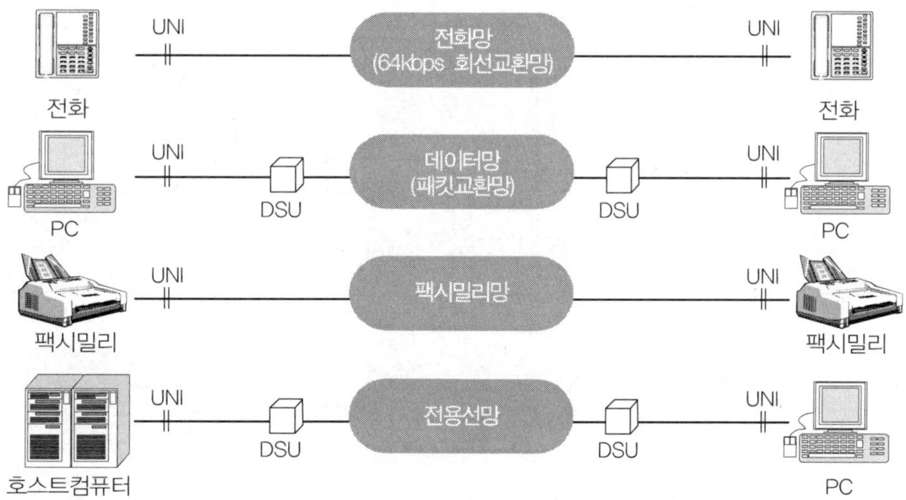

- UNI(User Network Interface) : 단말기를 네트워크에 연결하는 부분
- DSU(Digital Service Unit) : 이용자 정보를 보내기 위한 장치

[그림 7-1] 종래의 전기통신망

그러나 디지털 기술의 발달은 기존 아날로그 방식에 의한 통신망에 비해 경제성 및 이용 효율성이 높다는 사실과 음성, 데이터, 화상 및 기타 서비스들이 다양하게 이용될 수 있다는 점 등에 의해서 전송 및 교환의 통합과 다양한 형태의 디지털 서비스 제공을 하나의 통신망으로 가능하게 하고 있다.

이와 같은 사실에 부응하여 미래의 고도 정보통신망의 구축을 위한 연구가 ITU-TS를 중심으로 1970년대 후반부터 적극 추진되어 ISDN(Integrated Services Digital Network)이란 종합정보 통신망이 제시되었다.

ISDN이란 음성, 데이터 및 화상 등의 다양한 통신서비스를 [그림 7-2]와 같이 하나의 통신망을 이용하여 종합적으로 제공할 수 있는 범세계적인 광역통신망이다. ISDN은 최신의 디지털 통신기술과 컴퓨터 기술의 융합에 의한 보다 많은 정보 통신의 요구에 부응할 수 있는 "꿈의 통신망"이다.

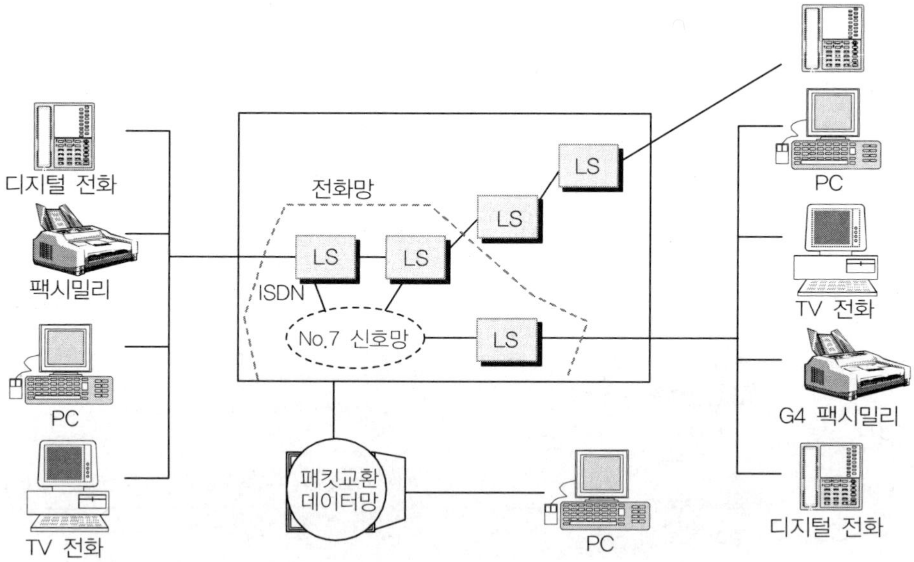

• LS(Line Switch) : 무정위형 3레벨의 회전형 스위치

[그림 7-2] ISDN 모델

[그림 7-2]의 ISDN 모델에서 LS(라인 스위치)는 무정위형 3레벨의 회전형 스위치로, 가입자 회선마다 하나씩 설치되어 가입자의 발신호(originating call)검출 및 출선(1차 셀렉터) 선택 등의 기능을 지닌다. 그리고 No.7 신호방식은

여러 가지 통신 서비스에 대응 가능한 규격으로 되어 있어 전화망 이외에 ISDN이나 IN(Intelligent Network) 등의 신호방식으로 표준화되어 있다. 우리나라의 전화망이나 ISDN, 휴대 전화망은 모두 No.7 신호방식을 채용하고 있다.

ISDN용의 이용자, 통신망 인터페이스의 특징은 이용자의 통신에 사용되는 복수개의 정보채널과 별도의 신호채널을 갖고 있으므로 신호채널은 패킷 정보채널로서도 사용이 가능하다.

초기의 ISDN은 기존의 전화망을 디지털화하고, 그 설비를 유효하게 활용할 수 있도록 만들어졌으므로 음성, 데이터, 팩시밀리, 정지화상, TV전화나 TV회의 정도에는 사용할 수 있으나, 본격적인 동화상(TV영상)이나 초고속 데이터 등에는 비트레이트가 너무 낮아서 사용할 수 없었다. 이러한 ISDN을 N–ISDN(Narrowband ISDN, 협대역 ISDN)이라고 부른다.

N-ISDN의 인터페이스 구성은 임의의 정보전송에 사용되는 정보채널로서 기본채널인 B채널과 고속채널인 H채널을 연결하기 위한 제어정보 등을 전송하는 D채널이 있다. 〈표 7-1〉은 각 채널에 대한 전송속도와 기능별 분류 및 사용 예를 나타낸 것이다.

〈표 7–1〉 N–ISDN 채널의 종류

채널의 종류	전송속도	기 능	비 고
B	64kbps	• 64kbps 이하의 사용자 정보의 전송 • 회선교환, 패킷교환, 디지털 전용회선 방식에 의한 사용자 정보전송 • 패킷교환 방식에서의 계층 2, 3의 신호정보의 전송	정보용 채널 (기본채널)
D	D_{16} : 16kbps D_{64} : 64kbps	• 회선교환 방식을 위한 신호정보의 전송 • 16kbps 이하의 패킷교환 방식에 의한 사용자 정보전송 • 공통선 신호용, 채널조사용	신호용 채널
H	H_0 : 384kbps H_{11} : 1536kbps H_{12} : 1920kbps	• B채널을 통해 제공하는 모든 방식의 정보전송을 보다 고속으로 제공 • 고속 팩시밀리나 화상회의 등의 고속의 사용자 정보전송	정보용 채널 (고속 채널)

이와 같은 채널을 조합하여 채널구조(channel structure)라고 부르는 목적별 인터페이스를 구성하는데, 기본 인터페이스와 1차군 인터페이스로 구분된다. 〈표 7-2〉는 N-ISDN이 제공하는 인터페이스의 형태를 나타낸 것이다.

〈표 7-2〉 N-ISDN이 제공하는 인터페이스

이용자 · 망 인터페이스의 종류	물리적인 인터페이스의 속도	인터페이스의 종류	
		구조명칭	채널구조
기본 인터페이스 (RBI)	192kbps	기본 액세스	$2B+D_{16}$
1차군 인터페이스 (PRI)	1,544kbps 또는 2,048kbps	1차군 B채널 액세스 (다중 액세스)	$23B+D_{64}$(1,544kbps) $30B+D_{64}$(2,048kbps)
		1차군 H채널 액세스 (고속 액세스)	$4H_0$ 또는 $3H_0+D_{64}$(1,544kbps) $5H_0+D_{64}$(2,048kbps)
		1차군 H채널 액세스 (고속 액세스)	$H_{11}+D_{64}$(1,544kbps) $H_{12}+D_{64}$(2,048kbps)
		1차군 혼합 액세스	$nB+mH_0+D_{16}$

기본 인터페이스는 64k비트/초의 정보채널인 B채널 2개와 16k비트/초의 신호채널인 D채널 1개를 포함하는 3개의 채널을 ISDN의 1회선으로 하여 1개의 가입자선으로 제공한다. 즉 기본 액세스는 2B+D의 채널구조이다.

대부분 2선식 가입자는 기본 액세스를 사용하며 전체의 비트속도는 프레임, 동기, 기타 비트 등을 합하여 기본 액세스 링크의 총 비트속도는 192k비트/초이다.

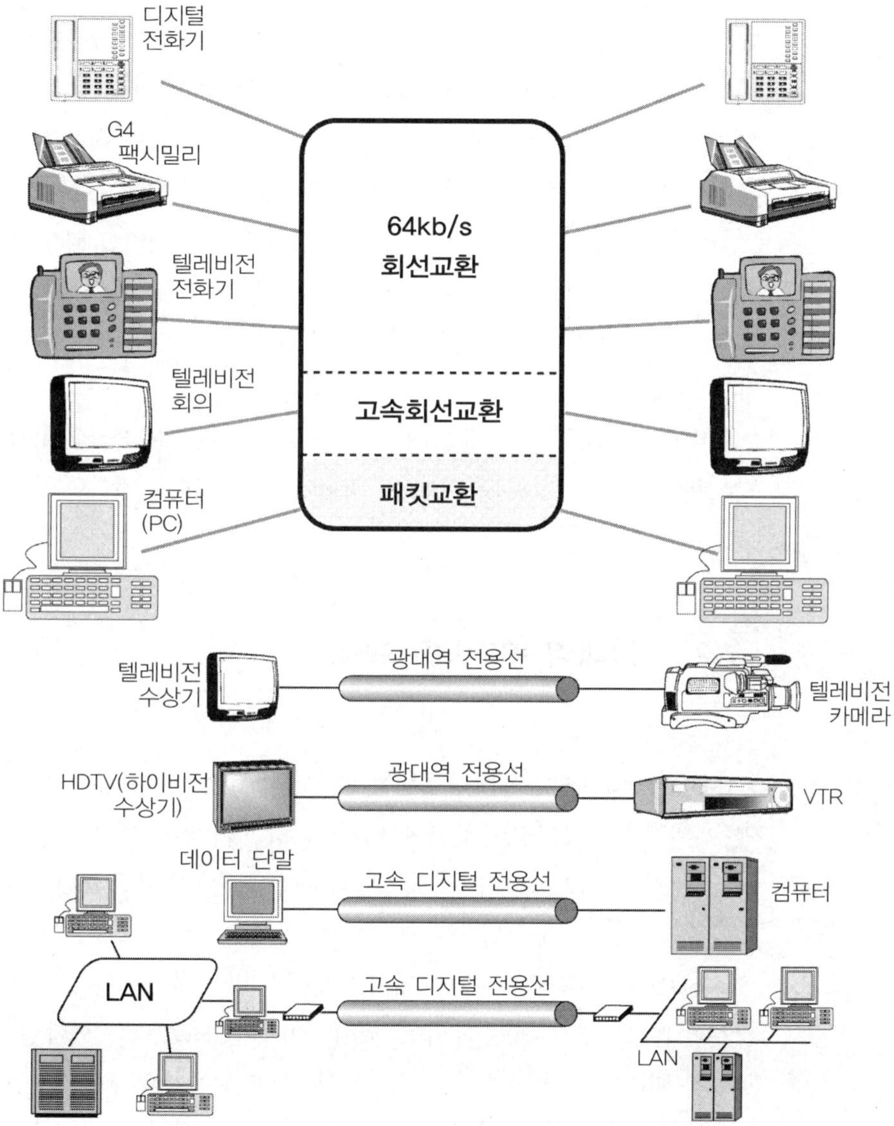

[그림 7-3] N-ISDN 서비스의 한계

1차로 인터페이스 펄스부호변조(PCM) 방식의 1차군 방식을 가입자선에 적용한 것으로 북미방식의 1,544k비트/초, 유럽방식의 2,048k비트/초의 두 종류가 있다.

앞에서도 언급했지만 초기의 ISDN은 가능한 한 싸고, 조속하게 실현할 수 있도록 전화망을 디지털화하고, 그 설비를 유효하게 활용하여 만들어졌다. 기본 비트레이트는 전화음성의 부호화 비트레이트에 맞춰서 64k비트/초로써, 최대 1.5M비트/초(한국, 일본, 미국) 또는 2M비트/초(유럽)이다.

이것은 음성, 데이터, 팩시밀리, 정지화, 텔레비전 전화나 텔레비전 회의 정도에는 사용할 수 있으나, 본격적인 동화상(텔레비전 영상)이나 초고속 데이터 등에는 비트레이트가 너무 낮아서 사용할 수 없다. 그 때문에 영상전송이나 초고속 데이터 전송에는 [그림 7-3]에서 보듯이 전용선을 사용할 수밖에 없었다.

이러한 고속 광대역 정보에도 사용할 수 있는 본격적인 ISDN으로써 계획된 것이 B-ISDN(Broadband ISDN, 광대역 ISDN)이다.

7.2 광대역 ISDN(B-ISDN)

B-ISDN(Broadband ISDN, 광대역 ISDN)은 고속 광대역 정보에도 사용할 수 있는 본격적인 ISDN일 뿐만 아니라 N-ISDN이 취급하고 있는 전화나 팩시밀리, 데이터 등도 포함하여 저속으로부터 고속, 초고속까지 모든 통신정보를 효율좋게 전송 · 교환할 수 있는 차세대 ISDN이다.

B-ISDN의 유저망 인터페이스에서 비트레이트는 155.52M비트/초와 622.08M비트/초가 표준화되어 있다. 이것은 HDTV를 포함한 영상통신이나 영상분배(CATV), 초고속 데이터 통신, 사무실에서의 LAN의 접속 등을 고려한 값이나, 화상의 대역 압축기술도 발달하여 개인 유저나 소규모 유저에게는 보다 낮은 비트레이트도 필요하게 되었다.

[그림 7-4]에 보인 것처럼 B-ISDN은 저속으로부터 고속까지 협대역으로부터 광대역까지의 모든 통신 서비스를 취급할 수 있다.

N-ISDN은 디지털 기술과 No.7 공통선 신호방식을 기초로 실현되었으나, B-ISDN에서는 이것에 추가하여 다음의 세가지로 새로운 기술이 사용된다.

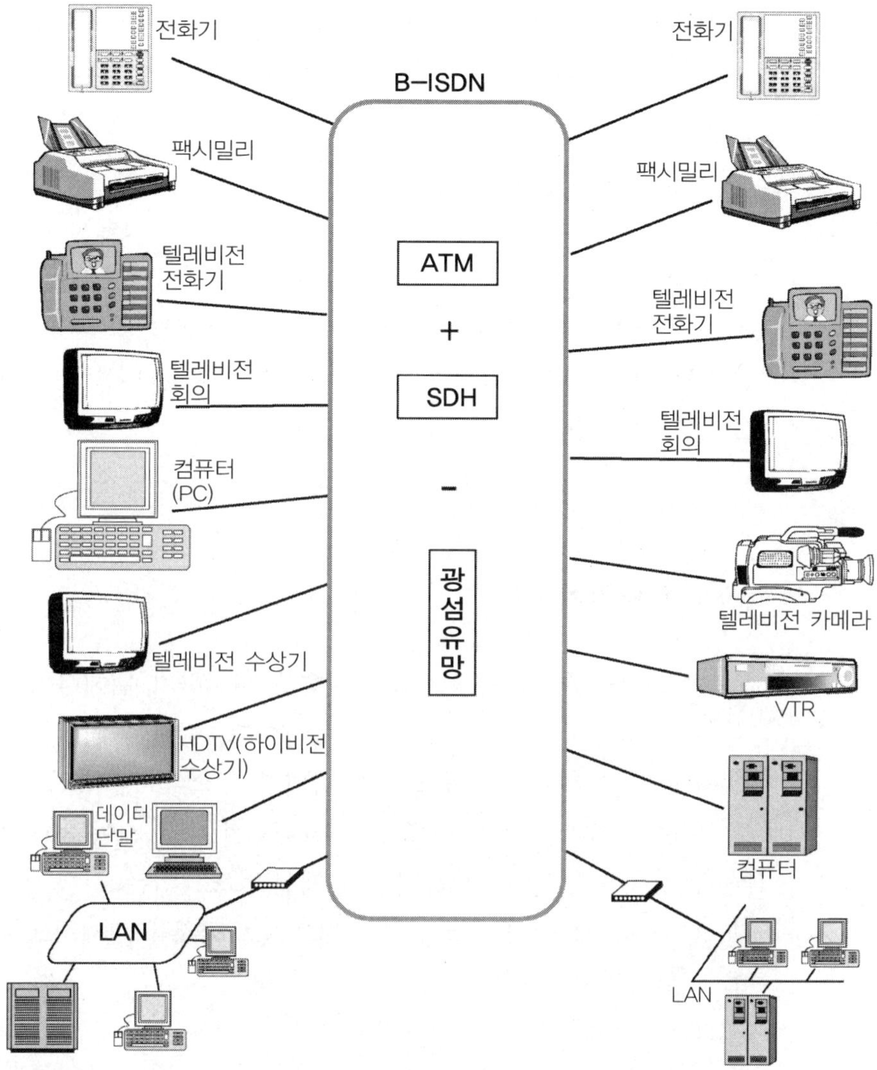

[그림 7-4] B-ISDN의 서비스 범위

1. ATM(비동기 전송 모드)

텔레비전 영상이나 초고속 신호까지 포함한 모든 통신 서비스를 대상으로 하므로, 어떠한 정보에도 유연하게 전송·교환할 수 있을 필요가 있다. 그래서 새롭게 개발된 ATM을 사용한다. ATM은 저속으로부터 고속까지 광범위의 정보신호를 효율좋게 다중화하여 전송하고, 수백 M비트/초의 초고속 디지털 신호를 교환 접속하는 데 적합한 방법이다.

2. SDH(동기 디지털 · 하이어라키)

B-ISDN이 취급하는 정보신호의 비트레이트는 수십 M비트/초 이상에 달해, 이것을 다중화하면 수백 M비트/초가 된다. 그 때문에 수십 M비트/초 이상의 디지털 · 하이어라키를 SDH로써 정하여 B-ISDN은 이것에 따라 만들어진다. 앞에서 말한 유저 · 망 인터페이스의 비트레이트도 이 SDH에 대응하고 있다.

3. 광 파이버 전송

수백 M비트/초 이상의 초고속 전송을 실현하기 위해서는 경제적으로 광 파이버 전송방식을 사용하는 것이 전제이다. 국간을 연결하는 중계 그대로에는 이미 광 파이버 전송로가 도입되어 있으나, 앞으로는 가입자계에 광 파이버를 도입하는 것이 필요하다. 전화용의 동선 케이블 대신에 광 파이버를 각 사용자 집마다 한집 한집씩 개별적으로 까는 것을 FTTH(Fiber to the home)이라고 하나, 아직 코스트가 높으므로 이것을 경제적으로 실현하는 것이 금후의 과제이다.

그러면 ATM을 비동기 모드라고 부르는 이유는 무엇일까? 여기서 비동기란 어떤 개념인지 살펴보기로 하자.

이제까지의 디지털 회선교환 방식에 이용되고 있는 동기 전송모드(STM : Synchronous Transfer Mode)는 일정한 시간으로 정보를 보내는 방식이다. 일단 접속하면 가치가 있는 정보든 아니든 정보를 일정하게 보내야 한다. 망측은 어느 정보가 가치가 없는 것인지를 알지 못하기 때문에 보내진 모든 정보는 가치가 있는 정보로서 처리된다.

이에 비해 비동기 전송모드(ATM : Asynchronous Transfer Mode)는 정보가 가치가 있을 경우만 전송되어진다.

ATM에서는 정보(디지털화되어 있다)는 모두 셀(cell)이라고 부르는 일정한 길이의 블록으로 분할된다. 물론 일정한 간격으로 셀을 보내는 것이 망측에서는 셀의 위치를 식별하기 쉽기 때문에 실제로는 빈 시간에 빈 셀이라고 하는 빈 정보를 보내고, 빈 셀을 폐기하고, 가치가 있는 정보만을 보낸다. 이용자 측에서 보면 순간적으로 고속의 정보를 보낼 수 있고 게다가 가치가 없는 정보에 대해서는 요금을 지불하지 않아도 되는 결과가 되는 것이다. 이와 같이 가치가 있는 정보를 필요시에만 낸다는 의미에서 비동기라고 하는 말을 사용하고 있는 것이다.

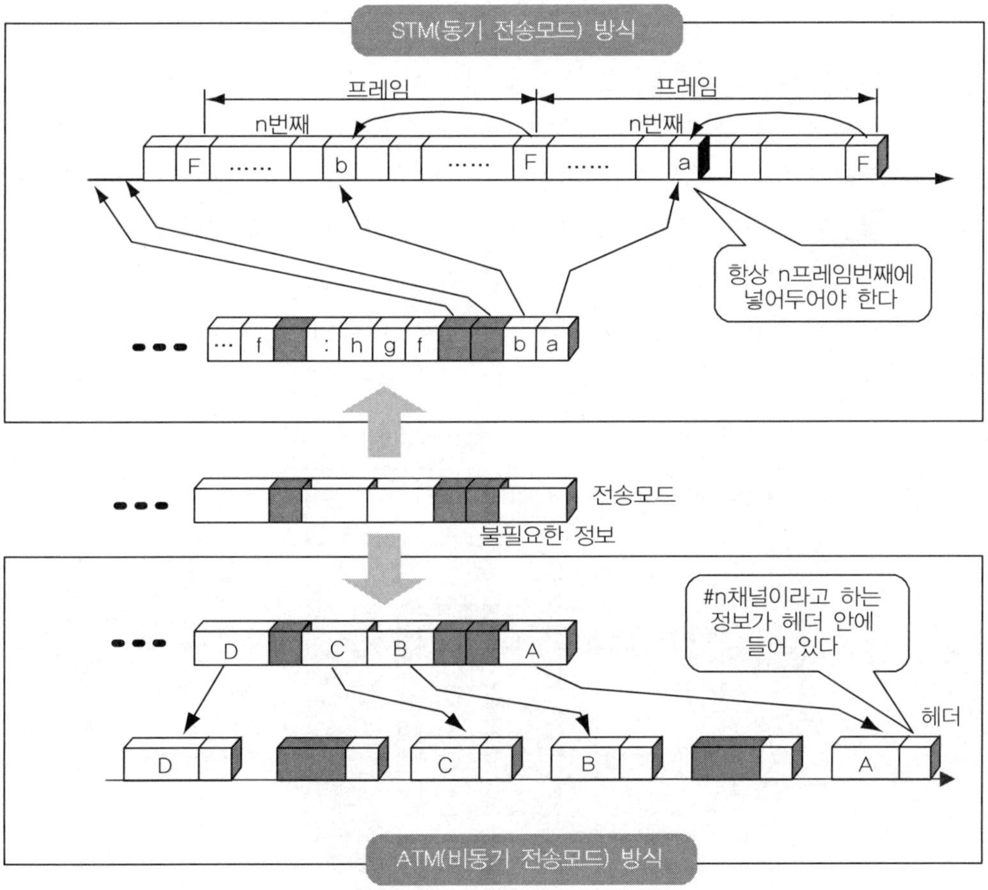

[그림 7-5] STM과 ATM의 의미

멀티미디어 서비스를 통신의 세계에서 실현시키고자 하는 것은 B-ISDN이며, 그 중에서 핵심을 담당하는 것이 바로 ATM 기술이다. ATM 기술의 원리는 회선교환과 패킷교환 방식의 이점을 받아들인 것으로서 새로운 형태의 전송방식을 채택하고 있는 것이다.

ATM은 비동기식 전송모드이기 때문에 단말과 교환기간에 데이터를 주고받기 위한 타이밍을 신경쓸 필요가 없으며, 다양한 다른 전송속도의 정보에 대응하는 것도 가능하다. 즉, ATM은 TV프로그램을 전송하는 고속의 회선과 음성을 전송하기 위한 비교적 저속의 회선에도 대응할 수 있는 B-ISDN의 핵심적인 기술인 것이다.

이와 같이 ATM은 원래 B-ISDN에 사용하는 전송모드로서 제안되었으나 오늘날에는 LAN이나 전용선 등에도 폭넓게 사용되고 있다.

ATM에서 셀의 길이는 정보 48바이트+헤더 5바이트의 합계 53바이트로 정해져 있다. 패킷과 유사하나 블록길이가 셀 쪽이 짧고 길이가 일정하게 정해져 있다는 점이 다르다. 헤더에는 셀의 전송철을 나타내는 회선번호 등이 포함되어 네트워크 내에는 셀단위로서 전송한다. 다중화도 셀 단위에 각 회선의 셀을 도착순으로 보내는 시분할 다중이다(셀다중).

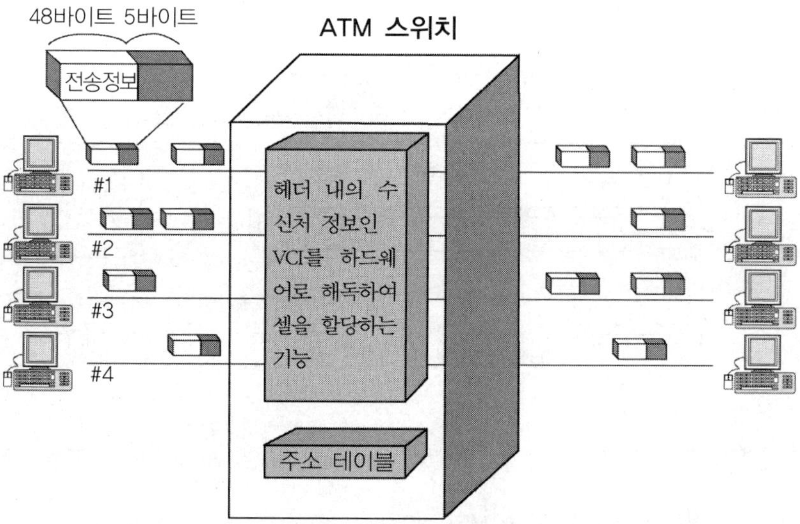

VCI(Virtual Channel Identifier) : 헤더내의 수신처 정보

[그림 7-6] ATM 교환의 원리

STM의 동기다중은 각 채널이 프레임 동기신호로부터의 시간(몇 비트째인가)으로 결정되는 시간단위 다중이나 셀 다중은 헤더내의 라벨(회선번호)로 어떤 셀인가를 아는 라벨다중이다.

정보의 비트레이트의 차이는 1초간에 몇 개의 셀을 보낼까로 조절할 수 있다. 이 때문에 네트워크와 정보의 비트레이트를 합할 필요가 없어 비동기 전송모드라고 이름 붙여져 있다. 셀은 정보가 왔을 때만 보내면 되므로 연속정보에서도 연집(Burst) 정보에서도 전송로를 효율적으로 쓸 수 있다. 동기다중에서는 정보가 오지 않으면 그 채널이 비어 전송로가 노는 것이 되어버리나 셀 다중에서는 빈 시간에 다른 정보의 셀을 전송할 수 있으므로 전송로를 효율좋게 사용할 수 있다는 이점이 있다.

그러나 셀 다중에서는 두 개 이상의 셀이 동시에 올 때에는 한 개만을 먼저 보내고 나머지의 셀을 메모리에 넣어 대기시킬 필요가 있다. 이 때문에 전송지연이 발생하여 최악의 경우 셀이 너무 많이 오면 메모리가 넘쳐 셀의 분실이 일어나버린다. 부호오차와 비슷하나 셀 쪽이 48바이트의 정보를 한꺼번에 잃어버리므로 영향이 크다. 이 때문에 셀에 우선순위를 붙여 우선도가 높은 셀을 먼저 보내는 방법을 채택하고 있다.

ATM에서는 회선마다 셀의 방출량(정보량)을 사전에 등록해놓아 다중도를 정할 필요가 있어 통계다중이라고 불려진다. 사용자로부터의 정보량은 변동하는 경우가 많다. 등록된 값보다 많이 보내져와도 다른 사용자로부터의 신호를 다중화한 전제로 여유가 있으면 문제는 없으나 전송로의 용량을 초과해버리면 셀이 폐기된다.

패킷교환에서는 교환기로 컴퓨터가 패킷의 부호오차가 있는가 없는가를 체크하여 헤더내의 발송지 정보를 해독하여 목적지에의 경로를 선택한다. 그 때문에 고속 동작이 가능하지 않고 비트레이트가 높은 신호는 취급할 수 없다.

그러나 ATM교환에서는 부호오차율이 낮은 광 파이버 전송로와 같은 고품질 전송로를 사용하는 것을 전제로 셀마다의 부호오차 체크 등은 하지 않고 직접 고속 동작이 가능한 하드웨어 스위치로 교환 접속한다. 그 때문에 반도체 스위치의 동작속도까지는 사용할 수 있으므로 수백 M비트/초 이상의 초고속 교환기를 실현할 수 있다.

ATM 스위치의 대표적인 예로서 반얀 스위치를 [그림 7-7]에 나타내었다. 이것은 2입력 2출력의 단위 스위치를 여러 단계로 종속접속한 구성으로 각 단위 스위치가 셀의 헤더내의 번호(1인가 0인가)에 따라 차례로 경로를 선택하면서 스위치를 접속하여 가서 헤더의 회신번호에 대응한 출력 단자에 셀을 보내는 구성으로 되어 있다.

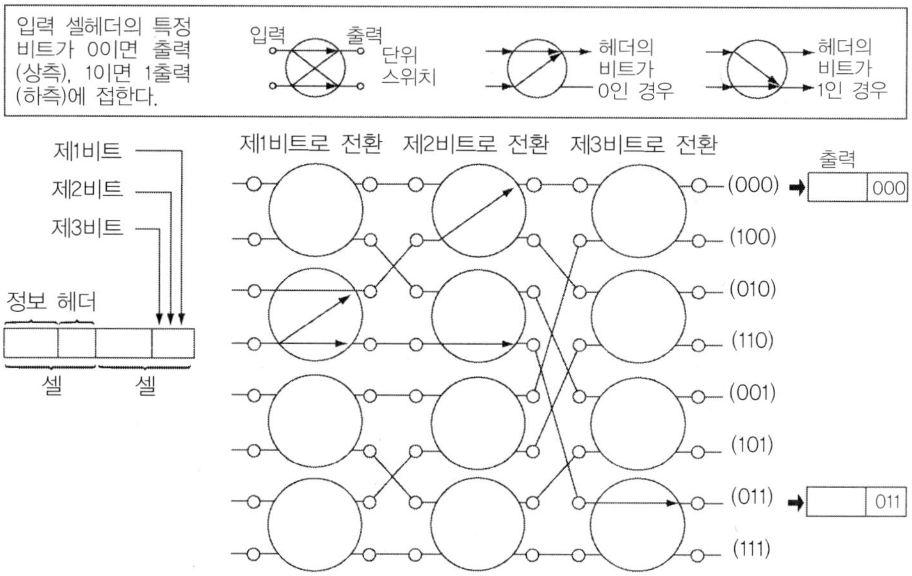

[그림 7-7] ATM 스위치의 구성 예

B-ISDN에서는 정보를 ATM셀의 형식으로 보내기 때문에 그 속도(단위 시간당 셀수×48바이트)는 가변적이다. 또한, ATM은 회선전달방식과 패킷전달방식의 장점을 도입한 정보전달방식으로써 155.52M비트/초부터 622.08M비트/초라고 하는 초고속 대용량 데이터의 전송이 가능해 영상통신(하이비전 포함), 멀티미디어 통신 등을 제공할 수 있다.

동영상의 경우 화면의 움직임이 심해 정보량이 많은 경우도 있고, 화면의 움직임이 적은 경우에는 동영상일지라도 정보량이 그리 많지 않다. 이처럼 정보원의 발생 정보량에 따라 유연하게 셀의 송신속도를 바꾸어 가변속도로서 정보를 보낼 수 있는 것이 B-ISDN의 특징이라고 할 수 있다.

한편, 회선의 개념도 N-ISDN과 상당히 다른데 이때, 회선(또는 채널)이란 송신측과 수신측을 연결하는 정보 통신로를 말한다. 예를 들어 N-ISDN의 회선교환에서는 회선의 속도를 64k비트/초로 하면, 그 회선은 이용자 사이에 고정적으로 묶는 것이다. 그러나 B-ISDN에서는 [그림 7-8]에서와 같이 정보를 ATM 셀의 형식으로 보내기 때문에 그 속도(단위시간당 셀수×48바이트)는 가변적이다. 그 중에는 특정 단말~단말기의 회선만 설정하여 두고 가끔씩만 정보를 보내는 경우도 있다. 이와 같이 설정된 회선을 가상 채널(VC : Virtual Channel)이라고 부른다.

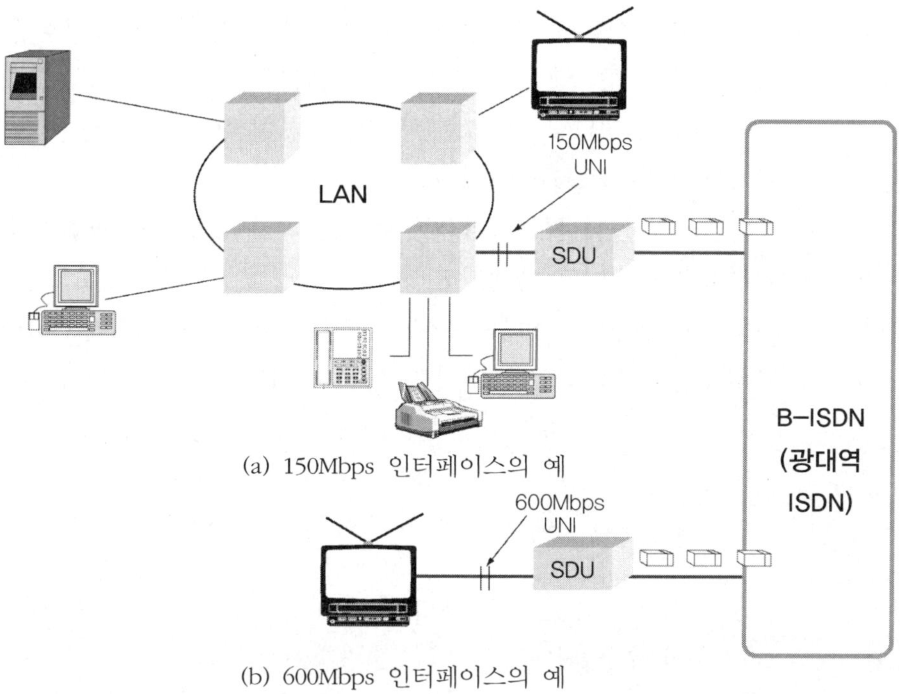

[그림 7-8] B-ISDN이 제공하는 인터페이스의 예

또한, 이용자가 갑자기 대량의 데이터를 보내면 망에서는 이를 효율적으로 처리하기가 곤란하기 때문에 보낼 수 있는 정보량을 관리할 필요가 있다. 그래서 가상적인 파이프를 준비하여 이용자가 보낼 수 있는 단위시간당 셀의 수를 관리하게 되는데 이것을 가상 경로(VP : Virtual Path)라고 한다.

ATM 셀을 물에 비교하면 가상경로는 수도관과 같은 것으로 셀 흐름 전체가 망내에서 잘 흐르도록 수로를 확보하는 역할을 한다. 또한, 이 가상 경로의 용량은 수용에 따라 임의의 값으로 설정할 수가 있고, 대단히 유연하여 망 운용시 낭비가 거의 없다.

7.3 멀티미디어 통신

B-ISDN이 실용화되면 영상을 포함한 다종 다양한 정보신호를 경제적으로 전송할 수 있게 된다. 이때 복수의 미디어를 사용하면 정보를 보다 정확하고 심도있게 전달할 수 있으므로 복수의 미디어를 조합한 통신형태가 멀티미디어 통신(multimedia communication)이다.

멀티미디어 통신을 정의하는 데에는 약간의 주의가 필요하다. 예를 들면 텔레비전 방송이나 텔레비전 회의는 음성과 영상이라는 두 개의 미디어를 조합하여 사용하고 있으므로 멀티미디어라고 볼 수도 있으나, 요즘 사용되고 있는 멀티미디어라는 의미와 반드시 합당한 것은 아니다. 이용자의 의지로 정보의 선택 · 가공 · 처리가 가능한 쌍방향성을 가지고 있는 것이 멀티미디어의 조건이다.

멀티미디어 통신이 주목받게 된 것은 디지털화와 함께

① 광디스크 등 영상을 대량으로 축적할 수 있는 초 대용량 메모리를 사용할 수 있다.
② 영상신호의 처리기술이 진보하여 대폭적인 대역압축이나 영상의 가공 · 합성 등이 간단하게 이루어진다.
③ 고속 광대역 네트워크가 실용화되어 영상을 포함한 다종 다양한 정보신호를 경제적으로 전송할 수 있다.
④ 컴퓨터를 중심으로 멀티미디어를 지원하는 소프트웨어가 충실하게 되어 편리한 사용법이 가능하다는 등의 환경이 정비되었기 때문이다.

멀티미디어 통신의 적용 예는 그룹웨어, 주문형 비디오(VOD), 멀티미디어 데이터베이스 검색 등에서 찾아볼 수 있다.

먼저 그룹웨어의 예로서 기업 등에서는 관계자가 한 장소에 모여 회의를 하는 경우가 많은데 멀티미디어 통신을 이용하면 관계자가 만나지 않고도 서로의 얼굴을 바라보면서 화면상으로 같은 자료나 화상을 보고 토의를 하여 협동작업을 수행하는 것이 가능하다. 이것을 멀티미디어 통신회의, CSCW(Computer Supported Cooperative Work)라고도 부른다..

VOD는 텔레비전 프로 등의 영상을 이용자로부터의 요구로 보고 싶을 때에는 처음부터 볼 수 있는 서비스이다. 디지털화한 대량의 영상을 대용량 기억장치에 축적하여 놓고 개개의 요구에 따라서 순식간에 꺼내어 개별적으로 송신한다. 본격적인 VOD가 실현되기까지 복수의 채널을 사용하여 조금씩 시간을 달리하여 같은 프로를 송신하는 'Near VOD'라는 방법도 있다.

또한 [그림 7-9]에서와 같이 각지에 분산되어 놓여진 데이터베이스에 동시에 접속하여 필요한 정보를 수집하거나 그때그때 필요한 정보를 취하는 것 등이 가능하다.

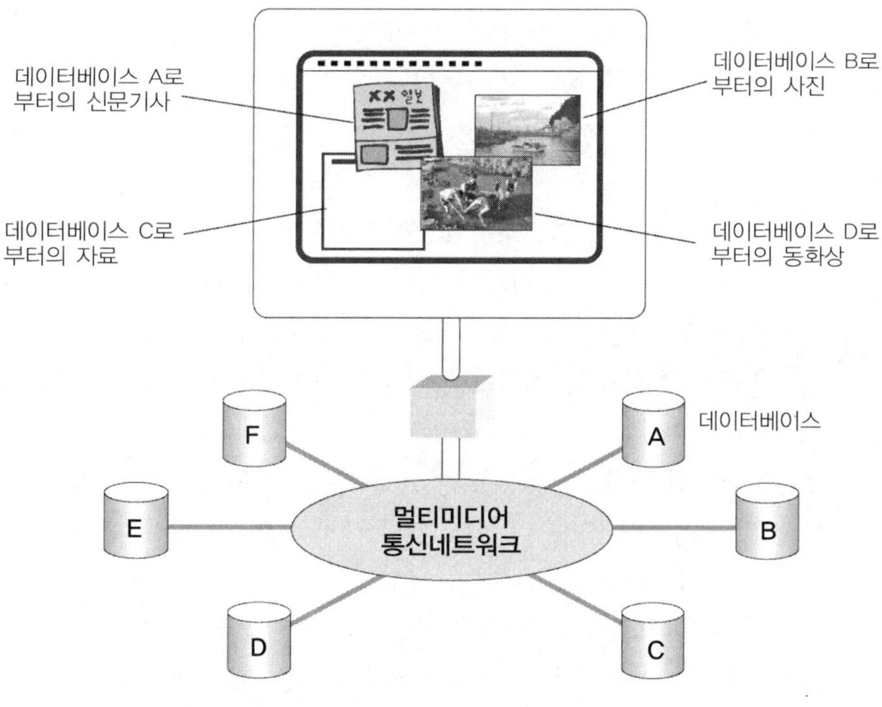

[그림 7-9] 멀티미디어 정보 서비스의 예

이와 같은 다종 다양한 정보를 취급하는 멀티미디어 통신에는 앞에서 소개한 ATM을 사용한 네트워크가 최적으로, B-ISDN이나 셀 릴레이로 이용할 수 있다. 일반 사용자에는 요금이 싼 인터넷이 사용되나 전송속도가 아직 느리기 때문에 영상이나 음성 등의 품질이 그다지 좋지 않다.

차세대 인터넷 혹은 IP네트워크는 효율좋게 멀티미디어 정보를 전송할 수 있다는 점에서 사용하기 쉽다. 그리고 다채널 쌍방향 CATV는 지역계의 네트워크로서 멀티미디어 통신에 이용할 수 있다.

멀티미디어는 통신과 방송이 융합한 형태로서 방송 시스템을 디지털화하여 멀티미디어를 제공하는 시스템도 계획되고 있다. 대표적인 것이 ISDB(Integrated Services Digital Broadcasting)로 한국통신이 개발을 진행하고 있는 디지털 기술을 사용한 멀티미디어 방송 서비스이다. 하이비전을 포함한 디지털 TV방송을 비롯하여 각종의 동화・정지화・음성에 부과하여 EPG(전자 프로그램 안내), 텔레비전, 신문, 데이터 신호배분 등 폭넓은 컨텐츠를 통합하여 제공하는 것을 노리고 있다.

한편, 이동통신의 최대의 현안이던 주파수 한계문제가 디지털 기술개발로 해결되고, 저렴한 가격의 개인휴대통신이 급속히 개발 보급되면서 이동통신 업계는 어떻게 하면 이동전화의 부가가치를 높일 수 있느냐라는 점에 대해 고민하기 시작하고 있다.

다시 말해 무선통신과 멀티미디어 사업이 새로운 사업의 핵으로 등장하고 있다는 점을 인식한 것이다. 아직까지 구체적인 사업방침 및 방법론을 제시한 국가는 없으나, 미국과 일본의 이동통신 사업자의 멀티미디어 사업으로의 진출 행보가 빨라지고 있는 것은 사실이다. 현재 이동통신 사업자가 추진하는 PCS, 무선 데이터 통신, 무선 LAN, 무선 CATV 등 신규 서비스 도입, CATV 회사의 M&A에서 그들의 의도를 읽을 뿐이다.

그러나 분명한 것은 앞으로 개발되는 멀티미디어 서비스도 무선통신으로 연결된다는 것이다. 사실상 이제까지의 이동통신은 유선통신을 보조 또는 보완하는 수준에 불과했다. 무선통신이 주는 여러 가지 편리성 때문에 무선 멀티미디어 같은 첨단기술개발이 더욱 활발해질 것이다.

무선은 통신매체 자체가 경제성이 있을 뿐만 아니라 대용량의 수요 및 망의 긴급 복구용으로도 크게 호응을 얻고 있으며 멀티미디어 서비스를 제공할 수 있는 무선통신 기술이 발전됨에 따라 광대역 서비스도 제공할 수 있다.

이와 같은 무선기술을 이용한 초고속 정보통신망이 구축된다면 국민은 다양한 형태의 정보와 서비스를 시간과 장소에 구애받지 않고 언제나 어디서나 누구에게나 신속하게 전달할 수 있을 뿐 아니라 주문형 비디오, 주문형 게임, 주문형 뉴스, 홈쇼핑, 원격 진료, 원격 교육, 화상전화 같은 다양한 멀티미디어 서비스를 제공받을 수 있게 될 것이다.

이렇게 다양한 멀티미디어 서비스를 제공하기 위해서는 기존의 통신망으로서는 한계에 부딪히게 된다. 따라서 초고속 정보통신망은 수백 M비트/초의 대용량화와 고속화가 이루어져야 하고, 국민 누구나가 사용할 수 있도록 보편화되어야 하고 정보통신의 고유 특성에 따라 안정적으로 서비스를 제공할 수 있어야 하며, 언제 어디서나 누구와도 통신할 수 있는 이동성이 보장되어야 한다.

또한 미래의 멀티미디어 서비스를 수용할 수 있는 대화형 기술을 적용한 것이라야 한다. 그리고 이러한 모든 요구사항들이 경제성 있게 실현되어야 국민 모두가 부담없이 새로운 서비스를 이용할 수 있을 것이다.

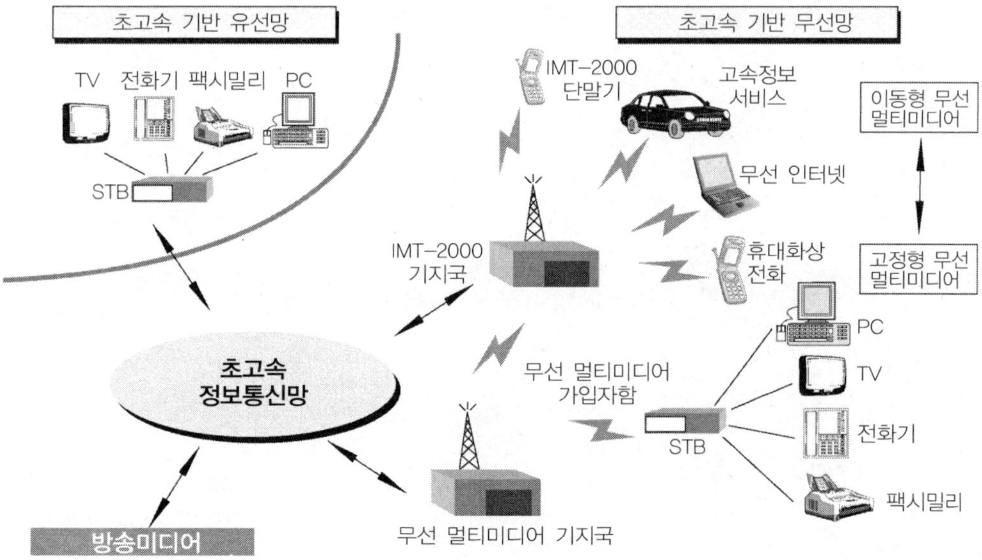

[그림 7-10] 초고속 환경에서의 무선서비스 개념

지금까지 전통적인 개념은 댁내까지의 광케이블을 이용한 초고속 정보통신망의 구성도를 고려해 왔으나 무선망의 경제적인 구축 및 초고속 정보통신망의 조기확산을 위해 [그림 7-10]과 같은 개념이 활용되어야만 할 것이다.

[그림 7-10]에서 보면 향후 전개될 초고속 정보통신망 시대에서의 무선기술은 크게 두 가지 방향으로 전개될 것으로 예측되는데, 먼저 PCS망을 기반으로 32k비트/초급 MPEG-4 압축기술을 이용하여 영상전송이 가능한 수준으로, 이동중에 화성전화 등의 서비스가 가능하게 될 것이고, 그리고 마이크로웨이브 광대역망을 기반으로 6M비트/초급 MPEG-2 압축기술을 이용하여 고품질의 양방향 영상전송이 실현되어 주문형 비디오, 주문형 게임, 주문형 뉴스, 홈쇼핑, 원격진료, 원격교육, 화상전화 등의 멀티미디어 서비스가 무선으로 구현될 것이다.

무선으로 멀티미디어 서비스를 구현할 경우 경제적인 가격으로 신속하게 망을 구축할 수 있으므로 다양한 멀티미디어 서비스를 조기에 제공할 수 있는 장점을 지니고 있다.

연습문제

주관식 (5문제 - 레포트, 세미나 주제용)

7.1__ ISDN의 등장 배경에 대해서 서술하시오.

7.2__ N-ISDN(Narrowband ISDN)의 종류와 각각에 대하여 기술하시오.

7.3__ ATM 전송기술과 ATM을 비동기 모드라고 부르는 이유를 설명하시오.

7.4__ B-ISDN에 대하여 설명하시오.

7.5__ ATM 스위치의 대표적인 예인 반얀 스위치에 대하여 설명하시오.

객관식 (20문제 - 중간, 기말고사 출제용)

7.6__ 멀티미디어 통신 표준화의 필요성에 대한 설명으로 옳지 않은 것은?

① 특정 응용 처리를 위한 여러 장치들이 동일 방법으로 통합 정보 스트림 해석이 필요하다.
② 네트워크내 정보 스트림의 에러 발생확률을 만족시키기 위해 통신 양자간 에러 검출을 위한 동일 표준 사용이 필요하다.
③ 참조모델로는 응용표준, 망 인터페이스 표준, 내부 망 표준 등이 있다.
④ 1984년 CCITT(현재는 ITU-T)가 구성되었고, 여기서 1990년에 발표되었다.

7.7__ ISDN에 대한 설명으로 옳지 않은 것은?

① ISDN은 Integrated Services Digital Network의 약자로서 흔히 '종합 정보통신망'이라고 한다.

◀정답▶ 7.6 ④ 7.7 ④

② 정식으로 ISDN이란 용어가 사용된 것은 1972년 회의 때 정식으로 용어와 약어가 채택되면서부터이다.
③ 각기 독립적인 전용망을 이용하던 것에서 하나의 전송로로 이 모든 서비스를 제공할 수 있다는 것을 의미한다.
④ 기존의 음성전화, FAX, 데이터 통신, 화상회의 등의 다양한 서비스들을 디지털망에 접속된 다중회선을 이용하여 통합 서비스를 경제적으로 제공한다.

7.8__ 다음 중 ISDN으로 할 수 있는 일이 아닌 것은?

① B채널의 속도가 64kbps인데 BRI는 B채널이 4개이니까 64x=256kbps의 속도를 낼 수 있다.
② 전화기 2대 이상의 효과를 낼 수 있다.
③ 음질이 선명하다.
④ 패킷통신을 이용하면 신용카드 조회를 할 수 있다.

7.9__ 다음 중 BRI와 PRI의 차이로 옳지 않은 것은?

① BRI의 경우는 4개의 B채널과 1개의 D채널로 구성된다.
② PRI의 경우는 23개의 B채널과 1개의 D채널로 구성된다.
③ BRI는 개인 사용자들이 데이터 및 전화, 팩스 등을 사용할 수 있도록 설계된 방식이다.
④ PRI는 저렴한 가격과 싼 가격에 고속의 서비스를 할 수 있다.

7.10__ 다음 중 B채널과 D채널의 차이로 옳지 않은 것은?

① 한 개의 B채널은 64kBPS의 속도를 낼 수 있게 설계되어 있다.
② 한 개의 D채널은 32kBPS의 속도를 낼 수 있게 설계되어 있다.
③ B채널은 음성, 화상, 팩스 등을 전송하는 데 사용된다.
④ D채널은 B채널을 제어하는 데 사용된다.

7.11__ 종래의 전화통신망에서 볼 수 없었던 장치는?

① DSU(Digital Service Unit) ② UNI(User Network Interface)
③ LS(Line Switch) ④ 망(Network)

7.12__ N-ISDN의 인터페이스 구성은 임의의 정보전송에 사용되는 정보 채널로서 두 채널을 연결하기 위한 제어정보 등을 전송하는 채널은?

① B채널 ② D채널 ③ E채널 ④ H채널

◀정답▶ 7.8 ① 7.9 ① 7.10 ② 7.11 ③ 7.12 ②

7.13__ 다음 설명이 가리키는 N-ISDN의 채널로 옳은 것은?

> · 회선교환 방식을 위한 신호정보의 전송
> · 16kbps 이하의 패킷교환 방식에 의한 사용자 정보전송
> · 공통선 신호용 채널조사용

① B채널 ② D채널 ③ E채널 ④ H채널

7.14__ N-ISDN에서 제공하는 기본 인터페이스 채널 구조로 옳은 것은?

① 2B+D ② 4B+D ③ $23B+D_{64}$ ④ $30B+D_{64}$

7.15__ N-ISDN이 제공하는 인터페이스 중 1차군 B채널 액세스의 채널 구조로 옳은 것은?

① $nB+mH_0+D_{16}$
② $H_{11}+D_{64}$(2,048 kbps)
③ $5H_0+D_{64}$(2,048 kbps)
④ $30B+D_{64}$(2,048 kbps)

7.16__ B-ISDN에 대한 설명으로 옳지 않은 것은?

① ATM(Asynchronous Transfer Mode)이라고도 불린다.
② B-ISDN은 고속 데이터를 위한 프레임 릴레이 서비스와 FDDI, 그리고 SONET 등을 모두 포함하게 될 것이다.
③ B-ISDN은 협대역 가입자회선상의 구리 전화회선을 이용한다.
④ B-ISDN은 Broadband Integrated Services Digital Network의 약어이다.

7.17__ B-ISDN 유저망 인터페이스의 비트레이트 표준으로 옳은 것은?

① 192.52Mbit/s, 622.08Mbit/s
② 155.52Mbit/s, 640.08Mbit/s
③ 155.52Mbit/s, 622.08Mbit/s
④ 192.52Mbit/s, 640.08Mbit/s

7.18__ B-ISDN에서는 정보를 ATM 셀의 형식으로 보내기 때문에 그 속도는 가변적이다. 그 중에서 특정 단말~단말기의 회선만 설정하여 두고 가끔씩만 정보를 보내는 경우도 있는데, 이와 같이 설정된 회선의 명칭으로 옳은 것은?

① DC(Digital Channel)
② VC(Virtual Channel)
③ LC(Leased Channel)
④ AC(Analog Channel)

7.19__ 다음 빈 칸에 들어가는 단어로 옳은 것은?

> B-ISDN이 취급하는 정보신호의 비트레이트는 수십 M비트/초 이상에 달해 이것을 다중화하면 수백 M비트/초가 된다. 그 때문에 수십 M비트/초 이상의 디지털 · 하이어라키를 ( )로써 정하여 B-ISDN은 이것에 따라 만들어진다. 유저 · 망 인터페이스의 비트레이트도 이 ( )에 대응하고 있다.

◀정답▶ 7.13 ② 7.14 ① 7.15 ④ 7.16 ③ 7.17 ③ 7.18 ② 7.19 ③

① ISDN ② ATM ③ SDH ④ STM

7.20__ ATM을 비동기 모드라고 부르는 이유로 옳은 것은?

① 정보가 가치가 없는 것인지 있는 것인지 알지 못하기 때문에 비동기라고 한다.
② 코스트가 높은 정보를 우선적으로 보낸다는 의미에서 비동기라고 한다.
③ 일정한 시간으로 정보를 보낸다는 의미에서 비동기라고 한다.
④ 가치가 있는 정보를 필요시에만 낸다는 의미에서 비동기라고 한다.

7.21__ 다음은 ATM과 STM을 비교한 표이다. 빈 칸에 들어갈 단어로 옳은 것은?

	ATM	STM
다양한 속도지원	제한없음	제한적임
통합의 정도	모든 망에 통합	가입자 망에 한정
정보의 형태	다양	고정
분배서비스의 적합성	적합	적합
한 채널당 복수의 가상 회선 수용도	가능	불가능
정보의 지연	(㉠)	(㉡)
정보 전달의 손실	(㉢)	(㉣)

① ㉠가변적이고 크다, ㉡일정하가 작다, ㉢가능, ㉣불가능
② ㉠가변적이고 크다, ㉡일정하가 작다, ㉢불가능, ㉣가능
③ ㉠일정하가 작다, ㉡가변적이고 크다, ㉢가능, ㉣불가능
④ ㉠일정하가 작다, ㉡가변적이고 크다, ㉢불가능, ㉣가능

7.22__ 다음 중 멀티미디어 통신의 특징으로 옳지 않은 것은?

① 광디스크 등 영상을 대량으로 축적할 수 있는 초 대용량 메모리를 사용할 수 있다.
② 영상신호의 처리기술은 진보하였으나 대역압축이나 영상의 가공·합성 등은 어렵다.
③ 고속 광대역 네트워크가 실용화되어 영상을 포함한 다종 다양한 정보신호를 경제적으로 전송할 수 있다.
④ 컴퓨터를 중심으로 멀티미디어를 지원하는 소프트웨어가 충실하게 되어 편리한 사용법이 가능하다는 등의 환경이 정비되었다.

7.23__ 기존 전화망의 종류로 옳지 않은 것은?

① FTTC(Fiber-to-the-Curb) ② ADSL network termination unit
③ FTTH(Fiber-to-the-Home) ④ Hybrid-Fiber-Coax(HFC)

◀정답▶ 7.20 ④ 7.21 ③ 7.22 ② 7.23 ④

7.24__ 멀티미디어 통신의 정의로 옳은 것은?

① 이용자의 의지로 정보의 선택 · 가공 · 처리가 가능한 쌍방향성을 가지고 있어야 한다.
② 텔레비전 방송이나 텔레비전 회의 등 음성과 영상이라는 두 개의 미디어를 조합할 수 있는 통신의 형태를 멀티미디어 통신이라 한다.
③ 고성능 · 고화질의 영상매체의 전송을 위한 시스템을 가리킨다.
④ 음성, 데이터 및 화상 등의 다양한 통신서비스를 하나의 통신망을 이용하여 종합적으로 제공할 수 있는 기술을 가리킨다.

7.25__ 무선 멀티미디어 서비스 구현시 특징으로 옳지 않은 것은?

① PCS망을 기반으로 32kbit/s급 MPEG-4 압축기술을 이용하여 영상전송이 가능하다.
② 경제적인 부담으로 망을 다양한 멀티미디어 서비스 제공이 어렵다는 단점이 있다.
③ 이동형 무선 멀티미디어 서비스와 고정형 무선 멀티미디어 서비스를 제공한다.
④ 마이크로웨이브 광대역망을 기반으로 6Mbit/s급 MPEG-2 압축기술을 이용하여 멀티미디어 서비스가 가능하다.

◀정답▶ 7.24 ① 7.25 ②

제 2 부 무선통신에서 이동통신으로

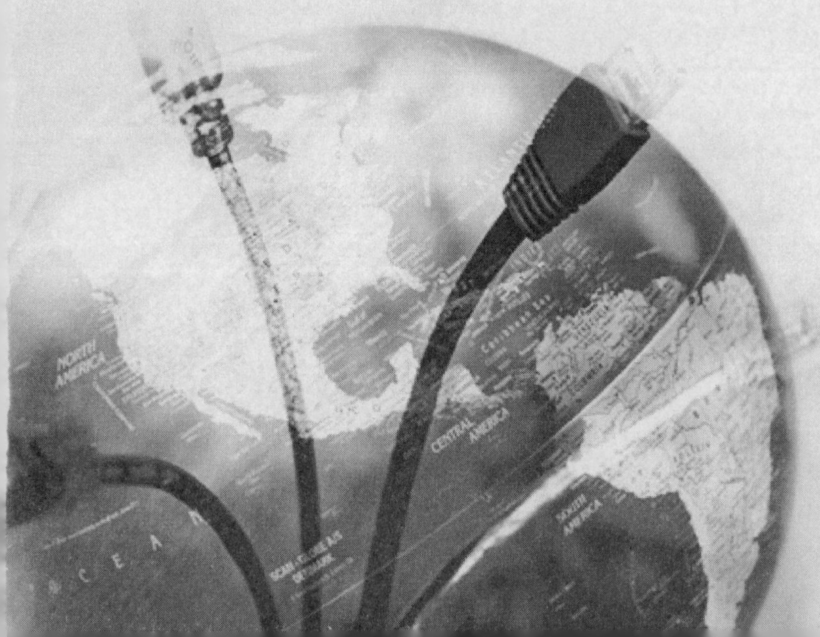

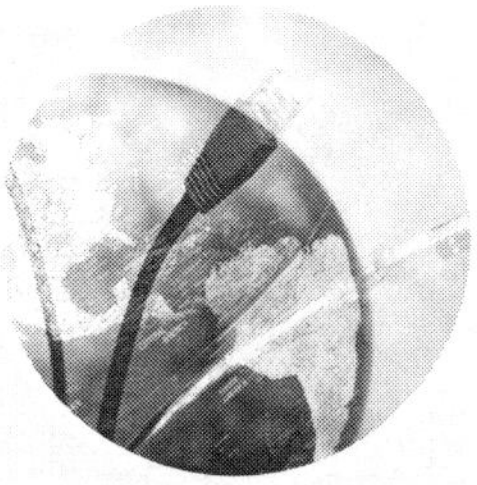

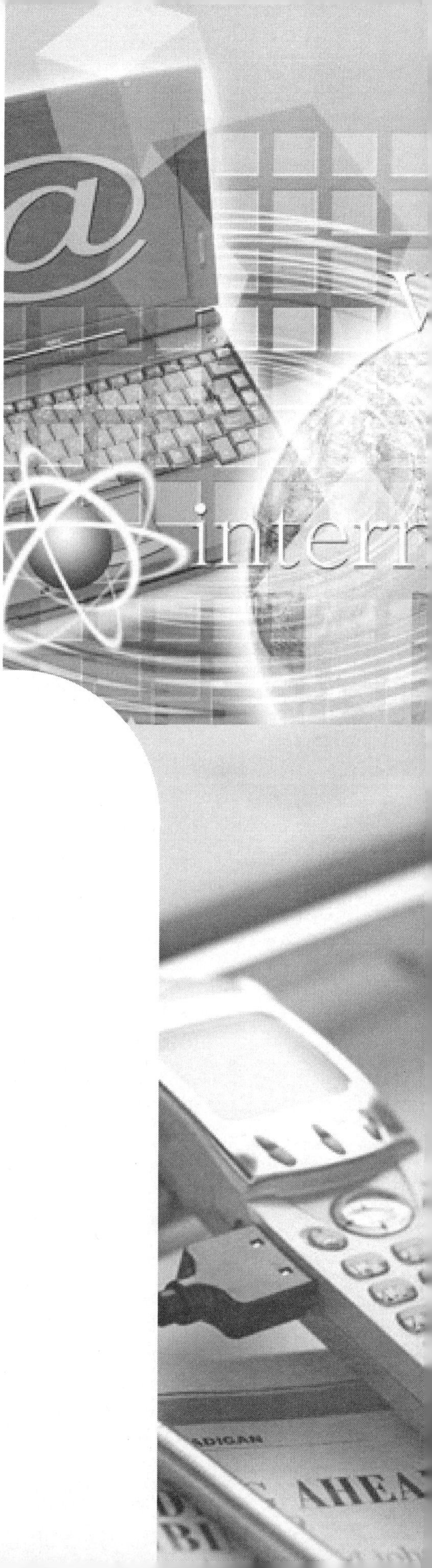

제 8 장

전자파와 통신

8.1 전자파의 발생

무선 통신은 전자파를 이용하여 다양한 종류의 정보를 공기 중으로 전달하게 된다. 전자파는 보이지도 않고, 들리지도 않으며, 사람의 감각으로도 느낄 수 없다. 이러한 전자파의 정의를 살펴보면 우리나라 전파법 제2조에는 "전자파란 인공적 매개물이 없이 공간에 전달하는 3,000GHz(파장 0.1mm) 보다 낮은 주파수의 전자파"라고 정의되어 있다.

잔잔한 연못에 돌을 던지면 돌이 떨어진 곳을 중심으로 물결이 동심원을 그리면서 퍼져나간다. 이것을 파동이라고 한다. 우리 주위에는 고무줄을 튀기거나 기타를 튕길 때 볼 수 있는 탄성파와 음파(소리)나 전자파와 같이 눈에 보이지 않는 파동이 있다.

전자파가 발생하는 것을 알아보기 전에 먼저 파동에 관련된 용어를 이해하는 것이 필요하다. 이에 대하여 간단히 설명하면 다음과 같다.

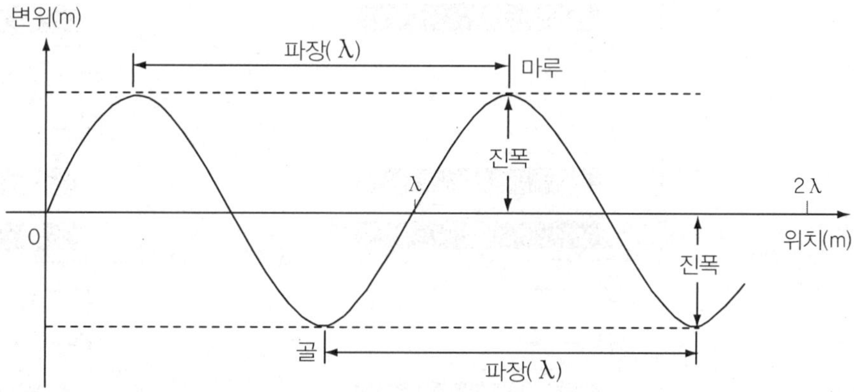

[그림 8-1] 파동 관련 용어

① 마루 : 파동이 진행하면서 그 위치가 변하게 될 때 변하는 위치가 가장 높은 곳을 말한다.

② 골 : 변화하는 위치(변위)가 가장 낮은 곳을 말한다.

③ 파장 : 마루에서 마루까지의 거리나, 골에서 골까지 위상이 360도 되는 거리(λ)를 말한다.

④ 진폭 : 변화하는 위치가 0인 위치에서 마루의 높이나 골의 깊이까지를 말한다.

⑤ 주기 : 한번의 진동에 소요되는 시간, 마루에서 마루나 골에서 골까지 이르는 데 소요되는 시간(T)을 말한다.

⑥ 주파수 : 1초 동안에 진동한 횟수를 말하며, 1초 동안에 몇 번의 주기가 반복되는 가로 결정된다(f=1/T).

전파는 전기에 의해서 발생하는 것이기 때문에 전류의 흐름을 이해하는 것으로 전파의 발생과정을 설명할 수 있다. 두 개의 평행 도체판에 직류 전지를 연결하여 전압(V)을 가하면 전류가 흘러 시간이 지남에 따라 위판에는 +의 전하가, 아래 판에는 −의 전하가 유도되며, 위판에서 아래 판으로 전기력선이 형성된다.

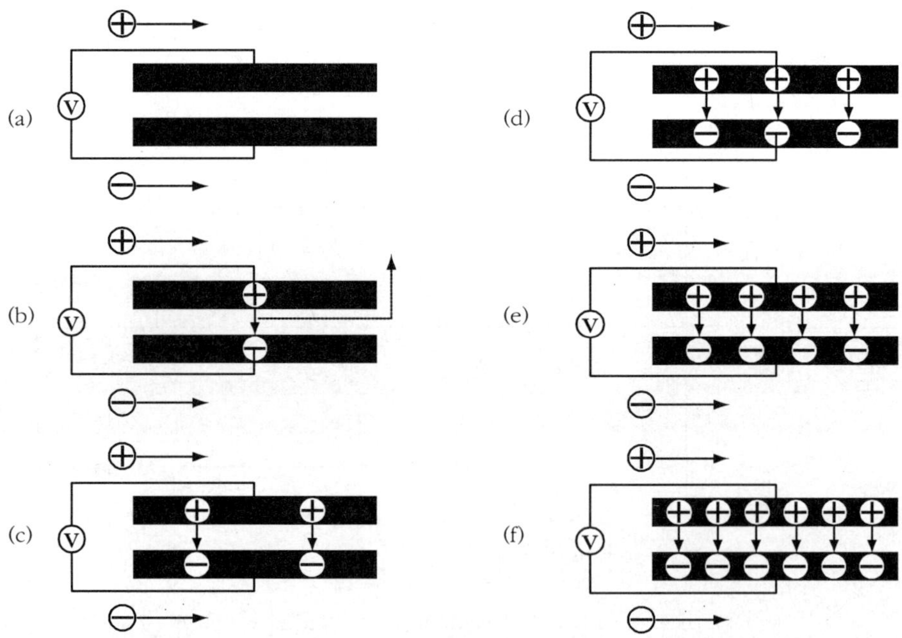

[그림 8-2] 시간에 따른 도체판 위의 전하와 도체 판 사이의 전기력선(직류전지연결)

이것을 직류 전지 대신에 교류전원을 연결하면 교류 전압은 전압이 +, −

로 주기적으로 변하기 때문에 [그림 8-2](a)와 같이 위판 A와 아래 판 B에는 +, −의 전하가 번갈아 가면서 생기게 되고 전기력선 및 자기력선도 방향이 번갈아 가면서 변화한다. 그러나 전기력선 및 자기력선은 두 평면 도체 판에 갇혀 있기 때문에 그대로 보존되어 있게 된다.

이러한 방법을 이용하여 (b), (c)와 같이 두 판 사이를 벌려 서로 일직선으로 세우면 전기력선이나 자기력선을 가두어 둘 곳이 없기 때문에 갇혀 있던 전기력선과 자기력선이 방사(발생)되어 공간으로 진행할 수가 있게 된다.

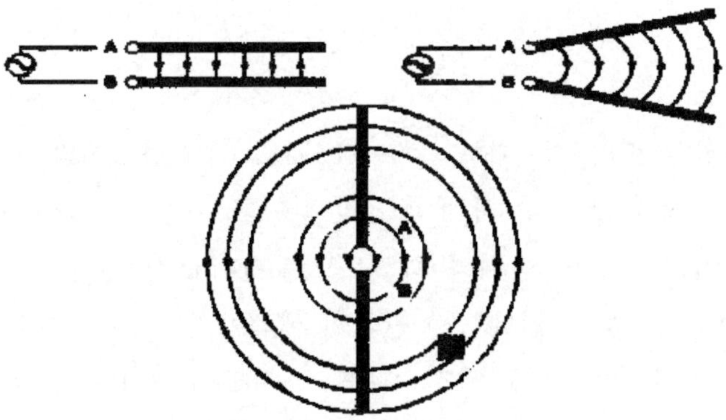

[그림 8-3] 전파의 확산(교류전원연결)

이와 같이 전기력선과 자기력선이 밖으로 확산하기 쉬운 구조로 만든 것이 안테나이다. 밖으로 확산하기 쉽다는 것은 거꾸로 외부에서 온 전기력선과 자기력선이 느껴지기 쉽다는 것을 뜻하기도 한다.

안테나는 공간을 진행하고 있는 전자파를 효율적으로 흡수하는 성질을 갖고 있다. 우리가 흔히 볼 수 있는 전기 제품들은 스위치를 켜는 순간 어떤 형태로든 간에 전자파를 방사하지 않는 것이 없다. 그러나 효과적으로 전자파를 방사하는 것은 안테나뿐이다. 눈에 띄는 것을 닥치는 대로 두드려 보자. 대부분의 경우 두들기면 소리가 난다. 그러나 우리가 듣기에 좋은 음질의 소리를 내는 것은 한정되어 있다. 안테나는 금속 물질로 만들어진다. 그러나 보기가 좋다고 해서 모두 안테나의 역할을 다한다고 할 수 없다. 필요한 전자파만을 송수신할 수 있도록 설계되어 만들어져야 한다. 우리 주위에 많이 볼 수 있는 여러 가지 모양의 안테나들은 각각의 목적에 맞게 설계되어 만들어지는 것이다. 무전기 안테나를 라디오에 이용한다고 잘 들리는 것은 아니다. 도선을 이용한 안테나의 길이는

파장(λ) = 전파의 속도(c : 3×10^8 m/sec)/ 주파수(f)

의 공식에서 파장의 반으로 결정된다.

전자파의 속도는 30만km로 고정 값이므로 주파수가 높을수록 안테나의 길이는 짧아진다는 것을 알 수 있다. 만약에 전자파를 사용하지 않고 음성을 그대로 보낸다고 하면 어떻게 될까? 정답은 안테나의 길이가 크면 된다는 것이다.

사람 음성의 주파수는 대략 300~400헤르츠(Hz) 정도이다. 따라서 위의 식에 주파수를 300헤르츠로 하여 파장의 길이를 구하면 1,000km가 나온다. 안테나의 길이는 파장의 반이라 하였으므로 500km가 된다. 서울에서 부산까지의 거리에 해당되는 안테나를 만들어 세워야 한다는 어처구니없는 결과를 얻었다. 같은 이유로 무선 통신시대를 연 마르코니가 무선전신기를 실험할 때 60m나 되는 전신주(안테나)를 세운 것은 오늘날과 달리 낮은 주파수를 사용하였기 때문이라고 볼 수 있다. 그러나 오늘날에는 그렇게 큰 안테나를 세운다는 것은 실용성이 없으므로 높은 주파수를 사용함으로써 안테나의 길이를 줄일 수 있게 되었다.

8.2 전자파의 특성

공간으로 계속해서 날아가는 전자파는 제멋대로 무질서하게 진행되는 것이 아니라 어떤 법칙을 가지고 진행되며 대부분 빛과 동일한 성질을 갖는다. 빛도 전자파의 일종이기 때문이다.

이러한 전자파는 다음과 같은 특성을 가지고 있으며 이는 [그림 8-4]에 표현되어 있다.

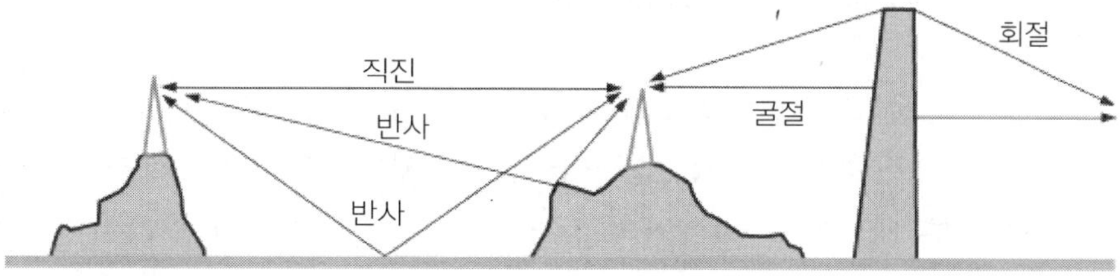

[그림 8-4] 전파의 특성

1. 전자파의 반사특성

거울을 통해 빛이 반사하듯이 전자파도 도체에 부딪히면 반사를 하게 된다. 전자파에게는 전기를 잘 통하는 금속판(알루미늄 판 등)이 거울이라 할 수 있다. 물론 금속선으로 만들어진 아주 코가 작고 가는 그물도 거울이 될 수 있다. 이러한 반사판은 전자파가 통과하지 않고 반사된다.

금속성 그물도 거울과 같다는 의미는 우리가 어떠한 철창으로 만들어진 울타리 속에 있을 때 빛은 철창 사이로 비추어 들어오지만 라디오는 수신이 잘 되지 않는 현상으로 설명될 수 있다. 이것은 빛과 전자파가 같은 전자파로 같은 반사 법칙을 따르고 있지만, 빛보다 전자파가 파장이 길다는 점이 다르다. 따라서 전자파는 빛보다 파장이 길기 때문에 표면이 들쭉날쭉한 간격이 촘촘한 그물을 통과하기가 곤란하여 금속판이나 그물 등이 충분히 거울 역할을 하게 된다.

텔레비전에 화상이 이중, 삼중으로 겹쳐져 보이는 것을 고스트(ghost) 현상이라 하는데, 이러한 전자파 장애를 경험해 본 적이 있을 것이다. 특히 도심지역이 심한 것은 직접 방송국으로부터 날아온 전자파가 빌딩 등과 같은 전파 반사체에 의해 반사된 반사파와 섞였기 때문에 발생하는 현상이다. 이동통신에서도 이와 같은 현상이 있어서 통화에 지장을 주는데 이를 다중 경로 페이딩(multipath fading)이라 한다.

2. 전자파의 굴절특성

빛은 다른 물질에 침입하여 투과할 때 본래의 방향과는 약간 다른 방향으로 진행하며, 진행 속도가 다르게 된다. 또한 전자파가 공중에서 물 속으로 투과할 때 물 속에서의 진행 속도는 공기 속보다 느려지게 된다. 물 속을 들여다 볼 때 물체가 휘어져 보이는 것이 굴절 현상이다. 전자파도 빛처럼 공중으로부터 땅이나 바다 속으로 투과되어 전파할 때, 전자파의 진행 방향이 휘어져 굴절된다.

3. 전자파의 간섭특성

전파의 간섭을 생각해 보기 전에 먼저 수면에서 일어나는 물결의 간섭을 생각해 보자. 사람들 사이에서도 간섭을 잘하면 좋은 결과가 생기고 잘못 간섭하면 역효과가 있을 수 있듯이 물결에서도 사람에서와 같은 결과가 나온다. 연못에 돌멩이 두 개를 동시에 던져 넣으면, 돌멩이가 물 속에 떨어진 곳에서부터 두 개의 동심원이 퍼져나간다.

이때 이들 파동이 겹쳐지는 곳을 살펴보자.

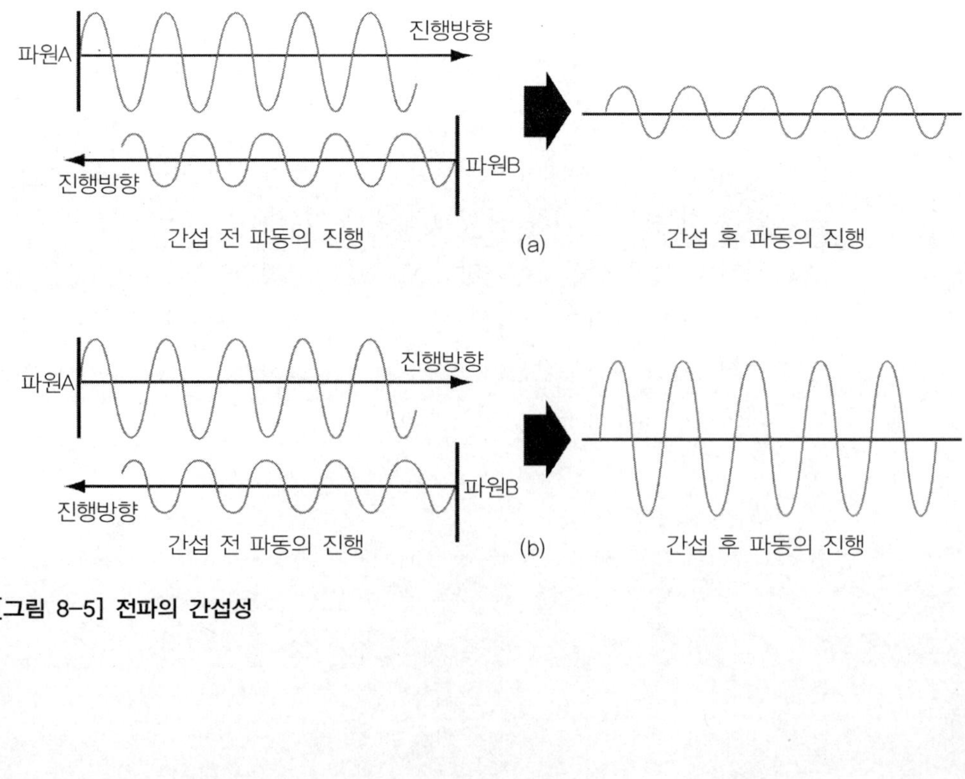

[그림 8-5] 전파의 간섭성

[그림 8-5](b)에서 한쪽 물결의 마루(물결의 높은 곳)와 다른 쪽 물결의 골(물결의 낮은 곳)이 겹쳐지는 곳에서는 양쪽 물결이 서로 상쇄되어 그 합쳐진 물결은 그 마루와 골이 작아진다. 그러나 마루와 마루가 겹쳐지는 곳에서는 한층 더 마루가 높아지고, 골과 골이 겹쳐지는 곳에서는 더 낮아진다.

4. 전자파의 회절특성

전자파는 빛과 같이 직진한다고 했는데 전파가 도달할 수 없는 산 뒷면에서도 라디오는 들린다. 이것은 전자파의 회절 현상이라는 것 때문이다. 어린 시절 그림자놀이를 기억해 보자. 창문이나 벽에 손으로 동물 모양의 형상을 비쳐내는 그림자놀이는 빛의 명암이 거의 뚜렷하다. 하지만 동물 모양의 형상의 테두리 부분이 흐릿하게 보이는 것이 생각난다면 이것이 바로 '빛의 회절성 때문에 생긴 현상이었구나.'하고 생각하면 되겠다.

회절 현상이란 파동이 진행하다가 장애물을 만나면 뒤쪽까지 도달하는 현상을 말한다. 이러한 현상은 담 너머에 있는 사람에서도 소리가 들리는 것을 예로 들 수 있고, 수면의 물결을 이용해서도 그 현상을 발견할 수 있으며, 산 뒷면에서도 라디오가 들리는 것도 그 예가 된다.

물결이 진행하는 방향에 장애물을 놓으면 파동은 장애물 뒤쪽에서도 그 힘이 약해질지라도 전파됨을 볼 수 있다. 그런데 회절 현상은 주파수가 낮을수록 더 잘 일어나기 때문에 담 너머에서 하는 말은 여자보다 남자의 목소리가 더 잘 들리고, 산중에서는 높은 주파수를 사용하는 FM 방송보다는 낮은 주파수의 AM 방송이 더욱 잘 들린다(주파수에 대한 설명은 뒤에서 자세히 할 것이다).

빛에 있어서도 그 회절 현상은 미약하나마 존재한다. 검은 종이에 작은 원형의 구멍을 뚫고 그 위에서 빛을 비추면 구멍을 통해 직진한 빛은 명암이 뚜렷하게 보여야 함에도 불구하고 명암의 경계에는 뿌연 경계가 나타난다. 또 두 판을 약간의 틈(슬롯)을 벌려 놓고 빛을 쏘아보면 틈 사이로 직진하여 스크린에 비추어지는 빛은 틈 간격만큼은 밝고 그 이외의 부분은 어두워야 하는데 틈 간격 주위에도 빛이 번져서 나타나는 것을 볼 수 있다. 이것이 회절 현상이다.

이러한 빛의 회절 현상처럼 전자파에서도 이러한 회절 현상을 유용하게 이용할 수 있다. 앞에서 설명했듯이 파장이 길면 길수록(주파수가 낮으면 낮을수록) 회절 현상은 상대적으로 강해진다. 역으로 1Hz에서 10Hz로 다시 100Hz로 주파수가 높아질수록 회절 현상이 약해진다. 따라서 산골이나 시골 또는 전파가 잘 도달하지 않는 지하같은 전파환경이 좋지 않은 장소에서 파장의 길이가 짧은(주파수가 높은) 초단파를 쓰는 FM 방송보다는 파장의 길이가 상대적으로 긴(낮은 주파수인) 중/장파를 사용하는 AM 방송이 희미하게나마 들리는 이유 중의 하나가 이 회절 현상에 의한 것이다.

아마 그 외국 방송은 낮은 주파수를 사용하는 방송국일 것이다.

회절 현상은 주파수를 맨 처음 할당할 당시 낮은 주파수부터 사용하기 시작한 이유 중의 하나가 되었다. 회절 현상에 의해 멀리까지 전자파가 도달할 수 있도록 하기 위하여 이렇게 회절성이 강한 낮은 주파수부터 사용하기 시작하였다. 그러나 이동전화는 높은 주파수를 사용하므로 회절 현상이 상대적으로 미약하다.

그렇다면 우리가 사용하고 있는 셀룰러 이동 전화와 개인휴대통신(PCS) 이동전화는 이 회절 현상에 의한 차이는 없는 것일까? 결론적으로 말하면 800메가헤르츠(MHz:MHz는 Hz의 백만배, 10^6Hz) 대역의 주파수를 사용하는 셀룰러 이동전화가 1.8기가헤르츠(GHz : GHz는 Hz의 십억배, 10^9Hz) 대역의 주파수를 사용하는 PCS 이동전화보다 주파수가 낮기 때문에 회절 현상이 조금 강하게 나타난다.

따라서 같은 수의 기지국을 세우면 셀룰러 이동전화에서 PCS 이동전화보다 건물 뒤편과 같은 음영 지역이 적게 나타난다.

5. 전자파의 전리층 반사특성

마르코니의 대서양 횡단 무선 통신이 성공하고 난 후 사람들에겐 새로운 의문이 생겼다. 지구 표면은 둥근 구면인데 어째서 직진성을 가진 전자파가 도달할 수 있었는가 하는 것이었다. 전자파가 아무리 회절을 한다 하더라도 구부러지지 않는 한 그것은 불가능한 일이었다. 즉 전자파의 회절을 생각하더라도 수신 측에 도착하는 전자파가 예상보다 훨씬 강하다는 것, 전자파의 세기가 강해졌다 약해졌다하는 현상(페이딩)이 생기는 이유로부터 학자들은 두 종류의 전자파 경로가 있다는 것을 깨닫기 시작했다. 이 두 경로는 지구의 구면을 따라가는 경로와 하늘에서 반사되는 경로를 말한다.

송신소 A에서 방사 발생한 전자파는 한편으로는 지구면을 따라가며 전파하고 다른 한편으로는 하늘에서 반사되어 전파한다. 두 경로를 통해 B점에 온 전자파는 전기력선이 같은 방향파동의 간섭에서(마루와 마루가 겹쳐질 때나 골과 골이 겹쳐질 때) 강해지고, 다른 방향(파동의 간섭에서 마루와 골이 겹쳐질 때)인 때에는 전파의 세기가 약해진다.

전자파가 하늘에서 반사되는 것은 + 이온보다 많은 수의 - 전자로 이루어진 전리층이라는 이방성 성질을 가진 곳이 있기 때문이다. 이방성 매질이란 전속의 방향이 바뀌는 매질로써, 전리층에 도달한 전자파는 전리층을 통과하지 못하고 방향이 바뀌어 결국 지상으로 반사하게 된다.

전리층은 지상 300km 상공에 주로 생기는데 이때 반사되어 지상으로 오는 전자파는 30MHz 이하의 파장이 긴 주파수이다. 따라서 대부분의 AM 라디오 방송은 전리층에서의 반사로 멀리까지 들리게 되나 30MHz 이상의 FM 라디오 방송은 전리층을 통과해 버리기 때문에 멀리까지 들리지 않는다. 그러나 주파수가 높을수록 잡음이 적기 때문에 FM 방송이 AM 방송보다 소리가 깨끗한 것이다.

8.3 주파수와 파장

주파수란 1초 동안에 진동한 횟수를 말하며, 1초 동안에 몇 번의 주기가 반복되는 가로 결정된다. 주파수의 단위로는 헤르츠(Hz)를 쓴다. 주파수의 단위는 전자파를 처음으로 실험에 의해 확인한 독일의 헤르츠의 이름을 딴 것이다. 이를테면 [그림 8-6]에서 나타낸 것처럼 1초 동안에 200회를 진동할 경우 그 주파수는 200Hz가 된다.

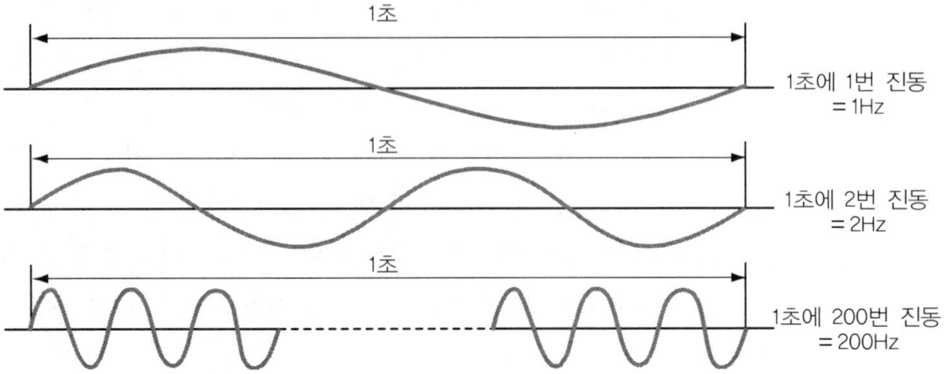

[그림 8-6] 주파수에 관한 설명

그런데 주파수로서 특징을 나타내는 것은 전자파만은 아니다. 음파도 주파수의 단위를 사용하고 있어 음악의 도, 레, 미, 파, 솔, 라, 시, 도의 음계도 주파수를 나타내고 있다. 주파수 440Hz(1초에 440번 진동)의 음은 A(라 음)이고 이것의 2배인 880Hz(1초에 880번 진동)나 그 반인 220Hz(1초에 220번 진동)도 A이다. 음파에 있어서 진동수가 크면(주파수가 높으면) 높은 소리, 진동수가 작으면(주파수가 낮으면) 낮은 소리, 진폭이 크면 센 소리, 진폭이 작으면 약한 소리를 나타낸다.

1초 동안에 10번을 진동하는 10Hz의 전자파나 1초 동안에 100번 진동하는 100Hz는 그 전파하는 속도는 같다. 즉, 두 주파수는 1초에 30만 km의 동일한 속도를 갖기 때문에 동시에 전자파를 발사하면 동일한 거리를 날아간다. 1초에 1번 진동하는 주파수는 그 파장이 100번 진동하는 주파수보다 파장이 100배 길다는 것이 다를 뿐이다. 주파수가 높아질수록 파장이 짧아지고, 주파수가 낮아질수록 파장이 길어진다.

도로에는 차선이 그려져 있다. 자동차들은 각각 지정된 차선을 달려야 한다. 만약 속도가 느린 트럭이 승용차가 달리는 차선으로 들어오면 뒤따라오는 승용차들이 제대로 달릴 수가 없다. 교통 소통을 원활하게 하기 위해 차종마다 차선이 정해져 운행되는 것이다. 주파수도 무선 통신의 소통을 혼란 없이 할 수 있도록 하는 차선의 역할을 한다.

전자파의 호칭과 용도는 주파수와 파장 등으로 구분된다. '전자파'의 정식

호칭은 전계와 자계의 파동 또는 전기력선과 자기력선의 파동이라는 것을 정확하게 표현하는 학문상의 호칭이다. 흔히 이를 전자파라고도 하고 전파라고도 한다. 전자파의 범위는 파장이 최소 0.1mm까지의 범위이다. 즉, 주파수로는 3,000GHz 이하인 것이다. 우리나라의 전파법에 나오는 3,000GHz 이하의 전자파라 함과 동일하다. 즉, 1초에 3조번(3×10^{12}Hz) 진동하는 주파수 이하를 전자파라 하는 것이다.

마르코니가 전자파의 대서양 횡단 시험에 성공한 때가 1900년인데 1903에 벌써 전자파의 이용을 규제하는 국제회의가 열렸으며, 1912년에 세계 주요국들 사이에 해상무선전시규칙이 비준되었다. 주파수 이용의 국제적 원칙은 국제전기통신조약에서 결정되었다.

조약의 실시에 필요한 구체적 세부 사항, 즉 주파수의 국제적 배분, 기술기준, 국제적 조정, 무선국의 감독 사항 등이 결정되어 있다. 규칙의 개정은 무선통신에 책임을 가진 정부 기관이 참여하는 세계전파통신회의(World Radio communication Conference : 약칭 WRC)가 2년마다 정기적으로 개최되어 결정한다. 우리나라에서는 전자파의 일반적 이용 관례를 규정하는 국내법으로 국제전기통신조약을 기초로 하는 전파법이 있다. 이러한 국내외적 제반 법규를 준수함으로써 전자파 이용 질서를 유지할 수 있다.

전자파는 전자파를 방사하는 힘에 따라 나가는 거리가 정해진다. 즉, 전력이 높을수록 전파는 멀리까지 나간다. 흔히 우리는 이러한 힘을 출력이라고 한다.

자동차가 힘차게 잘 달리면 출력이 좋다고 한다. 전자파의 출력을 말할 때는 전력이라는 용어를 주로 사용한다. 우리 가정에서 사용하는 전구나 각종 전열 기구를 보면 몇 W(와트)라고 전력을 표시한 것을 볼 수 있다. 20W의 전구보다 40W의 전구가 밝듯이 전자파도 마찬가지다. 전력을 높여 버린다면 인근 지역에서 사용하는 무선 통신기기나 전기전자 제품 등에 방해와 장애를 줄 수 있다. 너무 과도한 전력은 인체에도 해를 줄 수 있다. 전력이 높다(강하다)는 것은 우리가 소리를 크게 지르면 작게 말할 때보다 먼 곳까지 소리가 전달되어 나가는 것과도 같다고 할 수 있다.

전자파를 사용하던 초기 시절에 높은 주파수는 통신에 사용할 수 없을 것으로만 여겨졌지만 지금의 텔레비전 방송이나 이동전화, 레이더 등에 이용되는 고주파수가 사용되는 지금에서 본다면 정말로 꿈만 같은 이야기이다. 전자파의 출력을 조정하는 기술 등의 발전은 전자파의 이용 효율을 더욱 향상시키고 있다. 오히려 통신에 쓰이지 않던 가시광선을 유선통신에서 광섬유에 의한 광통신을 이용하여 더욱 고도화된 통신으로 이용할 정도로 전자파 이용의 기술은 날로 발전하고 있다.

8.4 주파수 스펙트럼

햇빛을 프리즘에 통과시키면 일곱 색깔의 무지개로 나누어진다. 프리즘에 의해 백색의 태양 광선이 일곱 각도로 휘어져 일곱 색깔로 보이는 이유는 각 색깔마다 파장이 다르기 때문에 프리즘에서 굴절되어 색이 나누어지기 때문이다. 이렇게 백색의 태양 광선이 일곱 색깔로 나누어지는 것을 스펙트럼(spectrum)이라고 부른다.

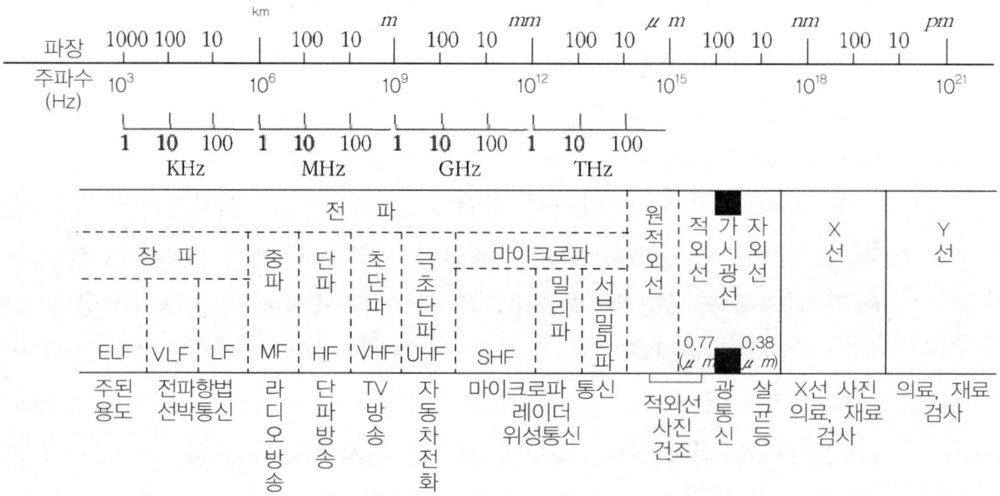

[그림 8-7] 주파수 스펙트럼

마찬가지로 하늘을 날아다니는 전자파도 파장이 저마다 다르기 때문에 큰 전자파 프리즘이라는 것을 만들어 전자파를 지나게 하면 전파의 파장에 따라 각각 다른 각도로 장파, 중파, 단파, 초단파, 극초단파, 마이크로파, 광파 등으로 나누어진다. 이것을 전자파 스펙트럼이라고 부른다. 이렇게 분해된 전자파는 저마다 각양각색의 성질을 지니고 있다. 이것을 각 주파수 성질의 크기 순으로 배열한 것을 주파수 스펙트럼이라고 한다. 우리는 이 각양각색의 성질을 파악하여 전자파의 효율적인 이용 방법을 더욱 열심히 연구하여야 한다.

전자파는 장파, 중파에서 마이크로파 등의 구분을 위한 인위적인 경계는 있지만 연속적으로 존재하고 있다. 우리가 하나의 신호를 주파수에 실어 보내려면 어느 정도의 폭을 가진 주파수가 필요하다. AM 라디오의 채널 스위치(동조바리콘이라고 한다)를 돌려보면 실제로 특정 방송국의 주파수에 이르면 그 방송이 깨끗하게 들린다. 다시 더 돌려보면 다시 소리가 잡음과 섞여 약해지다가 결국에는 잡음만 들리게 된다. 이 실험에서 알 수 있듯이 정해진 주파수(기본 주파수라고 한다) 부근에서 방송이 들리는 주변 부분이 주파수 폭, 즉 주파수 대역폭이라고 한다. 방송에서 사용하는 △△kHz 등의 주파수는 단지 기본 주파수로서 어느 정도의 주파수 대역폭을 가진 주파수이다.

국내 TV방송의 예에서 채널 2번이 사용하는 주파수 54MHz~60MHz를 주파수 대역(band)이라 하고, 그 대역의 폭, 즉 위의 예에서는 6MHz를 대역폭(bandwidth)이라고 한다.

주파수 스펙트럼은 이미 그 용도에 따라 아주 세밀하고 정확하게 정해져 있다. 이에 따라 전자파의 무단 사용으로 인한 전파 방해를 막기 위해 각 나라마다 전파법 등을 정하여 놓고 전자파사용을 규제하고 있으며, 국제적으로도 전자파 이용에 관한 협약 등을 통하여 전자파 이용의 효율을 도모하고 있다.

앞으로 우리는 주파수 폭을 줄여서 사용할 수 있는 연구를 계속하여야만 통신에 사용될 수 있는 한정된 전자파를 더욱 효율적으로 사용할 수 있을 것이다.

현재 우리나라에 상용화된 셀룰러 이동전화 중 800MHz 대역의 전파를 사용하고 있는 시스템(SK텔레콤에서 상용화한 시스템)의 안테나 길이는 얼마나 될까?

1/4파장 모노폴 안테나를 사용하고 있기 때문에 셀룰러의 경우 약 8cm가 된다. 또한 1.8GHz 대역의 전파를 사용하고 있는 PCS 시스템(KTF 및 LG에서 상용화한 시스템)의 안테나 길이는 약 4cm가 된다. 실제 시스템의 안테나를 비교해 보면 PCS의 안테나가 더 짧은 것을 알 수 있을 것이다. 나중에 설명을 하겠지만 통신을 하기 위한 여러 가지 단계들 중 높은 주파수의 전파(캐리어, carrier)에 정보 신호(base band 신호)를 싣는 과정인 변조(modulation)라는 것을 할 때 사용하는 캐리어의 주파수에 따라 이러한 안테나의 길이가 결정된다. 또한 변조를 하는 이유 중 하나도 시스템의 안테나 길이와도 관계가 있는 것이다.

안테나의 종류에는 전자파의 방사방향의 특징에 따라 위와 같이 무 지향성 안테나와 지향성 안테나로 나눌 수 있다. 전자파가 방사되는 특정 방향이 있느냐 없느냐가 그 기준이 된다. 그러면 현재 이동통신에서 사용하고 있는 기지국용 안테나에 대해서 간단하게 살펴보자. 도심의 높은 건물옥상이나 높은 지형지물을 위해 설치한 안테나를 본 적이 있을 것이다. 모양은 [그림 8-8]과 같은데 이 안테나는 지향성 안테나의 일종으로 지향 각도는 120°가 된다. 그래서 이러한 기지국을 섹터 기지국이라고도 한다.

섹터(sector)란 말은 부채꼴 모양이란 뜻으로, 기지국에서 전자파가 전달될

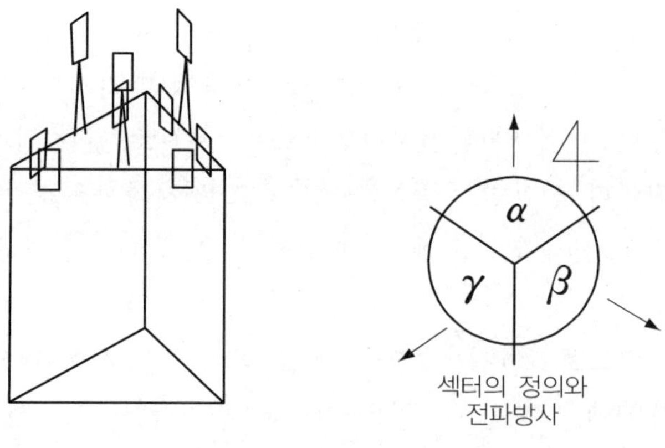

[그림 8-8] 이동통신에서의 기지국의 안테나

때 특정 방향으로만 전달되는 것을 의미한다. 이와 같은 기지국은 송신 안테나가 섹터별로 1개, 수신 안테나는 2개씩 설치되며, 3섹터 기지국의 경우 송수신 안테나를 합해 총 9개가 필요하다. 이와 같은 기지국은 보통 통화량이 많은 대도시 지역에 사용된다. 건물 옥상에 3각형의 철탑을 설치하여 각 방향별로 안테나 3개가 설치된 것을 볼 수가 있는데, 보통 가운데 위치한 것이 송신 안테나이며 좌우로 2개의 수신 안테나가 설치되어 있다. 보통 북쪽 방향으로 안테나 방향이 세워져 있는 것을 α섹터로 하며 시계방향(Clock-wise)으로 차례대로 β, γ섹터로 정의한다.

8.5 전자파의 전파현상

전선을 사용하는 유선통신에 비해 전선을 전혀 사용하지 않고 멀리에 전하는 기술이 무선통신이다. 무선통신의 열쇠는 전파(propagation)이며, 전파는 주파수가 높은 전류에 의해서 생기는 일종의 전기의 물결이며, 이것이 파동이 되어 공간을 전달되어 나가는 것이다.

여기서 전파의 기본적인 사항을 설명해둔다.

앞에서 말한 것처럼 전파에는 본래는 같아도 주파수 및 파장의 차이에 의해서 여러 가지 구분이 되어 있으며, 또 부르는 이름이나 성질도 각각 다르다는 것을 알아보았다.

통상 전기 통신에 사용하는 전자파는 파장으로서는 20km에서 수 cm 정도의 범위인데, 최근에는 파장이 짧은 쪽의 고주파수 전자파, 즉 마이크로파나 밀리미터파의 이용 분야가 급속히 발전되었다.

전파는 파장의 길이에 의해서 성질이 달라진다는 것을 알고 있으나, 그 경향을 [그림 8-9]에 표시한다. 장파와 중파 같이 파장이 길면 회선 현상에 의해서 지표의 울퉁불퉁함에 영향을 받지 않고 나가는데 감쇠는 크며, 단파는 지구를 에워싸고 있는 전리층에 의해서 반사되어 지표에서의 재반사로 멀리까지 나간다. 한편 초단파, 극초단파는 전리층을 뚫고 나가 대기권 밖으로 나가버리는데, 강한 지향성(한 방향으로만 나가는 성질)이 강해지고, 빛과

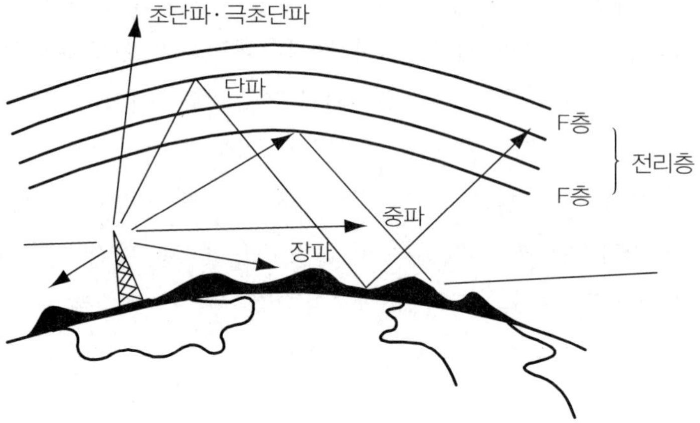

[그림 8-9] 전파의 진행범위

마찬가지로 산이나 건물 그늘에는 도달하지 않는다.

앞에서 말한 바와 같은 전자파를 사용하여 전화·전신·텔레비전 신호등을 멀리에 전하는 것이 무선 반송의 기술이다. 이것은 유선 반송인 때의 정의 '수많은 다른 주파수의 전류에 각각 그 전화 전류를 위탁하여 운반해 주도록 한다'의 전류의 것을 전자파라고 바꾸어 부르면 된다. 전송로로서 눈에 보이는 전선(케이블)을 사용하는가, 눈에 보이지 않는 전자파를 사용하는가의 차이이다.

음성의 주파수 약 3kHz(0.3~3.4kHz) 폭을 954kHz의 전파(중파)에 의탁하여 라디오 방송인 것처럼 6MHz 주파수 폭의 텔레비전 신호(1화면 525개의 주사선, 1초간에 30화면과 음성을 보냄)를 90~108MHz, 170~222MHz의 초단파(VHF) 혹은 470~890MHz의 극초단파에 실어 보내고 있는 것이 텔레비전 방송이다.

제2차 대전 후 급속히 발달한 것이 마이크로파를 반송파로 사용한 마이크로파 통신이다. 마이크로파란 3GHz(3,000MHz)~30GHz의 전파를 가리키고 있는데 대단히 주파수가 높으므로 많은 신호를 보낼 수 있는 장점이 있다.

예를 들어 4,000MHz(4GHz)로 설명을 하면 4,000MHz와 4,001MHz와의 사이에는 1,000kHz의 간격이 있으므로, 음성 주파수를 최대 4kHz로 끊고 그것을 가로로 나란히 놓으면 250에 놓이게 된다. 그러므로 1개의 주파수가 점유하는 주파수 폭을 1MHz로 하면 음성 회선이 250회선(channel)이나 잡을 수 있게 된다.

물론 무선통신이므로 전선(케이블)이 필요 없는 장점도 있다. 그 대신 마이크로파는 지향성이 강하므로, 그를 위한 대책을 강구하지 않으면 안 된다.

이 마이크로파 통신이 다시 발전한 것이 위성통신이다. 태평양 적도 상공 35,860km에 쏘아 올려지고, 23시간 56분의 주기로 시속 1,107km로 지구를 서쪽으로 돌고 있는(그래서 실질적으로는 정지하고 있다) INTELSET IV호계의 상업용 통신 위성을 사용하여 미국과의 텔레비전, 전화, 전신, 데이터 통신 등의 통신이 가능하게 되어 있다.

지금까지 전기통신의 근원을 찾아 2대 기술 계열로서의 유선통신과 무선통신에 대해서 말하였다. 이들 두 계열은 태어난 곳은 미국과 이탈리아로 다르지만, 현재는 혼연일체가 되어 상호의 이점을 서로 제공하여 인류 문명이 요구하는 원격통신(telecommunication)에 부응하고 있다. 전화든, 전신이든, 텔레비전이든, 데이터 통신이든 환경 조건, 경제성 등에 의해서 그때그때 유선통신에 의존하기도 하고, 또 무선통신에 의존하기도 하는 것이다.

연습문제

주관식 (5문제 – 레포트, 세미나 주제용)

8.1__ 파동(wave)에 관련된 용어 6가지를 그림을 그려 설명해 보라.

8.2__ 전자파의 특성 5가지를 간략하게 서술하라.

8.3__ 주파수와 파장의 관계를 그림으로 그려 설명해 보라.

8.4__ 주파수 스펙트럼은 장파에서 시작하여 ray까지 나누어져 있다. 그 스펙트럼을 도시하고, 대표적인 사용처를 적어라.

객관식 (20문제 – 중간, 기말고사 출제용)

8.5__ 우리나라 전파법 제2조에 정의된 전자파의 주파수 범위는 몇 [GHz]까지인가?

① 30 ② 300 ③ 3,000 ④ 30,000

8.6__ 파동에 있어서 마루에서 마루까지 혹은 골에서 골까지 거리를 나타낸 용어는?

① 진폭 ② 파장 ③ 주기 ④ 주파수

8.7__ 파동에 있어서 1초 동안 진동한 횟수를 나타내며, 단위를 [Hz]로 쓰는 용어는?

① 진폭 ② 파장 ③ 주기 ④ 주파수

8.8__ 공기와 진공에서의 전자파의 속도 몇 [m/sec]인가?

① 3×10^8 ② 3×10^7 ③ 3×10^6 ④ 3×10^5

◀정답▶ 8.5 ③ 8.6 ② 8.7 ④ 8.8 ①

8.9__ 100MHz 주파수의 공기에서의 파장은 몇 [m]인가?

① 1m ② 2m ③ 2.5m ④ 3m

8.10__ 다음 중 전자파의 전파특성이 아닌 것은?

① 증폭특성 ② 굴절특성
③ 반사특성 ④ 간섭특성

8.11__ 지상 100~400km에 존재하는 층으로 +이온보다 −전자가 많이 있어서 전자파를 반사시키는 층이 있다 이 층의 이름은 ?

① 진폭층 ② 전자층 ③ 전리층 ④ 이온층

8.12__ 2년마다 정기적으로 개최되어 주파수의 국제적 배분, 기술기준, 국제적 조정 및 무선국의 감독사항을 결정하는 기구는?

① WBC ② WRC ③ ABC ④ TBC

8.13__ 주파수를 파장에 따라 여러 가지로 구분하며, 각각마다 성질이 달라서 이를 이용하여 통신 등에 적용하는 것을 무엇이라 하는가?

① 주파수 색깔 ② 주파수 구별
③ 주파수 성질 ④ 주파수 스펙트럼

8.14__ 다음 중 주파수 스펙트럼의 종류가 아닌 것은?

① 중파 ② 단파 ③ 초단파 ④ 양파

8.15__ 다음 주파수의 사용 관계가 틀린 것은?

① 중파−라디오 방송 ② 초단파−TV 방송
③ 극초단파−광통신 ④ 마이크로파−레이더 및 위성통신

8.16__ 주파수가 높은 전류에 의해 생기는 일종의 전기의 물결이며, 이것이 파동이 되어 공간을 전파해 나가는 현상을 무엇이라 하는가?

① 전파 현상 ② 굴절 현상
③ 반사 현상 ④ 회절 현상

◀정답▶ 8.9 ④ 8.10 ① 8.11 ③ 8.12 ② 8.13 ④ 8.14 ④ 8.15 ③ 8.16 ①

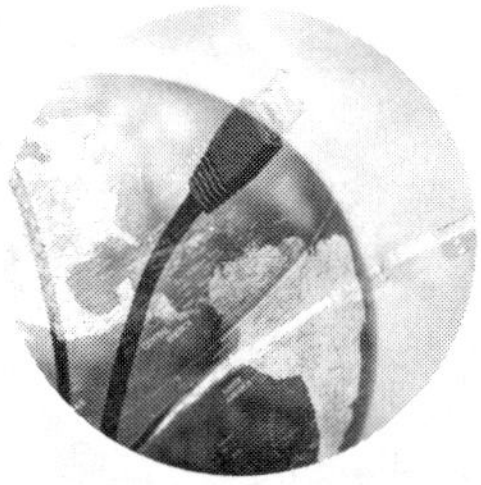

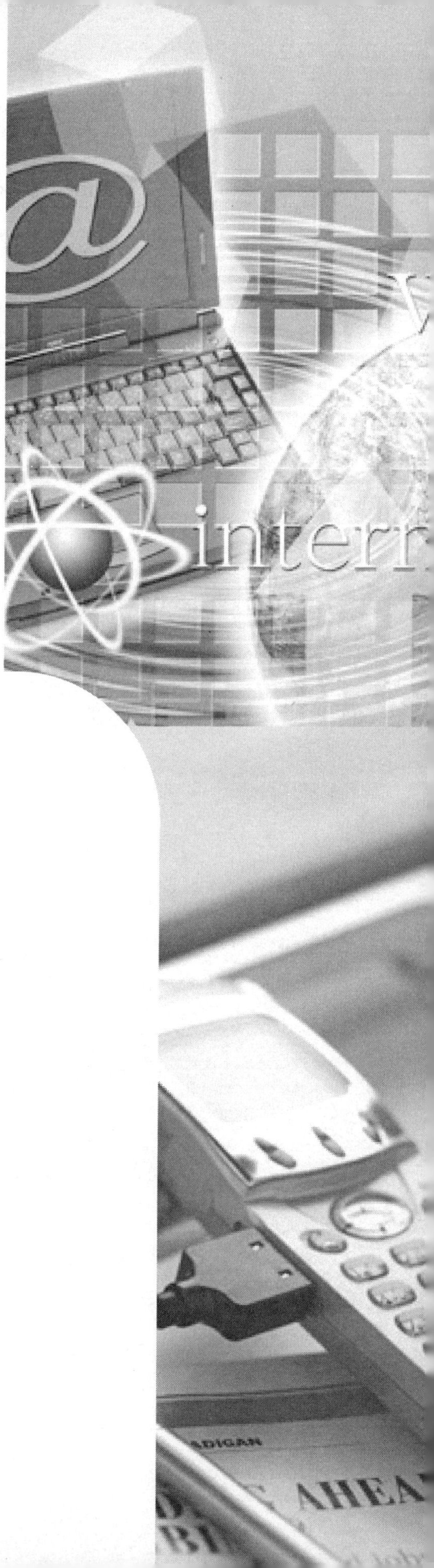

제9장
셀룰러 기술

9.1 이동통신의 발전과정

이동통신은 사람, 자동차, 선박, 열차, 항공기 등 이동체를 대상으로 하는 통신이고, 고정된 지점 사이에 통신수단을 제공하는 고정통신에 대비된 개념이다. 전자파는 고정통신에도 이용되나, 이동통신에서 전자파를 이용하는 것보다 유용하지 못하다.

이러한 이동통신은 1900년 초에 해상에서 선박의 안전 운행, 긴급 통신용으로 무선전신이 사용되기 시작하여, 제1차 세계대전 후에는 무선전신에서 무선전화로, 제2차 세계대전 후에는 해상용에서 육상용으로 발전하여 왔다. 이런 이동통신 중에서 최근 각광받으며 주목받고 있는 것이 휴대용 이동 전화이다.

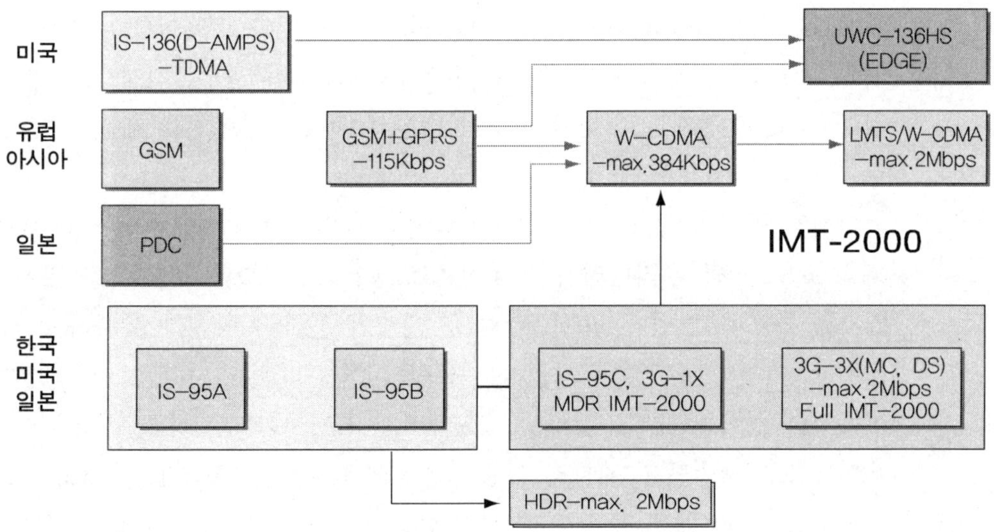

[그림 9-1] 이동통신의 흐름

세계 최초의 차량전화 시스템은 1921년 미국 디트로이트 경찰국의 순찰차에 설치 사용한 이동 라디오 서비스(Mobile Radio Service)인데 전화기의 부피와 전력소비가 매우 크고, 교환을 통해서 상대방과 통화가 가능했다. 실제 일반 개인이 자동차에서 외부 사람들과 통화를 할 수 있는 최초의 이동전화 서비스는 1946년 미국의 세인트루이스에서 시작된 150MHz대의 수동 접속식 서비스로, 요즘 사용하는 무전기처럼 한 사람이 말할 동안에는 상대편이 말을 하더라도 상대편에서는 들을 수 없고, 회선수도 극히 제한된 시스템이었다.

그 후 1947년 미국 AT&T사의 Bell 연구소를 중심으로 연구 개발이 개시되었고, 1964년 최초로 자동화된 이동전화서비스(Mobile Telephone Service)가 시범적으로 실시되었는데, 이때는 전화교환원의 도움 없이 직접 전화를 걸 수 있었으나, 기지국간의 끊어짐 없는 핸드오프(hand-off) 기술이 없어서 통화 중에 다시 전화를 걸어야 하는 불편함이 있었다.

이동전화의 통신방식은 계속 발전하여 이러한 문제점들을 해결한 현재 우리가 사용하고 있는 셀룰러 방식의 이동전화가 1978년 미국의 AT&T사가 시카고 지역에서 2,000가입자를 대상으로 800MHz 대역에서 AMPS(Advanced Mobile Phone Service) 방식으로 최초로 시범 서비스를 하였고, 1979년 일본에서 세계 최초로 상용화하였으며, 1981년 스웨덴 및 노르웨이를 비롯한 유럽 지역, 1983년 미국, 1984년 우리나라에서 상용 서비스가 본격적으로 개시되었다. 그리고 현재는 디지털 방식이 대부분이며, 일부에서는 아직까지 아날로그 방식을 사용하고 있다.

디지털 방식의 종류로는 TDMA방식인 유럽의 GSM(Global System for Mobile communication)과 우리나라가 세계최초로 상용화한 CDMA 방식으로 많은 가입자를 확보하고 있다. 또한 800MHz 대역의 셀룰러 방식과 유사하고 다만 1.8GHz 대역의 주파수만 사용하는 유럽의 DCS 및 우리나라 및 미국의 PCS 이동전화 방식이 있다.

이동통신 시스템은 셀룰러 이동통신 시스템, 무선 LAN, TRs, CT2, Pager, PCS, IMT-2000 등은 있으며 각 시스템에 따른 시스템 개발 진화 과정은 [그림 9-1]과 같다.

9.2 셀룰러 이동통신

공중통신용 차량전화 서비스는 1946년에 반이중 통신대화 방식(일명 press-to-talk) 및 수동접속 교환방식인 MTS(Mobile Telephone Service) 시스템으로 미국에서 처음 시작되었으며, 그 후 1964년에 다이얼 자동접속, 전이중 통신, 다중채널접속 등이 실현된 IMTS(Improved MTS) 시스템이 개발되었다. MTS와 IMTS는 모두 광역방식으로서, 이는 [그림 9-2](a)에서와 같이 하나의 고정국으로 넓은 서비스영역을 모두 커버하도록 하는 존(zone) 구성방식이다. 이동통신에서 사용할 수 있는 주파수대(VHF/UHF)는 전파특성상 송수신점 간이 보이지 않는 경우의 비 가시거리 전파환경의 경우는 전송특성의 품질이 떨어지지 않을 수 없다. 이 한정된 주파수를 유효하게 이용하기 위해 일정한 거리를 둔 장소에서도 같은 주파수를 반복해 사용하는 방법이 필요하다. 이 방법이 [그림 9-2]에 나타낸 셀룰러 방식(cellular system)이고, 이러한 셀룰러 방식을 이용한 이동전화 시스템이 셀룰러 전화이다.

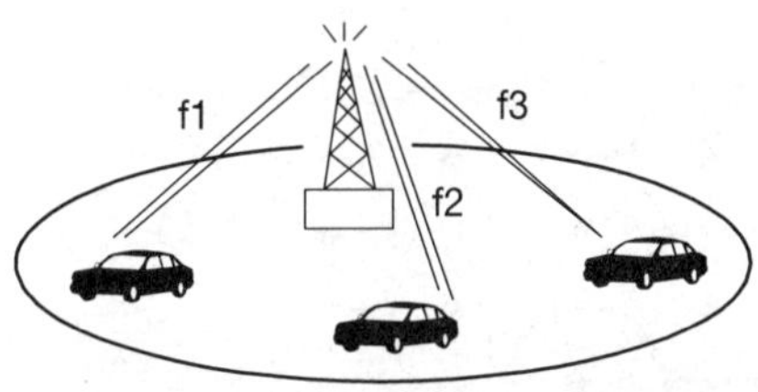

(a) 광역방식

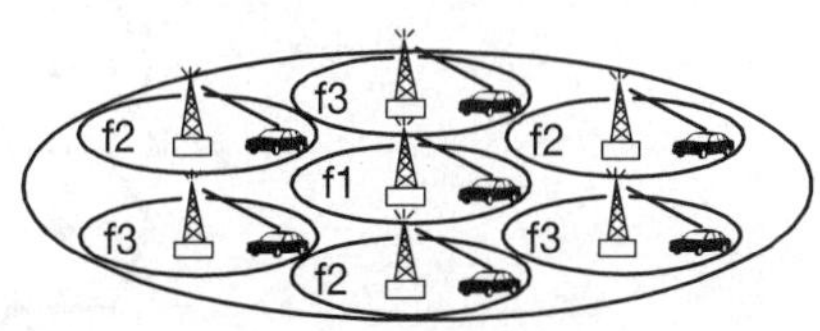

(b) 셀룰러 방식

[그림 9-2] 광역방식과 셀룰러 방식

셀룰러 이동통신은 1958년 Bell 연구소에서 셀룰러 이동통신 시스템을 제안한 이래 꾸준히 연구되어왔다. 1978년 시험 서비스가 개시된 이래 1981년 FCC는 공식적으로 셀룰러 이동통신 시스템을 공포하였다. 이후 1983년 10월 13일 최초의 셀룰러 이동통신 서비스가 시카고에서 개시되었다.

셀룰러 시스템을 가능하게 만든 주파수 재사용의 개념은 만약 어떤 특정한 주파수가 반지름이 R인 영역에서 사용된다면 동일한 주파수가 이 영역과 다른 어떤 영역에서도 사용될 수 있음을 의미한다. 이때 이러한 영역들 각각을 셀(cell)이라고 하며, 같은 반송파 주파수를 사용하는 셀을 동일 셀(co-cell)이라고 한다. 이러한 동일 셀들은 동일 채널 간섭을 고려하여 충분히 떨어져 있어야 한다. 이러한 새로운 개념을 사용함으로써 전통적인 이동통신 시스템에서 하나의 기지국에 의하여 서비스되던 영역은 몇 개의 셀로 나누어지며 각각의 셀마다 자신의 사용 주파수들을 가진 기지국이 존재한다.

이동통신 시스템에서 셀을 정의하는 가장 기본적인 목적은 한 영역 내에서 배타적은 아니지만, 적어도 많이 사용되는 특정 주파수 채널과 특정 기지국을 가지는 영역들을 묘사하는 것이다. 만약 단 방향 전송 안테나가 사용된다면 이상적인 경우에 이러한 영역은 원이 될 것이다. 그러므로 원형의 모양을 갖는 셀을 생각할 수 있다. 그러나 원형으로 셀을 구성할 경우 셀이 겹치거나 누락되는 공간이 존재하게 되므로 효율적인 주파수 분배에 어려움이 있다. 이러한 문제점들을 해결하기 위하여 정삼각형, 정사각형, 정육각형과 같은 규칙적인 다각형들을 셀 패턴으로 선택할 수 있다. 이 중에서 [그림 9-3]과 같은 정육각형 모양의 셀은 원에 가장 근접하므로 흔히 사용된다.

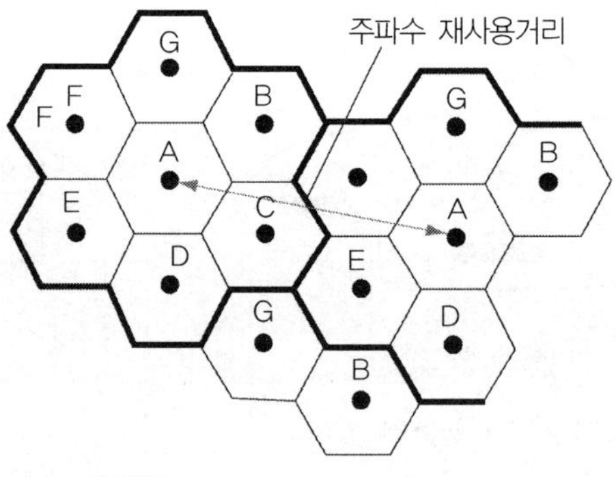

[그림 9-3] 셀과 주파수 재사용

이러한 셀룰러 방식에 의하면 셀을 작게 할수록 전체 서비스영역 내에서 동시에 하나의 채널을 독립적으로 사용할 수 있는 횟수가 증가되어, 주파수 이용 효율이 높아지고 가입자 용량이 증대된다. 따라서 셀을 더 작은 셀로 분할하는 방법으로 수요증가에 유연하게 대응할 수 있다는 특징이 있다.

9.3 셀 분할 기법

셀룰러 이동전화 시스템을 개발하게 된 동기는 부족한 주파수 사용효율을 향상시켜 보다 더 많은 사람들이 이용하게 하려는 것이었다. 주파수효율을 증대시키기 위하여 셀룰러 이동전화 시스템은 주파수 재사용 개념과 더불어 셀 분할 개념을 도입하게 되었다. 주파수 재사용 개념에 따라 각각의 셀이 다른 주파수로 운용되더라도 그 셀에서 통화하려는 가입자가 많아지면 할당된 채널이 충분치 못하게 된다. 이때 셀을 더 작게 분할하면 주파수 재사용 횟수가 많아지므로 더 많은 가입자가 이동전화를 이용할 수 있게 된다. 총 할당량이 C개인 채널을 K개의 세트로 분할한다면, 각 세트는 이론상 N=C/K 개의 채널을 갖게 될 것이다. 한 채널세트가 각 셀에서 이용된다면 궁극적으로 어떤 셀에서의 전화통화 수요는 그 셀의 용량인 S개의 채널을 전부 이용하게 될 것이다. 용량 이상의 통화량을 충족시키기 위해서는 셀 경계를 변경해야 한다.

하나의 셀로 간주되었던 지역을 몇 개의 셀로 분할하고 분할된 셀들이 개별적으로 별개의 채널을 이용할 수 있게 한다. 이러한 셀 분할 기법으로 특정지역의 통화량 증가욕구를 충족시킬 수 있다.

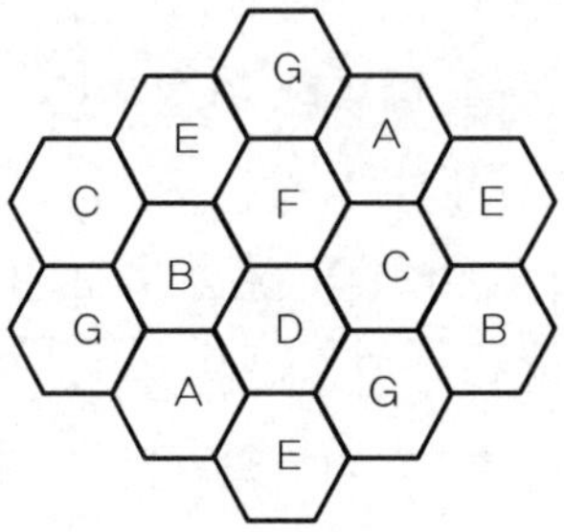

최초의 14개 셀
(K = 7)

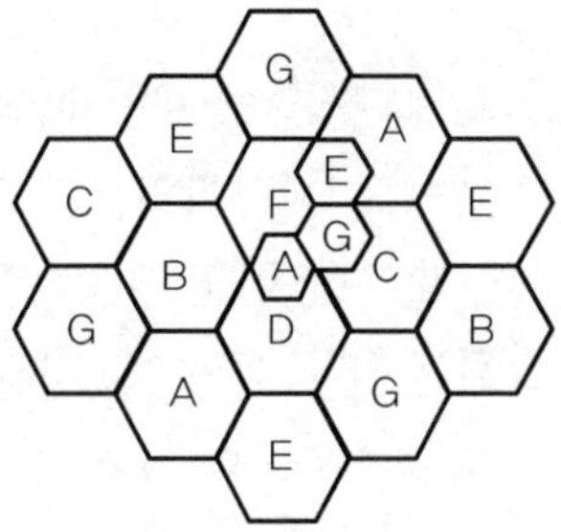

통화밀집지역 내에
3개의 기지국 신설
('A', 'E', 'G')

[그림 9-4] 셀 분할 과정

[그림 9-4]는 셀 분할 과정의 초기단계를 보여 주는 것인데 셀룰러 시스템의 설계초기에는 가입자의 수가 많지 않으므로 셀의 반경을 크게 하지만, 통화 밀집지역이 생겨남에 따라 그 수요에 대처하기 위하여 일부지역부터 셀 분할을 시도하여 간다. 그러므로 통화의 밀집도가 전 지역으로 확산되고 수요가 증가함에 따라 전 지역이 작은 셀로 변화될 수 있음을 보여 준다.

셀의 크기가 소형화되면 간섭현상이 심화되고, 차량전화를 이용할 경우 자동차의 속도에 의해 구역 간의 통화절체가 이루어지는 속도가 빨라지므로 셀을 소형화하는 데에는 한계가 있다. 셀의 반경에 따른 셀의 이름과 그 셀과 관련된 서비스 및 범위를 〈표 9-1〉에 나타내었다.

〈표 9.1〉 셀의 특성에 따른 분류

셀 형태	셀 반경	서비스 지역	서비스
Giga 셀	750km	대륙간	위성
Mega 셀	5km ~	시골지역	셀룰러
Macro 셀	2 ~ 5km	도시/시골지역	셀룰러
Micro 셀	200 ~ 2km	도시 중심가	셀룰러/ Low-Tier System
Pico 셀	~ 200m	사무실, 학교 내	Low-Tier System/ 무선 LAN

이와 같이 지리적으로 셀을 분할해 나갈 수도 있지만, 각각 주파수를 달리 사용해서 셀 분할 효과를 얻는 것으로서 섹터화, 이중 셀 등이 있다.

섹터화(Sectorization)란 주파수채널 상호간 간섭 현상을 배제하면서 동시에 거리를 고려하여 동일채널을 재사용하는 것을 의미한다. 안테나를 이용하여 현재 사용하고 있는 주파수재사용 방식은 Omni Cell, 3섹터 등이 있다. 섹터화는 동일채널 재 사용률을 높이고 수용용량을 높일 수 있는 장점이 있지만 Trunk 효율을 감소시키므로 보다 많은 채널이 필요하며 Handoff가 증가하는 단점이 있다.

이중 셀(Dual Cell)은 이동전화 가지국의 서비스지역을 내부와 외부로 구분하여 이중화된 셀로 구성하는 것이다. 이중 셀에서는 단말기의 위치가 셀의 내부지역 혹은 외부지역이냐에 따라 할당되는 채널이 다르게 된다. 단말기로부터 수신되는 전계강도를 지속적으로 측정하여 단말기의 위치를 판단하고, 식별된 단말기의 위치에 따라 채널을 할당한다.

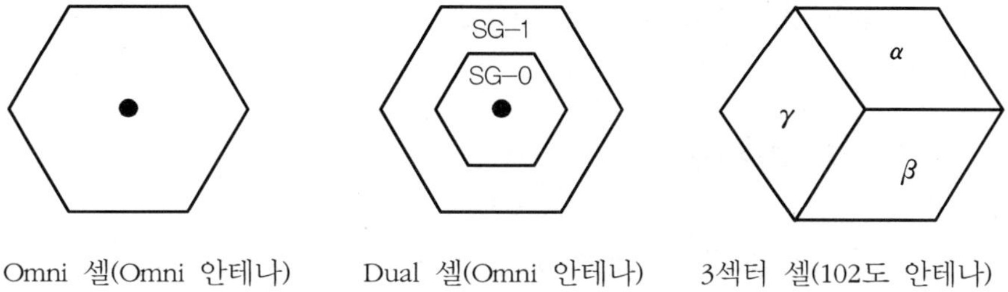

[그림 9-5] 셀의 여러 형태

9.4 셀룰러 시스템

셀과 주파수 재사용 개념에 입각한 셀룰러 시스템은 이동국, 기지국, 이동전화교환국의 세 가지 하위시스템으로 구성되어 있으며, 이들 세 구성요소는 [그림 9-6]에서와 같이 서로 연결되어 있다.

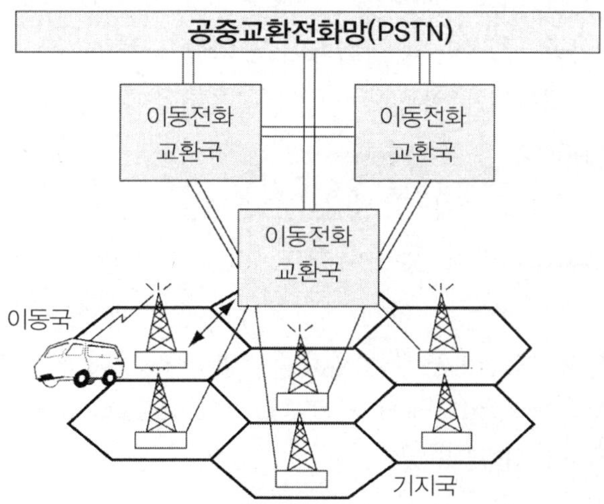

[그림 9-6] 셀룰러 시스템의 구조

1. 이동국

이동국(MS : Mobile Station)은 서비스 영역 내에서 이동하는 무선가입자 단말기로서 기지국과 무선 채널을 통하여 통신하며, 제어장치(control unit)와 송수신장치(transceiver) 및 안테나장치(antenna system) 등으로 구성된다.

2. 기지국

기지국(BS : Base Station)은 이동국과 이동전화교환국 사이에 위치하여 이동국과의 무선전송과 교환국과의 유선전송에 적합하도록 신호를 변환시켜주는 역할을 한다. 이동전화교환국의 요청이 있을 경우 통화중인 이동국의 신호강도를 측정하여 제공함으로써, 이동전화교환국이 그 이동국의 이동상황을 파악하는 데 도움을 준다. 셀 사이트(cell site)라고도 불리며, 제어장치(control unit), 라디오 캐비닛(radio cabinate), 전원장치(power plant), 데이터단말기(data terminal) 등으로 구성된다.

3. 이동전화교환국

이동전화교환국(MTSO : Mobile Telephone-Switching Office)은 공중교환전화망과 이동통신망간의 인터페이스 역할을 하고, 각 기지국에 할당된 채널을 관리 통제하는 중앙제어 역할을 수행한다. 요금계산 및 이동국 감시기능과 신호처리기능을 수행한다.

이때 이동국이 한 셀에서 다른 셀로 이동하더라도 이미 성립되어 있는 호는 영향을 받지 않아야 한다. 따라서 사용하는 채널의 변화가 발생할 수도 있다.

이때 채널의 변환을 핸드오버(hand-over)나 핸드오프(hand-off)라고 한다. 핸드오프는 기지국에서 감지하는 신호의 강도가 한계치 이하로 떨어지는 경우에 발생한다.

1980년대 이후 세계 각국에서는 여러 가지 다른 셀룰러 시스템들이 개발되어 현재까지 사용되고 있다. 미국에서 1983년부터 일반에게 제공되어진

AMPS(Advanced Mobile Phone Service) 시스템은 현재 세계적으로 가장 많은 가입자를 수용하고 있으며, 캐나다, 중남미, 호주 및 우리나라를 포함한 동남아시아의 일부 국가들에서도 사용되고 있다. 유럽에서도 AMPS와 유사한 시스템들이 개발되었는데, 영국, 아일랜드, 스페인, 오스트리아 등지에서 사용중인 TACS(Total Access Cellular System), 북유럽지역의 국가들에서 사용중인 NMT(Nordic Mobile Telephone), 독일의 C-Netz, 프랑스의 RC2000, 이탈리아의 RTMS 등이 있다. 일본에서는 각기 다른 시스템에서 발전된 NTT, JTACS (Japans TACS), NTACS(Narrowband TACS) 등의 세 가지 시스템이 함께 사용되어지고 있다. 〈표 9-2〉는 이 중 주류를 이루고 있는 AMPS와 TACS 및 NMT 등의 세가지 주요 시스템들의 특성을 비교, 정리한 것이다.

〈표 9-2〉 아날로그 셀룰러 시스템의 특성국

구 분	AMPS	TACS	NMT
송신 주파수(MHz) 수신	824-849 869-894	871-904 916-949	453-458 463-468
채널간격	30	25	25kHz
다중접속방식	FDMA	FDMA	FDMA
변조방식	FM	FM	FM
주 사용국가	북미, 남미, 호주, 한국, 중국, 태국, 러시아 등	영국, 스페인, 이태리, 일본, 필리핀(UAE 등)	북유럽국가, 러시아, 동유럽국가

통신의 전반적인 추세는 아날로그에서 디지털 시스템으로의 전환을 촉구하고 있다. 이는 디지털 셀룰러 시스템은 아날로그 시스템에 비하여 기지국 및 단말기의 소형 · 경량화가 가능하고, 다수의 가입자에게 고품질의 음성 및 데이터서비스를 효율적으로 제공할 수 있기 때문이다. 〈표 9-3〉은 아날로그 및 디지털 셀룰러 시스템을 비교한 것이다.

〈표 9-3〉 아날로그와 디지털 시스템의 비교

구 분	아날로그 방식	디지털 방식
용량	소용량	대용량
통화품질	수신전력의 강도에 비례	전력과 무관하게 일정
보안성	보안성 없음	암호화로 고도의 보안성
ISDN접속	접속장치 필요	용이하게 접속가능
다중접속방식	FDMA	TDMA/CDMA
변조방식	FM	QPSK/GMSK

현재 유럽에서 제공되고 있는 아날로그 셀룰러 서비스는 450MHz와 900MHz의 주파수 대역에서 서로 상이한 방식을 사용하고 있어 국가간 상호 접속이 불가능하다. 따라서, 유럽 전체의 단일표준 설정이 필요하게 되었고 디지털 셀룰러 시스템의 표준화가 유럽에서 제일 먼저 시작된 배경이 된다. 범유럽 디지털 셀룰러 시스템에 대한 표준화는 1982년 유럽전기통신주관청회의(CEPT : Conference of European Posts and Telecommunications administrations)에 의해 설립된 Groupe Special Mobile에 의해 시작되었다. 1987년에는 TDMA방식의 무선 접속기술이 채택되었고, 디지털 셀룰러 시스템에 대한 표준화는 유럽전기통신표준화기구(ETSI : European Telecommunications Standards Institute)로 이관되어 GSM(Global System for Mobile communications)으로 명명되었다.

미국에서는 "셀룰러 시스템의 표준화 기능은 시장원리에 맡긴다"는 미국 정부의 기본정책으로, 여러 방식의 잠정 표준안이 혼재되어 있는 실정이다. 1989년 미국전기통신공업협회(TIA)는 반송파당 3채널을 지원하는 TDMA방식을 잠정 표준안(IS-54)으로 채택하였다. 1993년에는 퀄컴(Qualcomm)사에서 제안한 CDMA방식이 제2 잠정 표준안(IS-95)으로 채택되었다. 미국에서는 디지털 셀룰러를 위한 새로운 주파수 대역이 할당되지 않았기 때문에 아날로그 시스템과 동일한 주파수 대역을 사용하여야 하고, 이에 따라 디지털 시스템은 아날로그 가입자를 동시에 지원해야 하는 이중모드(dual mode)를 필수조건으로 하고 있다.

일본의 아날로그 셀룰러 서비스는 NTT, JTACS, NTACS 등 다양한 방식으로 제공되어 지역 및 사업자간의 호환성이 절실한 문제이다. 1991년 미국의 방식과 매우 흡사한 TDMA방식의 표준안을 제정하였는데, 이는 기술적인 전환을 용이하게 하여 북미시장으로의 진출을 염두에 둔 것이다. 주파수대역은 아날로그 시스템과는 별도로 800~900MHz대역을 할당받았고, 1.5GHz대역의 준 마이크로파대역도 사용할 예정이다.

국내에서는 CDMA방식을 표준으로 채택하여 1994년 기본 음성통신 기능을 갖춘 시험 서비스시스템을 개발하였고, 1996년부터 상용서비스에 들어갔다.

대표적인 디지털 셀룰러 시스템으로는 TDMA방식의 GSM, JDC, IS-54와 CDMA방식의 IS-95 등이 있고, 이들의 주요 제원은 〈표 9-4〉와 같다.

〈표 9-4〉 디지털 셀룰러 전화시스템 분류

구 분		IS-54	IS-95	GSM	DCS1800	JDC
주파수 (MHz)	송신	824-849	824-849	880-915	1710-1785	940-956 (1477-1501)
	수신	869-894	869-894	925-960	1805-1880	810-826 (1429-1453)
채널간격(kHz)		30	1250	200	200	25
다중접속방식		TDMA	CDMA	TDMA	TDMA	TDMA
변조방식		FM	QPSK	GMSK	GMSK	π /4 DQPSK
주 사용국가		미국, 캐나다 멕시코, 필리핀, 싱가폴, 러시아, 홍콩	미국, 한국 캐나다, 유럽, 중국 러시아, 필리핀, 인도, 호주, 홍콩	유럽, 캐나다 러시아, 중국 필리핀, 인도, 호주, 홍콩 브라질 등	영국, 독일, 이태리, 프랑스, 싱가폴, 홍콩	일본

우리는 통신을 이용하면서 궁극적으로 언제나(Anytime), 어디서나(Anywhere), 누구와(Anyone), 어떤 내용도(Anything) 즉시 전달할 수 있게 되기를 원하고 있다. 이것이 바로 통신이 지향하는 목표, 즉 이상이다. 통신의 역사는 이러한 이상을 실현하기 위한 과정이었고, 현재로서는 이동통신이

바로 이러한 통신의 이상에 가장 근접한 통신방식이라 할 수 있다.

결국 21 세기 고도정보화사회의 통신은 하나의 단말기로써 유선과 무선이 결합되고 멀티미디어를 포함한 다양한 내용의 서비스를 완벽한 이동성의 보장 아래 제공하는 범세계적으로 표준화된 시스템인 IMT-2000(International Mobile Telecommunication-2000)으로 발전하고 있으며, 비록 통합된 방식은 아니지만 현재 우리나라에서도 W-CDMA 및 CDMA-2000이란 이름으로 상용화되기 시작하였다.

연습문제

주관식 (5문제 - 레포트, 세미나 주제용)

9.1 이동통신의 발전에 대해 서술해 보라.

9.2 셀룰러 이동통신 방식에 대해 그림을 그려서 설명하라.

9.3 셀의 형태를 나열하고 셀 반경, 서비스 및 서비스지역에 대해 서술하라.

9.4 셀룰러 시스템의 구조는 이동국, 기지국 및 이동전화교환국으로 나누어진다. 이들에 대해 설명해 보라.

9.5 셀룰러 이동통신 방식에서 아날로그 방식과 디지털 방식 시스템을 비교 서술하라.

객관식 (20문제 - 중간, 기말고사 출제용)

9.6 세계 최초의 이동전화 서비스는 1946년 미국 세인트루이스에서 시작되었다. 이 시스템은 어떠한 방식이었나?

① 자동 접속식 ② 수동 접속식
③ 자동 릴레이식 ④ 수동 릴레이식

9.7 세계 최초로 자동화된 이동전화 서비스가 시작된 연도는?

① 1921년 ② 1946년 ③ 1947년 ④ 1964년

9.8 1978년 미국 AT&T사가 시카고지역에서 사용한 800MHz대역의 아날로그 이동전화 시스템은?

① AMPS ② TACS ③ NMT ④ PCS

◀정답▶ 9.6 ② 9.7 ④ 9.8 ①

9.9__ 우리나라가 세계 최초로 상용화한 이동전화 방식은?

① TDMA ② CDMA ③ WDMA ④ FDMA

9.10__ 한정된 주파수를 유효하게 이용하기 위해 일정한 거리를 둔 장소에서 같은 주파수를 반복해 사용하는 이동통신 방식은?

① 광역방식 ② 협역방식 ③ 셀룰러방식 ④ 중역방식

9.11__ 통화가 많은 특정지역에 통화량 증가욕구를 충족해 주는 기법은?

① 주파수 분할기법 ② 셀 분할기법
③ 파장 분할기법 ④ 셀 합성기법

9.12__ 2~5km 정도의 셀 반경으로 도시 및 시골지역을 서비스하는 셀 형태를 무엇이라 하는가?

① 기가 셀 ② 피코 셀 ③ 마이크로 셀 ④ 매크로 셀

9.13__ 피코 셀의 셀 반경은 어느 정도인가?

① 5km 정도 ② 2~5km 사이
③ 200~2km 사이 ④ 200m 이내

9.14__ 다음 중 셀룰러 시스템의 구조가 아닌 것은?

① 이동국 ② 설치국 ③ 기지국 ④ 교환국

9.15__ 이동국과 교환국 사이에서 무선전송과 유선전송을 변환 관장하는 시스템은?

① 이동국 ② 설치국 ③ 기지국 ④ 교환국

9.16__ 유럽에서 사용하는 주파수 880 ~ 960[MHz] 대역을 사용하는 TDMA 방식의 디지털 이동통신 시스템은?

① GSM ② DCS ③ IS-54 ④ IS-95

9.17__ CDMA 방식으로 824 ~ 894[MHz] 대역을 사용하고 미국을 비롯하여 캐나다, 한국 등의 국가에서 널리 사용하는 디지털 이동통신 시스템은?

① GSM ② DCS ③ IS-54 ④ IS-95

◀정답▶ 9.9 ② 9.10 ③ 9.11 ② 9.12 ④ 9.13 ④ 9.14 ② 9.15 ③ 9.16 ① 9.17 ④

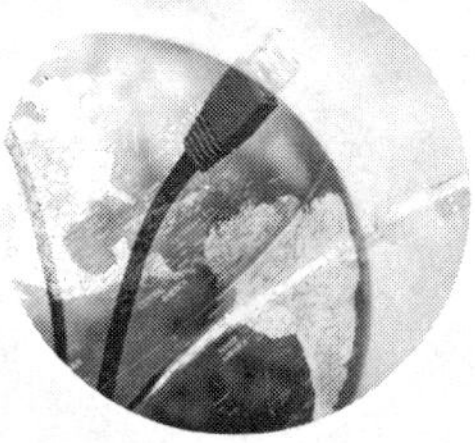

제10장
CDMA 이동통신 시스템

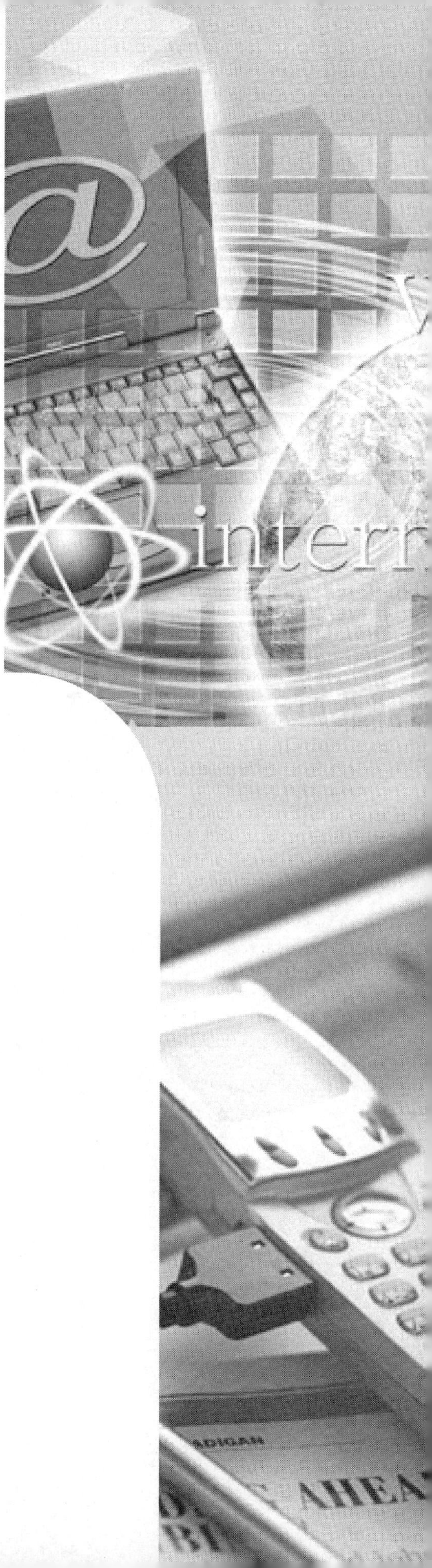

10.1 다중접속 방식

한정된 전파 자원을 효율적으로 이용하기 위해 이동전화 시스템에서는 2가지의 기술을 주로 사용하고 있다. 첫 번째는 9장에서 설명한 주파수를 재사용하여 기지국의 수를 확장하는 셀룰러 기술(cellular system)이고, 두 번째는 주파수를 동시에 여러 가입자에 의해 사용하도록 하는 다중접속방식이다. 다중접속 방식(multiple access method)이란 한정된 주파수 자원을 주어진 시간에 대해 사용자들이 나누어 사용하기 위한 기지국과 단말기간의 무선구간을 연결하는 기술방식을 말한다.

다중접속방식의 종류에는 주파수분할 다중접속(FDMA : Frequency Division Multiple Access), 시간분할 다중접속(TDMA : Time Division Multiple Access), 부호분할 다중접속(CDMA : Code Division Multiple Access) 등이 있다.

1. 주파수분할 다중접속

다중화 방법 중에 가장 쉽게 생각할 수 있는 방법으로 전송로가 가지는 주파수 대역폭을 전송신호 대역폭 단위, 즉 채널(channel)로 분할하고, 각 신호를 서로 다른 채널로 전송하는 방법을 주파수분할 다중화(FDM : Frequency Division Multiplexing)라 한다.

이를 이동통신 환경에 적용하여 보면 각 가입자는 전자파를 이용하여 기지국과 연결되므로 공기중을 전파하는 전자파가 전송로이고, 이 전송로 중에 사용 가능한 주파수 대역폭이 있으므로, 이 제한된 주파수를 사용하여 가급적 많은 사람이 동시에 통화할 수 있도록 하는 것이므로, 기지국과 가입자의 접속 방법인 무선접속 방식은 다중화 방법과 동일한 개념이라는 것을 알 수 있다.

주파수분할 다중접속 방법(FDMA)은 주파수분할 다중화(FDM) 방법을 이동통신망의 기지국과 단말기 사이에 적용한 것으로, 사업자에 할당된 주파수를 통신에 필요한 최소한의 주파수 대역으로 잘게 나눈 뒤에 이를 각 가입자에게 할당하는 방식이다.

[그림 10-1]은 주파수 스펙트럼을 여러 개의 채널로 분리하여 사용하는 FDMA 방식의 기본개념을 나타낸 것이다.

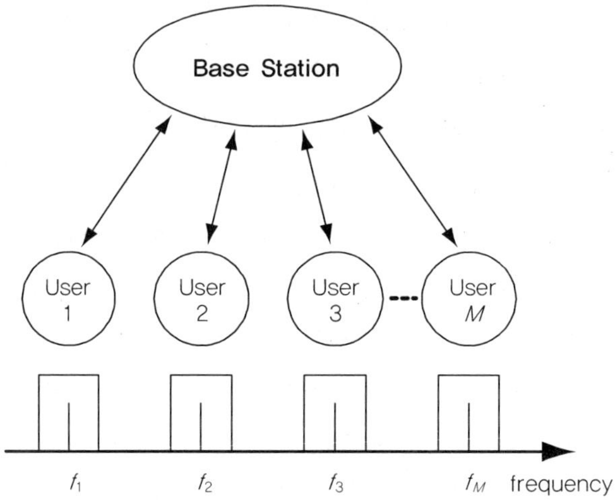

[그림 10-1] 주파수분할 다중접속(FDMA)

2. 시간분할 다중접속

아날로그 신호를 디지털화하기 위해서는 일정한 간격으로 샘플링을 해야 한다. 이러한 샘플링 간격은 아날로그 신호의 대역폭에 따라 결정된다. 아날로그 신호의 대역폭과 샘플링 속도와의 관계를 나이퀴스트(Nyquist) 샘플링 주파수라 하여 아날로그 신호주파수 대역폭의 두 배가 되는 주파수로, 이 주파수보다 더 높은 속도로 샘플링을 해야 원래의 아날로그 신호를 복구할 수 있다.

음성신호의 경우 신호대역이 300~3400Hz이므로, 이를 4000Hz까지로 보고 4000Hz의 두 배인 8000Hz로 샘플링하면 원래 아날로그 신호정보를 잃어버리지 않고 샘플링할 수 있는 것이다.

샘플링된 신호를 양자화 과정을 거친 후 디지털 신호로 만들면 원래의 신호보다 훨씬 넓은 대역폭을 가지는 디지털 신호가 된다. 앞에서 예로 든 음성신호 대역폭은 300~3400Hz이지만 PCM 신호인 디지털화된 음성신호는 최소 64kHz 이상의 대역폭을 가진다.

이러한 디지털 신호 여러 개를 동시에 전송하는 방법으로 이미 시간분할 다중화(TDM : Time Division Multiplexing) 방식이 사용되고 있다. 이 TDM 방식과 같은 개념을 적용한 것이 TDMA 기술이다. 이 방법은 정해진 주파수 대역(대개 FDMA 방식의 채널 대역보다 훨씬 넓다)을 주기적으로 일정한 시간간격으로 나누어서 각 사용자가 차례대로 자기에게 할당된 시간동안 자기신호를 전송하는 것이다. 수신하는 쪽에서는 역시 자기시간에 해당하는 동안만 수신정보를 수집하는 방식이다. 이러한 시간간격을 타임슬롯(time slot)이라 하며, 자기 정보를 수신하기 위하여 타임 게이트(time gate)를 사용한다.

[그림 10-2]는 시간을 여러 개의 슬롯으로 분리하여 사용한 TDMA의 기본 개념을 나타낸 것이다.

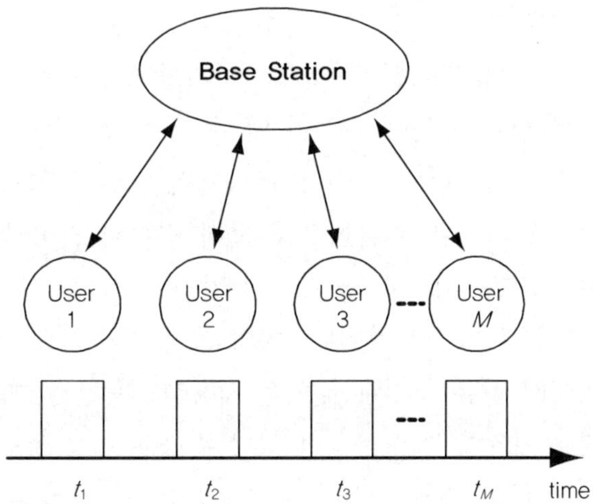

[그림 10-2] 시간분할 다중접속(TDMA)

3. 부호분할 다중접속

부호분할 다중접속은 가입자마다 각각의 부호(code)를 할당하여 같은 주파수에서 다수의 가입자가 동시에 통화하는 전체 시스템 대역폭을 사용하는 디지털 접속 방법이다. CDMA를 FDMA나 TDMA와 비교해 보면 어떤 모임 장소에서 여러 사람이 모여서 이야기를 한다고 가정하면, FDMA 방식은 모든 사람이 같은 언어를 사용하고, 모임 장소를 이야기를 할 수 있도록 작은 구역으로 나누어 놓은 각각의 대화실에 차례를 기다렸다가 들어가서 이야기하는 것이라면, TDMA 방식은 역시 같은 언어를 사용하지만 FDMA 방식과는 다르게 모든 사람이 같은 장소에 모여서 이야기를 한다. 그러나 모든 사람이 동시에 이야기를 하는 것이 아니라 각각 이야기하는 시간을 정해서 자기에게 할당된 시간 동안에만 이야기를 한다고 생각하면 된다. 물론 이야기를 하는 시간이 단절되어 대화에 지장이 있을 것 같지만, 실제로는 전혀 대화하는 데 지장이 없다.

여기에 비해서 CDMA 방식은 다른 두 방식과 비교해 보면, 여러 사람이 같은 장소에 모여서 동시에 이야기를 하는 것과 같다. 다만 서로 다른 언어를 사용하기 때문에 자기가 알 수 있는 언어로 이야기하는 내용만 알아들을 뿐이고, 다른 사람이 이야기하는 것은 단지 잡음으로만 느끼는 것과 같다.

CDMA 기술은 기본적으로 오래 전부터 사용해 왔던 대역확산 기술을 이용한 것으로, 대역확산 기술이 가지고 있는 모든 장점에 주파수 이용 효율을 크게 증가시킨 것이다. 위의 예를 기술적으로 표현해 보면, 모든 서비스 영역에서 같은 주파수 대역을 사용할 수 있기 때문에 셀룰러 개념에서 보면 주파수 재사용 계수가 1이 되어 주파수 이용 효율이 다른 방식에 비해서 월등히 높다는 것과 모든 서비스 영역에서 같은 주파수 대역을 사용할 수 있기 때문에 소프트 핸드오버가 가능하다는 점, 또한 서로 다른 코드를 사용하여 통신을 하기 때문에 무선 구간의 통신 비밀 보호 특성이 매우 우수하다는 장점이 있다. [그림 10-3]은 이 CDMA의 기본개념을 나타낸 것이다.

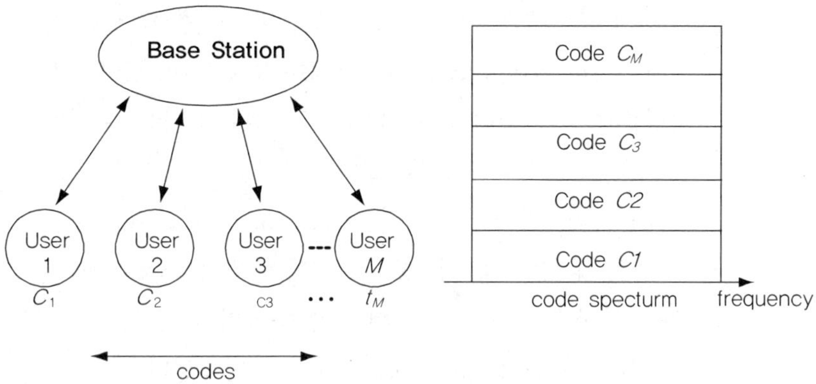

[그림 10-3] 코드분할 다중접속(CDMA)

10.2 대역확산 기술

디지털 통신용 대역확산 신호는 원래 군용통신을 위해서 개발되고 이용되었는데, 그 목적은 의도적인 간섭, 즉 재밍(jamming)에 대한 저항능력을 부여하기 위해서 또한 소규모의 전력으로 신호를 송신하여 고의적인 도청자라 할지라도 잡음 중에서 신호를 검출하는 것을 어렵게 함으로써 송신신호를 보호하기 위한 것이다. 이러한 대역확산 기술을 이용한 대역확산 통신은 [그림 10-4]에 보인 바와 같이 2단계 변조가 사용된다. 우선 입력 데이터를 ASK, FSK, PSK 등과 같은 디지털 변조방식을 사용하여 정보 변조한 다음, 이 신호를 광대역 신호로 확산 변조한다.

물론 복조도 역확산과 정보복조 2단계로 이루어진다.

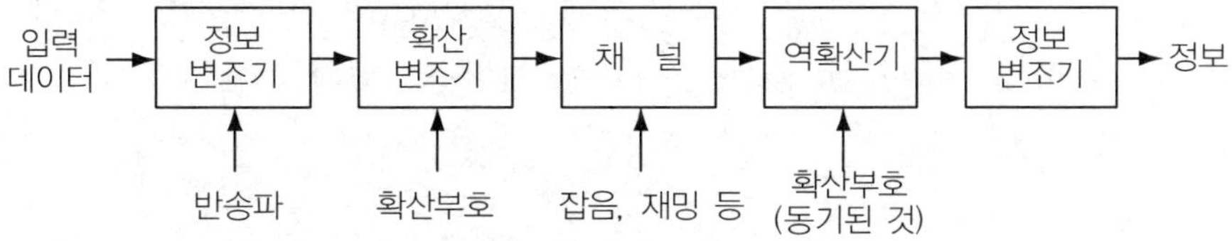

[그림 10-4] 대역확산 통신 시스템의 계통도

정보 변조기 및 복조기는 기존 디지털 통신 시스템의 기본 요소이다. 대역확산 시스템은 이들 요소에 2개의 동일한 의사랜덤 부호열 발생기(pseudo-random sequence generator)를 추가하여 가지고 있다. 그 중 하나는 송신단에서 확산변조기와 인터페이스되고, 또 다른 하나는 수신단에서 역확산기와 인터페이스되어 있다. 이들 2개의 부호열 발생기는 2진 부호열(binary-valued sequence)의 의사랜덤 잡음(pseudo-random noise) 또는 의사잡음(PN : Pseudo Noise)을 생성한다. 이러한 불규칙 잡음이 변조기에서는 송신되는 신호의 대역을 확산(spread)하기 위해서 이용되며, 또한 복조기에서는 수신된 신호의 대역을 역확산(despread)하기 위하여 이용된다.

이때 수신신호에 포함된 PN 부호열을 수신기에서 발생시킨 PN 부호열과 시간동기(time synchronization)시키는 것은 수신된 대역확산신호를 역확산하기 위해서 반드시 필요하다. 실제적인 시스템에서는 간섭이 있더라도 수신기에서 높은 확률로 검출할 수 있도록 설계된 고정된 PN 비트패턴(fixed PN bit pattern)을 이용하는데, 정보를 전송하기 이전에 미리 이것을 송신함으로써 수신기에서 동기화를 가능케 한다. PN부호열에 대한 시간 동기화가 이루어지고 나면 정보의 송신이 시작된다. 데이터 모드에서 통신 시스템은 수신되는 신호의 타이밍을 추적하고, 현재 설정된 PN 부호열 발생기의 동기를 계속적으로 유지하도록 한다.

대역확산 방법을 구분하면 다음과 같은 네 가지로 분류할 수 있다.

① 직접 확산(DS : Direct Sequence) 방식
② 주파수 도약(FH : Frequency Hopping) 방식
③ 시간 도약(TH : Time Hopping) 방식
④ 첩 변조(CM : Chirp Modulation) 방식

이러한 변조 방식은 독자적으로 사용되기도 하지만 몇 가지 방식을 혼합하여 대역확산 통신 방식을 구성할 수 있다.

1. 의사잡음 부호의 발생

의사잡음(PN : Pseudo Noise) 부호는 순회부호의 일종으로 일정한 자기상관 특성을 가지고 있으며 인위적으로 발생시킨 주기를 갖는 '1'과 '0'의 2진 부호열로 정의된다. 이러한 PN부호도 다른 순회부호와 마찬가지로 시프트 레지스터와 모듈러-2 가산기로 쉽게 구성할 수 있으며, 실제로는 일정한 주기와 반복되는 발생 패턴을 가지고 있으나, 이러한 규칙을 모르는 제3자에게는 마치 랜덤잡음과 같이 보인다는 의미에서 가짜 랜덤잡음 즉, '의사잡음' 이라는 이름이 붙은 것이다.

길이가 n인 시프트 레지스터는 n개의 플립플롭으로 구성되며 하나의 클럭에 의해 조절된다. n단(stages)인 경우 PN부호 발생기는 [그림 10-5]에 보인 바와 같다.

PN부호 발생기의 시프트 레지스터는 초기상태가 모두 '0'이 아닌 임의의 상태를 가져야 한다. 출력 데이터 부호열은 PN부호 발생기의 오른쪽 시프트 레지스터에서 출력된다. 이렇게 만들어진 PN부호는 다음과 같은 주기를 갖는다.

$$N = 2n - 1$$

여기서 n은 시프트 레지스터의 길이, 즉 플립플롭의 수이다.

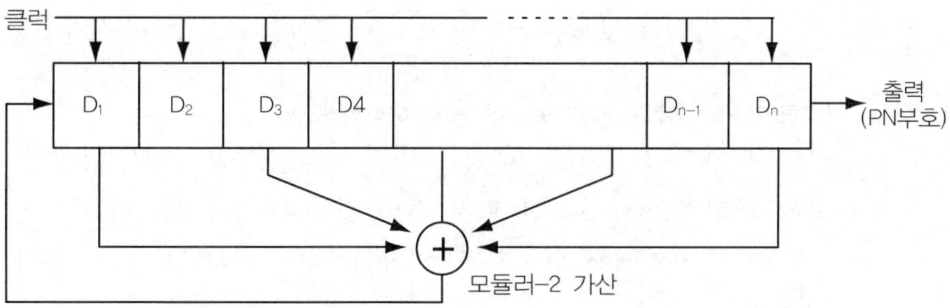

[그림 10-5] PN부호 발생기(n단)

이러한 PN부호는 주어진 시프트 레지스터를 통하여 발생시킬 수 있는 최대 길이의 부호가 되므로 최장부호(maximum-length code)라 부르기도 한다.

2. 직접확산 방식

직접확산 방식은 앞에서 설명한 바와 같이 정보신호를 다른 신호로 2번 변조하는 것이다. 먼저 데이터 부호열 d(t)를 평형변조기(또는 곱변조기)를 사용하여 광대역 PN부호 g(t)로 변조시킨다. 이 두 부호열은 양극(polar) 형태인 크기와 극성(−1과 +1)을 갖는 두 레벨에 의해 나타낸다. 이 두 신호의 곱은 푸리에 변환의 성질에 의해 두 신호 대역 컨볼루션으로 주어진다.

다음으로 이러한 대역확산 방식을 위성채널과 같은 대역채널에 사용하기 위하여 [그림 10-6]에 보인 동기 BPSK 변조방식을 송·수신기에 사용할 수 있다. 즉, 송신기는 데이터 부호열 d(t)를 PN부호로 변조하여 확산신호로 변환시킨 다음, 이 신호를 BPSK로 변조한다. 이렇게 얻은 출력신호 x(t)를 직접확산 BPSK(DS/BPSK : Direct-Sequence BPSK) 신호라고 한다.

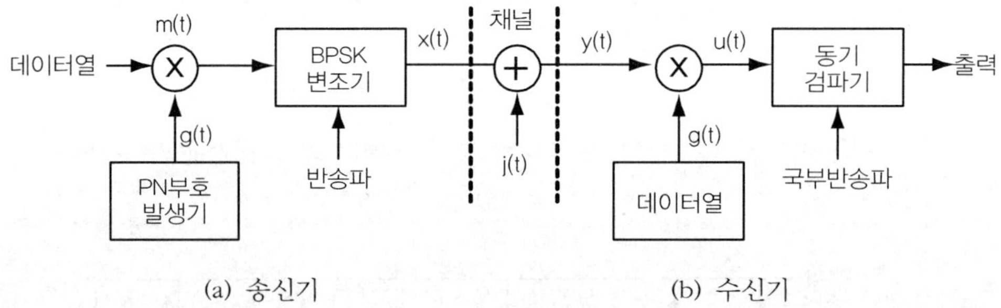

[그림 10-6] 직접확산 BPSK 시스템의 이상적 모델

만약, 데이터 부호열 d(t)가 협대역이고 PN부호 g(t)가 광대역이라면 두 신호의 곱신호 m(t)는 PN부호와 거의 같은 대역을 갖는다.

한편, 수신기에서 수신된 신호 y(t)는 다시 PN부호 g(t)와 곱해져 동기검파기의 입력신호인 u(t)가 된다.

동기검파기의 입력신호 u(t)는 송신기의 출력신호 x(t)와 간섭신호 j(t)에 PN부호 g(t)가 곱해진 확산신호가 더해져 있다는 것을 알 수 있다. 이때

g(t)j(t)는 간섭신호(재밍신호)가 확산부호에 의해 대역이 확산되어 수신기에서 간섭신호의 영향이 극소화된다. 따라서 수신기 출력에서 본래의 정보신호를 검파하는 경우 원래의 정보신호를 얻을 수 있다.

[그림 10-6]의 각단에서의 파형을 나타내면 [그림 10-7]과 같다.

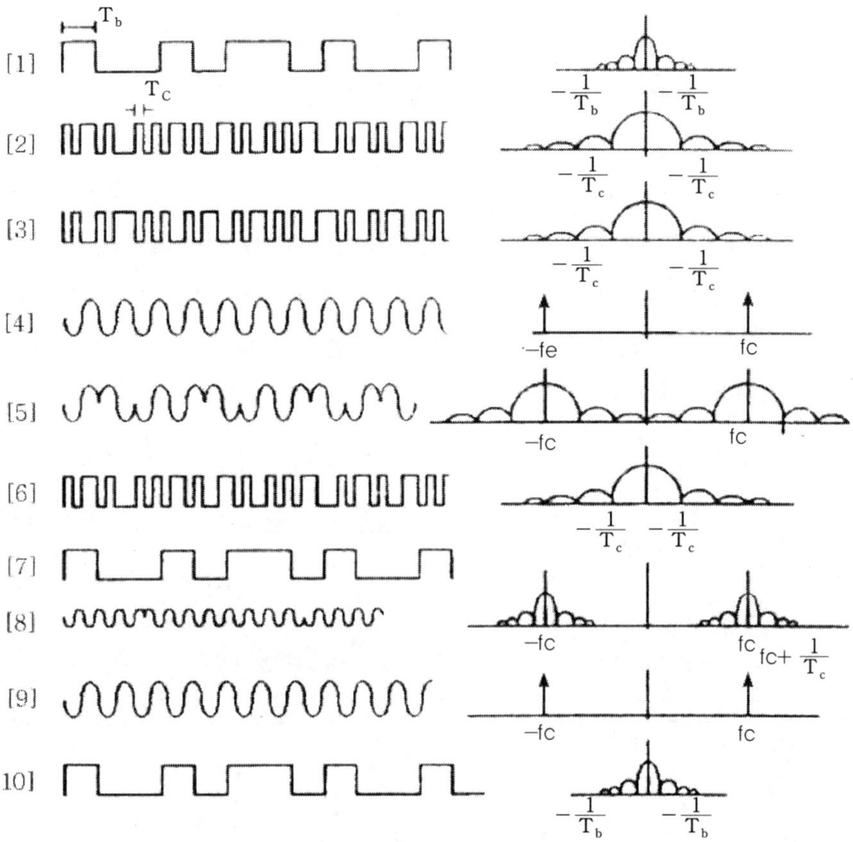

[그림 10-7] CDMA 시스템의 각 단의 파형

10.3 CDMA 이동통신

CDMA 기술은 앞에서 설명한 대역확산 방식(spread spectrum)에서부터 시작되었으며, 이 기술을 상용 이동통신에 적용한 것이 오늘날 디지털 이동통신 시스템의 주류를 이루고 있는 CDMA 이동통신 시스템이다.

CDMA는 다수의 가입자가 상대방에게 자신의 정보를 전달하고자 할 때 시간을 달리하여 전달하는 방식(TDMA)과 주파수를 달리하여 전달하는 방식(FDMA)과는 다르게 코드를 달리하여 전달하는 방식이다. 즉, 같은 시간 동안 동일한 주파수를 사용하면서 여러 가입자들 간에 구별 가능한 코드들로 정보를 송수신한다. 따라서, CDMA는 주파수와 시간 영역에서 볼 때 가입자들이 보내고자 하는 각각의 정보가 서로 겹쳐져서 마치 잡음처럼 보이지만 원하는 각각의 코드를 통하여 구별 가능하게 된다. 이것은 앞에서도 말했듯이 여러 나라 사람들이 모여 각기 고유한 언어를 사용하여 동시에 얘기할 때 같은 언어를 사용하는 사람들끼리만 대화하는 상황에 비유할 수 있다.

현재 사용하고 있는 모든 CDMA 이동통신 시스템에서는 직접확산 방식이 적용되고 있으며, [그림 10-8]은 직접확산 방식을 사용한 CDMA 통화방식의 원리를 보인다.

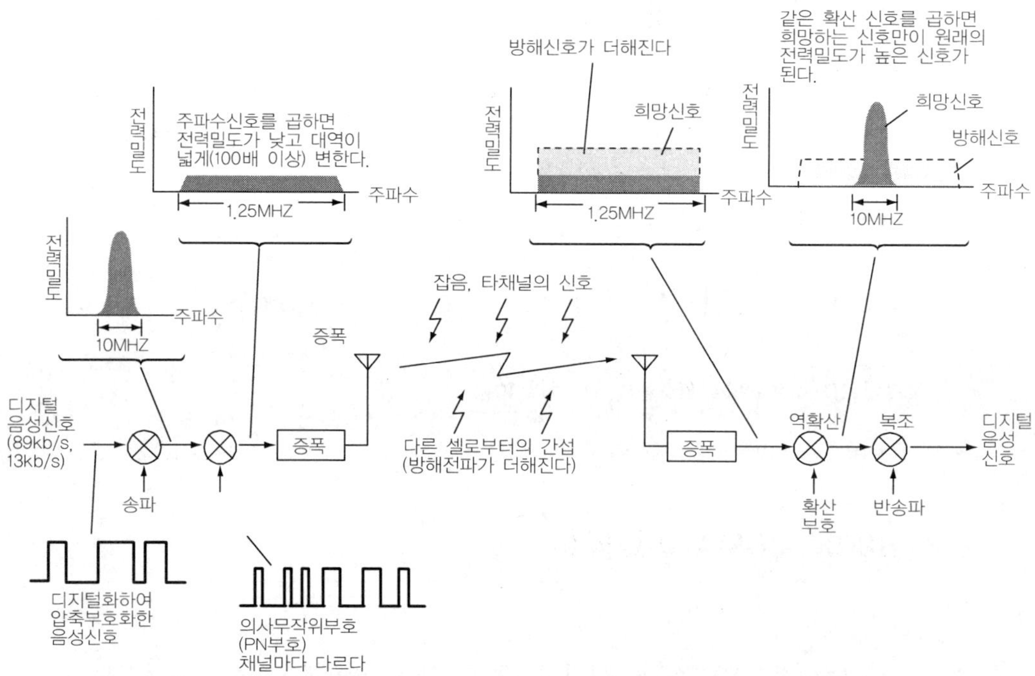

[그림 10-8] CDMA 신호를 보내는 방법

먼저 음성신호를 8k비트/초로 부호화하여 변조하여 10kHz 정도의 대역폭으로 만든 신호에 채널마다 고유의 특수한 부호(확산부호라고 한다)를 곱하면 대역폭이 100배 이상의 1.25MHz로 넓어진 전력밀도가 낮은 신호가 된다. 이 신호를 다른 부호로 확산한 다른 채널의 신호와 함께 송신한다. 수신측에서는 다수의 채널이 확산된 신호에 같은 확산부호를 곱해 처리를 행하면 원래의 음성신호만이 전력밀도가 낮은 상태 그대로 남는다. 희망하는 채널의 신호 전력이 다른 채널의 신호 전력보다 충분히 크면 음성을 듣는 것이 가능하나 다른 채널수가 너무 많아서 그것들이 전력이 커지면 음성은 잡음에 파묻혀 들을 수 없게 되어 버린다.

이것이 동시에 보낼 수 있는(다중화할 수 있는) 채널수의 한계를 결정하는 요인이다.

CDMA 방식은 이론적으로 1.25MHz대역에서 셀당 98개의 채널을 사용할 수 있고, AMPS 방식은 동일한 1.25MHz대역에서 셀당 30MHz 채널 6개를 수용할 수 있으므로, 대략 16배의 수용용량을 얻을 수 있다. 또한, 고정채널할당을 채택하는 FDMA, TDMA 시스템에서는 간섭을 고려하여 설치된 송·수신기의 수로 셀의 수용능력이 확정되므로, 셀간의 트래픽변동이 심한 경우에는 효율적으로 서비스할 수 없다. 반면, CDMA 시스템은 동적 채널할당 기능이 내재되어 있어 이러한 단점을 극복할 수 있다.

트래픽이 용량을 초과할 경우 기존의 시스템은 초과트래픽을 단절할 수밖에 없지만, CDMA 시스템에서는 전체적으로 음질저하를 감수하면 초과트래픽의 일부분을 서비스할 수 있다. 즉, CDMA 시스템은 가입자의 통화품질을 희생하면 전반적인 서비스 품질(quality of service)을 향상시킬 수 있는 유연한 가입자 수용용량을 가지고 있다.

10.4 CDMA 규격의 진화

IS-95, 95A 규격에 근거한 CDMA 이동통신 방식은 기본적으로 음성통신 위주로 개발되어 왔지만, 지금은 음성통신 위주의 시장 수요는 급격히 고속 데이터 서비스로의 천이가 요구되고 있다.

물론 IS-95A 규격에서도 14.4kbps까지의 데이터 서비스가 가능하지만 기본적인 데이터 서비스를 위해서는 매우 미비한 속도이다. 이에 따라 IS-95A CDMA 시스템의 일부를 개조하여 기존 IS-95A와의 호환성을 유지하면서 고속의 데이터 서비스를 실시하려고 하는 CDMA 규격 진화의 방향이 IS-95B와 IS-95C로서, 이를 최종적으로 CDMA-2000이라 한다. 이밖에도 유럽을 중심으로 한 WCDMA 방식 규격도 CDMA 규격의 진화라 할 수 있지만, 이것은 IS-95A로부터 진화하였다기보다는 완전히 다른 구조로 시작하는 별도의 CDMA 방식이라 할 수 있다.

국내의 경우는 일부 이동 통신사에서 1999년에 기존 CDMA 시스템의 일부만을 개조하여 IS-95B의 서비스를 시작하였으며, IS-95C의 기능은 2000년 내 상용 서비스를 목표로 추진 중에 있다. IMT-2000의 근간이 되는 WCDMA 방식은 기지국간 동기를 위해 GPS를 사용하지 않는 비동기 방식이며, CDMA 2000은 IS-95A를 근간으로 하여 기지국간 GPS를 이용하여 동기를 유지하는 동기 방식이다.

기지국간 동기를 유지한다는 의미는 모든 기지국간에 동일한 PN 코드를 서로 위상만 지연시켜(PN offset) 마치 다른 PN 코드처럼 사용할 수 있다는 의미이며, 비동기 방식의 의미는 모든 기지국들이 동일한 PN 코드를 위상만 지연시켜 사용하는 방식이 아닌 별개의 PN 코드를 각각 사용한다는 근본적인 차이점을 의미한다. 이것은 역방향 링크에서 이동국을 구분하기 위한 긴 코드(Long Code) 사용에 있어서도 동일한 의미를 갖는다. IMT-2000의 근간이 되는 비동기 방식은 아직 전세계적으로 표준화와 상용화가 이루어지지 않은 단계이므로 여기에서는 IS-95A를 근간으로 시작하는 IS-95B와 IS-95C에 국한

하여 CDMA 변천 방향에 대해 설명하기로 한다.

여기에서 설명하는 IS-95B와 IS-95C의 규격 및 기능은 각 제조업체에서 개발하여 사용 중인 장비를 기준으로 하는 설명이 아니고, TIA(미국 통신 기기 제조업체 연합회) 주관 하에 진행되고 있는 표준권고안(잠정)을 근간으로 설명하려고 한다.

따라서 앞으로 출시되는 장비의 기능은 여기에서 설명하는 기능을 모두 포함하는 형상이 아니라 일부 기능은 수용되고 일부 기능은 제외된 형상으로 개발될 것이라는 것을 참고하기 바란다.

1. IS-95B

IS-95A를 근간으로 한 CDMA 방식에서의 데이터 서비스의 전송 속도는 통화 채널의 음성 부호화율과 같다. 따라서 Rate Set 1에서는 9.6kbps, Rate Set 2에서는 14.4kbps의 낮은 속도로 데이터를 주고 받는다.

기본적으로 IS-95A 시스템의 근간을 유지한 상태에서 이와 같은 낮은 전송 속도를 최대 8배까지 올리기 위한 규격이 IS-95B이다. 이러한 고속 데이터 전송을 위해 기지국의 H/W 변경은 필요하지 않지만 이동국의 모뎀 chips의 기능 변경이 필수적이며 제어국(BSC)의 호처리(call processing) 관련 H/W 변경이 필요하다. 이외에도 IS-95B 규격에서는 IS-95A 규격에서의 문제점 및 비효율적인 면을 가능한 한 H/W 변경없이 S/W 변경만으로 개선 가능하도록 규정하고 있다.

IS-95A에 비해 8배의 전송 속도를 확보하기 위해 IS-95B에서는 동시에 8개의 통화 채널을 사용할 수 있도록 규정하고 있다. 따라서, Rate Set 1에서는 최대 68.8kbps의 속도가 가능하며, Rate Set 2에서는 최대 106.8kbps까지 가능하여 느리나마 동화상 전송이 가능하게 된다.

8개의 통화 채널은 1개의 기본 채널(fundamental CH)과 7개까지의 보조 채널(supplemental CH)로 구성되어 있으며, multiplex option(전송속도 구분)에 따라 보조 채널수가 변경된다. 순방향 전력 제어와 제어 신호등은 기본 채널만을 통해 주고 받으며, 나머지 보조 채널은 기본 채널과의 동일한 특성으로 동작하게 된다. 즉 8개의 통화 채널 모두 Digital Gain이 동일한 값으로 동작하게 된다.

이와 같이 고속 데이터 서비스의 요구에 의해 8개의 통화 채널을 동시에 최대 속도로 할당하게 된다면 기지국 입장에서는 매우 심각한 용량 및 셀 반경의 변화를 야기하게 되어 통화 품질의 악화를 초래하게 된다. RF 관점에서는 8개의 통화 채널 할당은 최대 음성 채널 16개 할당만큼의 잡음을 증가시키는 매우 큰 변화이다.

이러한 문제점은 IS-95A를 근간으로 하여 고속 데이터 서비스를 구현하는 한 불가피한 현상이겠지만, 8개의 통화 채널의 할당 과정을 좀더 동적으로 제어한다면 문제의 심각성을 완화할 수 있게 된다. 이러한 과정을 Burst Admission Control 기능이라 한다(IS-95C에서의 MAC 기능과 유사).

Burst Admission Control의 기본적인 기능은 전송하려고 하는 데이터의 양이 1/2로 줄게 되면 보조 채널을 7개에서 3개로 줄여 총 4개의 통화 채널이 할당되게 하고, 1/4로 줄이면 총 2개의 통화 채널이 할당되도록 하여 평균적인 통화 채널 수를 축소시키는 기능이다.

실질적인 Burst Admission Control 기능은 IS-95B보다는 IS-95C에서 현실적인 구현이 가능할 것으로 예상된다(MAC 기능에 의함).

이와 같이 고속 데이터 전송을 위해 여러 개의 순방향 통화 채널을 동시에 사용한다고 하더라도 역방향 통화 채널은 한 이동국에서 한 개의 통화 채널만이 허용될 뿐이다. 따라서 역방향 통화 채널은 한 개의 통화 채널이 소화할 수 있는 9.6kbps나 14.4kbps의 전송속도로서 비대칭 링크 구조를 갖게 된다.

이러한 비대칭 링크 구조는 일반적으로 순방향으로 많은 데이터 전송이 요구되는 데이터 서비스 이용 성향(예 : 인터넷…)을 고려하면 큰 무리없이 수용될 수 있는 규격이라 할 수 있다.

실질적으로 상용화된 IS-95B의 형상은 순방향 4개 통화 채널을 사용하도록 하여 최대 56kbps까지 지원하고 있다.

2. IS-95C(cdma-2000)

음성 통신을 주요 목적으로 하는 IS-95A 규격상에서 데이터 서비스를 위한 추가적인 통화 용량 문제를 해결하지 못하고 종속 데이터 통신을 구현하는 방식이 IS-95B라고 한다면, IS-95C는 IS-95A CAI(Common Air Interface) 규격의 상당 부분을 변경하여 데이터 서비스를 위한 용량 문제 등을 원론적으로 해결하여 고속 데이터 통신을 구현하는 방식이라 할 수 있다.

이러한 IS-95C는 여러 방식으로 표준 규격화 작업이 진행되는 단계지만, 기본적인 규격의 방향은 CAI 규격 변경에 의한 용량 증대와 전송속도 증대이며, 이렇게 증대된 용량 내에서 무리없이 고속 데이터 서비스 구현을 목표로 하고 있다.

〈표 10-1〉 IS-95C channel configuration 특성(순방향 링크)

Channel Config	Spreading Rate	최대전송속도	R	PreSpreading	Channel Coding
1	1	Up to 9600 bps	1/2	BPSK	conv
2	1	Up to 14400 bps	3/4	BPSK	conv
3	1	Up to 153.6 bps	1/4	QPSK	conv
4	1	Up to 307.2 bps	1/2	QPSK	conv
5	1	Up to 230.4 bps	3/8	QPSK	conv
6	1	Up to 153.6 bps	1/4	QPSK	conv
7	1	Up to 307.2 bps	1/2	QPSK	conv
8	1	Up to 230.4 bps	3/8	QPSK	conv
9	3	Up to 614.4 bps	1/3	QPSK	conv
10	3	Up to 460.8 bps	1/4	QPSK	conv
11	3	Up to 1.0368 bps	1/2	QPSK	conv
12	3	Up to 614.4 bps	1/3	QPSK	conv & turbo
13	3	Up to 460.8 bps	1/4	QPSK	conv & turbo
14	3	Up to 1.0368 bps	1/2	QPSK	conv & turbo

* R: Convolutional Code Rate

물론 기존 IS-95A 가입자의 음성 및 저속 데이터 서비스의 호환성 지원을 포함하고 있다. IS-95C는 3세대 CDMA 기술이라 하여 3G(Generation)라고도 하며, 2000년대의 CDMA 기술이라 하여 CDMA-2000이라고도 한다.

IS-95C의 데이터 전송 속도에 따른 분류는 <표 10-1>에 나타낸 바와 같이 1.0368 Mbps까지 14가지 종류에 대해 규정하고 있으며, 주파수 채널 구성에 따라서는 [그림 10-9]의 3가지 방식으로 구분된다.

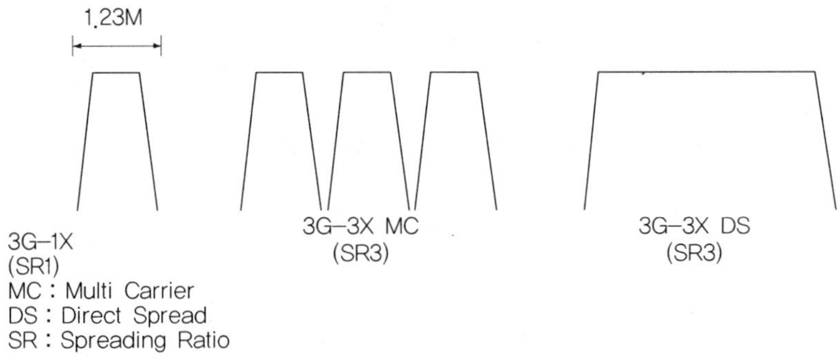

[그림 10–9] IS–95C 주파수 채널 할당 방식

■ **3G-1X**

① 한 개의 FA(1.23MHz)만을 사용하는 방식

② IS-95A 가입자의 호환성 제공 가능

③ Spreading Rage 1

④ 최대 속도 144kbps, 피크 속도 307kbps

■ **3G-3X MC**

① 세 개의 FA를 동시에 사용하는 방식(Multi Carrier)

② 이동국 및 기지국에서 3개의 RF 경로 동시 필요

③ 기존 IS-95A 가입자의 호환성 제공 가능

④ Spreading Rate 3

⑤ 최대 속도 384kbps, 피크 속도 2Mbps

■ 3G-3X DS

① 세 개의 FA를 하나의 FA로 통합하여 사용하는 방식(Direct Sequence)

② 기존 IS-95A 가입자의 호환성 제공의 어려움

③ Spreading Rate 3

〈표 10-2〉 IS-95A 대비 IS-95C 성능 개선(예상값)

성능개선요인	순방향 링크		역방향 링크	
	Rate Set 1	Rate Set 2	Rate Set 1	Rate Set 2
FEC 개선	+0.5 dB	+2.0 dB	+0.2dB	+0.3 dB
전력제어 기능개선	+1.5 dB 이상	+0.5 dB 이상	+0.3 dB 이상	
소프트 핸드오프 개선	+0.7 dB			
송신부 다이버시티	+0.5 ~ +3.0dB			
채널별 파이롯채널			+2 dB	
총 용량 개선	+3.2~5.7dB	+3.7~6.2dB	+2.5 dB 이상	+2.6 dB 이상
용량 증대	2배 이상			

〈표 10-2〉에 IS-95A 대비 IS-95C의 용량 증대 요인을 항목별로 비교 분석하였다. 이 표에서 보듯이 순방향 링크의 용량 증대 효과가 역방향 링크에 비해 2~3dB 더 크다는 것을 알 수 있다. 이 정도의 이득은 음성 통화만을 기준시 약 2배의 통화 용량을 의미하며, 순방향으로 훨씬 많은 데이터 전송이 요구되는 데이터 서비스 이용의 일반적인 성향을 고려하여 순방향 링크의 용량 증대가 더욱 보완되었음을 알 수 있다. 또한 IS-95C에서는 MAC 절차에 의해 실질적으로 데이터 전송이 요구되는 시점에만 동적으로 통화 자원을 할당하도록 하여 무선 구간에서 패킷 데이터 전송을 구현하도록 하고 있다.

연습문제

주관식 (5문제 - 레포트, 세미나 주제용)

10.1__ 부호분할 다중접속(CDMA) 방식에 대해 서술해 보라.

10.2__ 아날로그 통신에 적용하는 주파수분할 다중접속(FDMA)와 디지털 통신에 적용하는 시간 분할 다중접속(TDMA) 방식에 대해 서술해 보라.

10.3__ 대역확산 기술에 대해 논하라.

10.4__ CDMA 규격의 진화에 대해 간략하게 서술해 보라

객관식 (객관식 7문제 - 중간, 기말고사 출제용)

10.5__ 여러 가입자가 동시에 사용하는 접속 방식을 무엇이라 하는가?

① 1인 접속 방식 ② 다중접속 방식
③ 셀룰러 방식 ④ 이동통신 방식

10.6__ 다중접속 방식이 아닌 것은?

① CDMA ② TDMA ③ FDMA ④ FM

10.7__ 아날로그 다중 접속 통신에 널리 적용되며, 주파수 대역폭을 채널로 분할하고, 각 신호를 서로 다른 채널로 전송하는 방식은?

① CDMA ② TDMA ③ FDMA ④ WDMA

◀정답▶ 10.5 ② 10.6 ④ 10.7 ③

10.8__ 가입자마다 각각의 부호(code)를 할당하여 같은 주파수에서 동시에 통화하도록 하는 다중접속 방식은?

① CDMA ② TDMA ③ FDMA ④ WDMA

10.9__ 원래 군용통신의 보완목적으로 개발되어 현재는 셀룰러 이동통신에 널리 적용되는 방식으로, 잡음 및 의도적 간섭인 재밍에 대한 저항력을 높이는 기술은?

① 다중접속 방식 ② 대역확산 기술
③ 변조 복조 기술 ④ 디지털변환 기술

10.10__대역확산 기술에 적용되는 부호로 순회부호의 일종이며, 자기상관 특성을 가진 부호는?

① Convolution code ② BCH code
③ AD code ④ PN code

10.11__다음 중 대역확산 방법이 아닌 것은?

① 직접확산 ② 주파수 도약
③ 부호 도약 ④ 시간 도약

◀정답▶ 10.8 ① 10.9 ② 10.10 ④ 10.11 ③

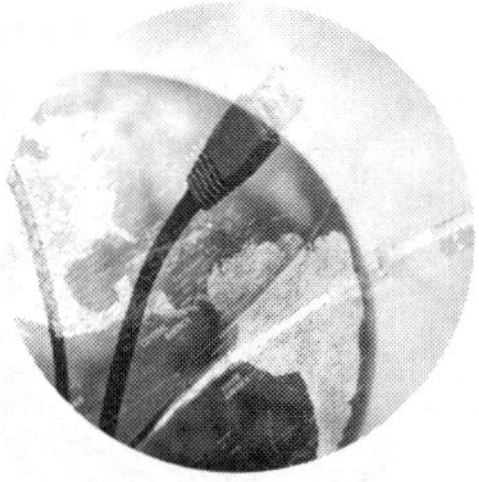

제11장
3세대 이동통신 (IMT-2000)

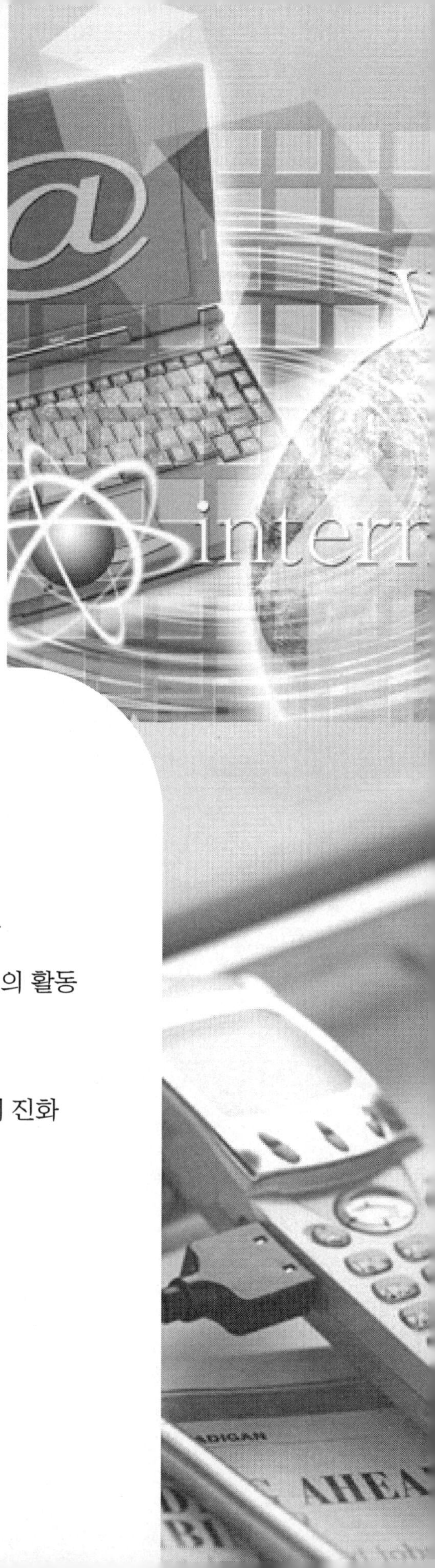

11.1 IMT-2000 서비스의 개요

지금까지 이동통신은 주로 시스템 용량 개선이나 품질 개선을 위하여 FDMA 방식의 1세대인 아날로그 이동통신에서 CDMA나 TDMA 방식을 이용한 2세대 디지털 이동통신으로 발전하여 왔다. 여기서 시스템 용량이라는 말은 시스템이 얼마나 많은 사용자를 수용할 수 있는가를 의미하는 용어이며, 품질은 통화 음질이 얼마나 깨끗한가를 의미하는 용어이다. 3세대 이동통신이라고 할 수 있는 IMT-2000(International Mobile Telecommunications-2000)은 2세대 이동통신의 문제점인 저속 및 낮은 품질의 데이터 전송과 지역별로 국한된 표준 사용으로 인하여 글로벌 로밍(global roaming)이 제공되지 않는 등의 문제를 해결하기 위하여 1985년 ITU에서 처음으로 논의하기 시작하였다. 글로벌 로밍이란 하나의 단말기로 전 세계 어디에서나 이동통신 통화가 가능한 것을 의미한다. ITU(International Telecommunication Union)는 국제 통신연합으로서 여러 종류의 통신 규격의 제정과 제안된 규격의 심사 등의 업무를 수행하는 곳이다.

IMT-2000이라는 용어는 1996년부터 사용되기 시작하였는데 초기에는 FPLMTS(Future Pulic Land Mobile Telecommunication Systems)로 칭하였으나, 발음이 어렵고 2000년경에 2000MHz의 대역을 사용한다는 의미를 강조하기 위하여 IMT-2000으로 명칭이 변경되었다. IMT-2000은 이동통신의 최종 목표라는 의미에서 현재 이동통신에서 제공하는 모든 서비스는 물론, 유선에서 제공되는 서비스 및 향후 출현할 수 있는 모든 서비스를 수용하는 것을 목표로 한다. IMT-2000 서비스는 개인의 이동성과 서비스 이동성을 포함한 전 세계적인 글로벌 로밍, 유선전화와 동일한 수준의 통화 품질 및 유무선망의 결합에 의한 다양한 응용서비스의 구현 등 초고속 멀티미디어 정보통신 서비스를 최종 목표로 한다. IMT-2000의 목표를 요약하면, 전 세계 어느 지역에서나 하나의 단말기로 통신이 가능한 단말 이동성(terminal mobility)과 개인 이동성(personal mobility)을 제공하여야 하고, 더 나아가 모든 멀티미디어 서비스를 모든 환경에서 제공하는 것이다.

IMT-2000에서의 무선 전송모드는 FDD(Frequency Division Duplex) 방식과 TDD(Time Division Duplex) 방식으로 나누어지며, FDD 방식에는 동기 방식(cdma2000)과 비동기 방식(W-CDMA)이 있다. 미국 등 북미는 동기 방식을, 유럽 및 일본은 비동기 방식을 추진하고 있다. FDD 방식은 기지국과 단말기 간의 통신에서 기지국에서 단말기로 전송할 경우와 단말기에서 기지국으로 전송할 경우의 주파수를 서로 달리 사용하는 것을 말하며, TDD 방식은 기지국과 단말기 양방향 통신이 사용하는 주파수를 동일하게 하고 시간적으로 나누어 사용하는 것을 의미한다.

한편, IMT-2000 서비스 내용은 몇 가지 구분 방법에 따라 구분할 수 있으며, [그림 11-1]과 같이 서비스 반경에 따라 데이터 속도 및 서비스 내용이 달라진다. IMT-2000에서의 서비스 커버리지는 국제표준에 정의된 서비스 범위와 전송속도에 따라 메가 셀(Mega Cell), 매크로 셀(Macro Cell), 마이크로 셀(Micro Cell), 피코 셀(Pico Cell) 등 다양한 무선접속들이 가능하다. 한편, 사용자의 이동 속도를 기준으로 보면 사용자가 실내에 있을 때와 같이 거의 이동하지 않는 경우, 걸어서 보행하는 경우, 그리고 차량을 타고 고속으로 이동하는 경우로 나누어 생각할 수 있으며, 이때 각각의 서비스되는 데이터 속도는 2Mbps(실내), 386kbps(보행자), 144kbps(차량)이다.

메가 셀은 인공위성 통신망을 이용한 넓은 지역을 커버하는 광대역 서비스로서 셀 반경은 100~500km 이내이며, 9.6kbps의 전송속도로 데이터와 음성 서비스를 동시에 제공할 수 있다. 매크로 셀은 서비스 반경이 35km 이내이며 이동통신 시스템에서 가입자 통화량이 적은 지역으로서 주로 도심에서 벗어난 교외지역이 해당된다. 교외지역인 경우 기지국 안테나와 단말기 안테나 간 직접 가시거리가 존재하는 경우가 거의 없고 회절, 산란 등을 통한 비 가시거리의 전파전파(wave propagation) 특성이 주를 이루고 있으며, 데이터의 전송속도는 144kbps를 제공한다. 마이크로 셀 환경에서는 0.5~1km 정도로서 단말기가 기지국 안테나를 볼 수 있는 가시거리 전파(line-of-sight)가 주요 전송 경로가 된다. 따라서 마이크로 셀에서의 전파전파 특성은 매크로 셀과는 특성이 다르며 가시거리 전파가 주요 경로가 된다. 특히 도심지의 마이크로 셀은 안테나의 높이를 낮게 설치(건물 옥상 위 6m 이내)함으로써 주위빌딩에 의해 통달거리가 제한된다. 전파는 건물의 벽에 반사되어 전송되므로 건물에 의한 반사파가 많이 발생하며 건물 벽 뒤쪽의 침투강도는 일반적으로 −20dB 정도의 감쇠가 발생한다.

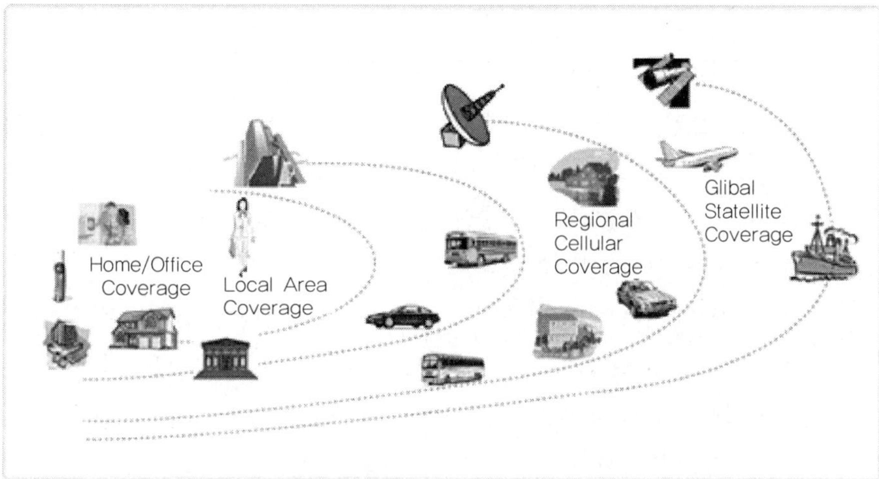

[그림 11-1] IMT-2000의 서비스 개념

피코 셀은 도심지 내에 반경 50m 이내의 건물 밀집지역 및 지하건물을 서비스하기 위하여 건물 내 광분산 시스템 또는 소형 중계기 등을 시설하여 서비스하는 경우이다. 건물 내의 광분산 시스템은 교환국으로부터 전송회선(E1 Line)을 건물 내의 광분산 BTS(Pico BTS)까지 연결하여 건물 내에 광케이블 포설 및 안테나를 부착하여 인빌딩 서비스를 하는 방식이며, 소형 중계기는 지상신호를 수신하여 건물의 지하층(50~300평 정도)을 옴니 또는 패치 안테나를 사용하여 서비스한다. 데이터 전송속도는 최고 2Mbps를 제공한다.

11.2 IMT-2000을 위한 국제회의 활동

IMT-2000에 관하여 초기 작업으로 진행된 것 중의 하나가 IMT-2000용 주파수 대역 선정이었다. 전 세계가 각기 다른 주파수 대역에 IMT-2000 서비스를 도입한다고 하면 하나의 단말기로 여러 대역을 모두 수용한다는 것은 사실상 불가능하기 때문에 우선적으로 정의하여야 하는 부분이 IMT-2000의 주파수 대역 선정이었다.

ITU에서는 전세계의 주파수 정책을 결정하는 WRC(World Raio Communication Conference)에 IMT-2000 주파수 대역을 선정하여 줄 것을 요청하였고, WRC에서는 이를 받아들여 1992년에 역방향 링크(Reverse Link) 주파수 대역으로서 1885~2025MHz와 순방향 링크(Forward Link) 주파수 대역으로서 2110~2200MHz대역 등 총 230MHz대역을 IMT-2000 서비스에 할당하였다. 여기서 역방향 링크란 단말기에서 기지국 방향으로의 무선 전송을 의미하며, 순방향 링크란 반대로 기지국에서 단말기 방향으로의 무선 전송을 의미한다.

결과적으로는 IMT-2000 서비스의 단일 표준안을 추진한 의도에도 불구하고 각국이 서로 다른 주파수에서 서로 다른 이동통신 시스템을 사용하고 있고, 이로 인한 기존 시스템으로부터의 진화 문제와 특허 등 지적 재산권 문제로 인하여 단일 표준안을 만드는 데 실패하였다.

IMT-2000 표준 규격안은 한국, 일본, 중국, 유럽, 북미 등 여러 나라의 공동 작업 형태로 진행되어 각 국의 국내 사정에 따라 표준화 회의가 지연되는 등 전체적인 일정이 지연되었으며, 크게 유럽 위주의 비동기 방식을 추진하는 3GPP(3rd Generation Partnership Projects)와 북미 위주의 동기 방식을 추진하는 3GPP2(3rd Generation Partnership Projects 2)로 나누어 규격 제정 작업을 진행하여 왔고, 현재는 IMT-2000에서 제공하려 했던 여러 서비스의 구현을 위한 규격 보완 작업이 진행 중이다.

3GPP와 3GPP2에서 제시하는 동기식과 비동기식의 공통점은 모두

CDMA(Code Division Multiple Access) 방식이라는 것이며, 서로 다른 점은 여러 가지가 있을 수 있지만 가장 큰 차이점이 GPS(Global Positioning System) 위성의 사용 여부이다. 즉, GPS 위성으로부터의 기준 시각 클럭을 사용하는 동기식의 경우 모든 지상의 기지국이(지하 기지국인 경우 건물의 옥상의 GPS 위성 신호 수신 안테나로부터 지하까지 케이블로 연결) 동일한 시각 클럭을 사용함으로써 전체 시스템이 동일한 시각과 클럭으로 운영되며, 비동기식의 경우에는 기지국마다 서로 다른 기준 클럭을 사용함으로써 기지국 간에 타이밍이 일치하지 않는다.

이의 결과로서 단말기가 기지국의 신호를 받아 초기 동기를 이룰 시에 동기식보다 비동기식의 경우가 조금 더 시간이 걸린다. 동기식의 기지국 구별은 전체 기지국에서 사용하는 PN 코드에 시간차(512개의 오프셋)를 두어서 구분하므로 단말기는 사용하는 1개 종류의 PN 코드를 알고 있으며, 시간차만 찾으면 되므로 셀을 찾는 시간이 짧으며, 비동기 방식에서는 네트워크의 자체적인 동기를 구현하는 방법으로서 기지국별로 스크램블링 코드(Scrambling Code)라는 고유의 PN계열을 할당하여 사용하므로 단말기가 자신이 속한 기지국을 찾는 데 소요되는 시간이 길다.

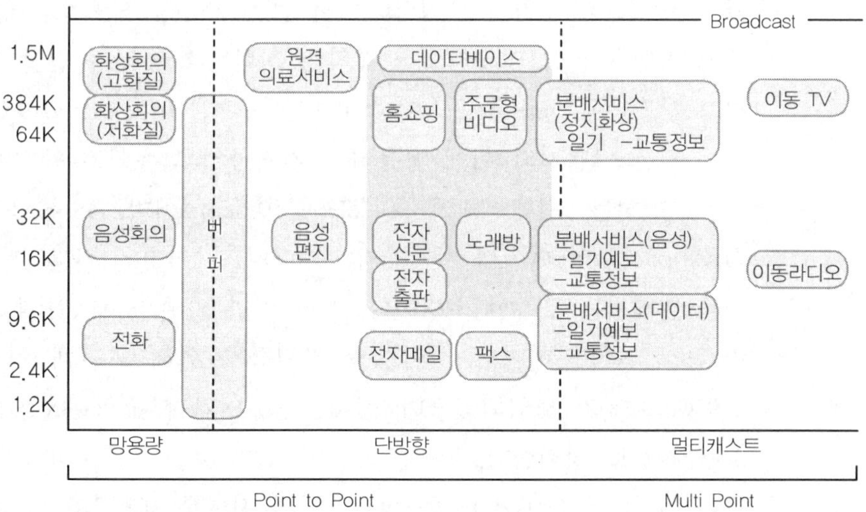

[그림 11-2] IMT-2000 서비스 내용 개요

따라서, 비동기식은 가장 양호하게 수신되는 기지국을 찾아서 통화를 하며, 핸드오프(hand off)시 단말기가 자체적으로 두 기지국의 동기를 각각 맞추어 핸드오프한다. 지하에 기지국을 시설하는 경우에는 별도의 클럭을 수신하는 안테나가 필요 없다.

한편, IMT-2000 서비스 내용은 몇 가지 구분 방법에 따라 구분할 수 있으며, [그림 11-2]와 같이 세로축은 데이터 속도를, 가로축은 일대일 통신이나 일대다 통신 등의 형태로 구분할 수 있다.

11.3 CDMA 규격의 진화

IMT-2000 시스템의 동기식과 비동기식 방식 모두 CDMA 방식을 채택하였으므로 CDMA 규격의 진화 과정을 살펴보는 것은 매우 의미있는 일이라고 할 수 있다. IS-95, IS-95A 규격을 근간으로 한 동기식 CDMA 이동통신 방식은 기본적으로 음성 통신 위주로 발전되어 왔으나 이제는 음성 통신 위주의 이동통신이 아닌 고속 데이터 서비스로 급속히 천이되고 있다. 흔히 IS-95 규격이라고 하면 과거 우리나라에서 번호 이동성 제도가 시행되기 전 휴대폰 전화번호가 011과 017로 시작하는 전화번호를 갖는 단말기와 이에 상응하는 기지국에 적용된 규격이며, IS-95A 규격은 016, 018, 019로 시작하는 번호를 갖는 단말기와 이에 상응하는 기지국에 적용되는 규격이다.

IS-95에서는 최대 데이터 속도가 9.6kbps이며, IS-95A의 규격에서는 14.4kbps까지의 데이터 서비스가 가능하지만 이것은 기본적인 데이터 서비스를 위해서는 부족한 속도이다. 이에 따라 기존 IS-95A와 호환성을 유지하면서도 고속의 데이터 서비스를 지원하기 위해 한단계 진화된 IS-95B와 IS-95C(3G-1X)가 도입되었으며, 현재는 3G-1X와 함께 3G-3X를 IMT-2000 동기식 규격으로 정의한다.

〈표 11-1〉에 IMT-2000 동기식 규격의 진화를 표로 요약하였다.

〈표 11-1〉 동기식 CDMA 규격의 진화

	IS-95A	IS-95B	IS-95C (cdma2000-1X)	IMT-2000 (cdma2000-3X)
순방향링크	14.4kbps	평균 64kbps	144/384kbps	최대 2Mbps
역방향링크	14.4kbps	14.4kbps	144kbps	384kbps
서비스 내용	음성 저속 데이터	음성 정지화상 중속 데이터	음성 동화상 고속 데이터	음성 동화상 고속 멀티미디어 서비스

1. IS-95

셀룰러 서비스라고도 하는 이 방식은 우리나라 최초의 디지털 휴대 전화 서비스로서 1996년부터 서비스되었다. 한국전자통신연구원에서 1992년부터 본격 개발하기 시작하여 미국 퀄컴(Qualcomm)사의 원천 기술을 이용하여 1995년까지 삼성, LG, 현대전자 등 여러 민간 업체들과 공동 기술 개발과 상용화 시험 등을 마치고 1996년에 세계 최초의 CDMA 상용화 서비스를 시행한 것이다. 당시 이 방식의 서비스 회사는 한국이동통신(후에 SK텔레콤)과 신세기 이동통신 등 2개 회사로서 가입자 모집과 함께 일부 대도시에서 우선적으로 서비스를 시행하였으며, 점차적으로 지방 소도시로 서비스를 확장하였다.

흔히 셀룰러폰으로 불리는 이 서비스의 단말기는 IS-95 규격에 의하여 1.2kbps, 2.4kbps, 4.8kbps, 9.6kbps의 네 가지 데이터 속도 중의 하나로 기지국과 송수신함으로써 음성 정보를 처리한다. 이것은 전화 통화가 이루어졌을 경우, 상대방에게 말을 많이 하는 때에는 9.6kbps로 통화자의 음성 데이터가 전송되고, 반대로 상대방의 말을 듣는 동안에는 전송할 데이터가 많지 않으므로 통화자의 단말기는 1.2kbps로 데이터를 전송하고 있다고 생각하면 된다. 기본 칩 클럭은 1.2288MHz를 사용하고, 한 채널이 사용하는 대역폭은 1.25MHz이다. 이 규격에서 사용하는 주파수는 순방향 링크 869.025~893.985MHz, 역방향 링크 824.025~848.985MHz이다.

2. IS-95A

이 규격은 흔히 개인 휴대 통신(PCS : Personal Communication System) 서비스로 알려져 있으며, 우리나라에서는 1997년 10월부터 상용 서비스가 시작되었다. PCS 서비스는 당초 IS-95에 비하여 높은 주파수가 할당됨으로써 사용자의 이동 속도를 보행자에 맞추었으나 현재는 IS-95와 IS-95A 모두 차량 이동 속도에서 서비스가 가능하다. 즉, PCS 서비스의 개념은 개념 정립 당시에는 셀룰러 서비스보다 저속의 속도에서 저렴하게 개인들에게 이동전화 서비스를 제공하는 것을 목표로 하였다. 이 서비스에 할당된 주파수는 순방향 링크 1.840~1.870GHz, 역방향 링크 1.750~1.780GHz로서 실제로 셀룰러 서비스에 할당된 것보다 약 2배가 높은 주파수이며, 이에 따라 전파의 도달거리가 셀룰러 서비스보다 짧다. 이 규격에서의 데이터 속도는 1.8kbps, 3.6kbps, 7.2kbps, 14.4kbps로서 IS-95에 비하여 다소 빠르다.

3. IS-95B

IS-95B는 국내에서 1999년부터 서비스되고 있으며, 하나의 기본 통화 채널(9.6 또는 14.4kbps) 외에 7개의 보조 채널을 사용하여 최대 9.6*8 = 76.8kbps(rate set 1)과 14.4*8 = 115.2kbps(rate set 2)의 데이터 서비스가 가능하다. 실제로 상용화된 IS-95B의 형상은 교환기의 호처리가 64kbps를 근간으로 함을 고려하여 rate set 2에서 순방향 최대 4개 통화 채널을 사용하도록 함으로써 최대 57.6kbps까지 지원하고 있다. IS-95B는 IS-95A에 비하여 몇 가지 개선된 점이 있으며, 그 내용은 다음과 같다.

- **중속의 데이터 서비스** 초보적 인터넷 서비스 가능
- **다단계 전력 제어 기술** CDMA 핵심 기술인 전력 제어를 일률적으로 수행하는 것이 아니라 상황에 따라 다단계로 구성된 전력 제어를 수행
- **채널 접속 우선순위 지정** : 가입자의 우선순위에 따라 채널 할당
- **위치 정보 서비스** : 기지국이 단말기의 신호를 수신하여 단말기의 위치를 확인할 수 있다.

[그림 11-3]에 IS-95A와 IS-95B의 트래픽 채널을 비교하였다.

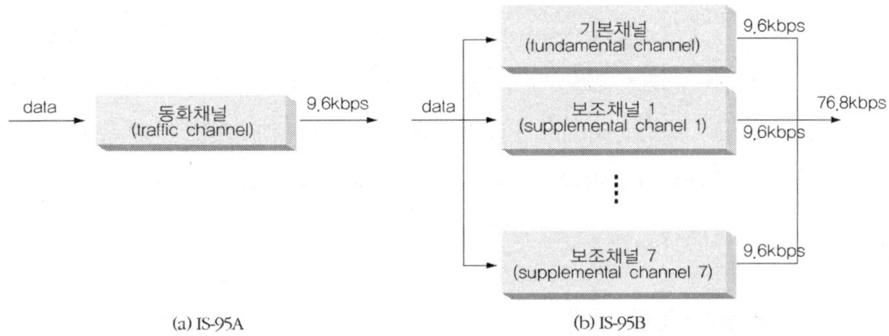

[그림 11-3] IS-95A와 IS-95B의 트래픽 채널 비교

4. IS-95C(CDMA2000-1X)

음성 통신을 주 목적으로 하는 IS-95A의 규격에서 고속 데이터 서비스를 위한 통화 용량 문제를 해결하지 못하고 중속의 데이터 서비스를 구현한 것이 IS-95B라면, IS-95C는 무선 접속 규격의 상당한 부분을 근본적으로 변경하여 고속의 데이터 서비스가 원활하게 이루어질 수 있도록 한 것이다.

IS-95C는 3세대 CDMA 기술이라고 하여 3G(Generation)라는 용어를 사용하며, 1.25MHz채널 하나만 사용하므로 3G-1X 또는 CDMA2000-1X라고도 한다. 기본 칩 레이트 1.2288MHz를 사용하여 144~384kbps까지의 데이터 속도가 가능하다.

5. CDMA2000-3X

CDMA2000-3X 규격은 개념적으로 1X에서 사용했던 1.25MHz 채널을 3개 사용한다고 생각할 수 있다. [그림 11-4]에 나타낸 것과 같이 순방향에서는 주파수 대역상에서 1.25MHz대역 3개를 사용하여 다중 반송파(multi-carrier) 형태로서 약 5MHz의 대역을 차지하며, 역방향에서는 3.6864 Mcps의 칩 발생률로 단일 반송파 확산 형태의 5MHz대역을 사용한다.

CDMA2000 규격은 1X와 3X가 별도로 구성되어 있지 않은 하나의 통합된 규격이며, 무선 형태(RC : radio configuration)로 구분한다. 즉, 역방향 링크의 규격에서 RC 1과 RC 2는 IS-95B와의 호환성을 위하여 설정된 것이며, RC 3과 RC 4는 CDMA2000-1X를 지원하고, RC 5와 RC 6은 CDMA2000-3X를 지원한다. 또한, RC 1, RC 3, RC 5는 9.6kbps계열이며, RC 2, RC 4, RC 6은 14.4kbps계열이다. 한편, CDMA2000 시스템의 개선된 성능을 위하여 적용되는 기술은 다음과 같다.

■ **통화 용량 증대**

- 액세스 채널 접속 성능 보완
- 더욱 빨라진 전력 제어 기능(1.25msec 단위)
- 강화된 채널 코딩(Turbo code)
- 순방향 송신 다이버시티 기능
- 역방향 파일롯 채널 추가
- 할당 가능한 채널수 증대(Quasi-orthogonal walsh code)

■ **데이터 통화 용량 증대**

- 무선 구간 패킷 데이터 서비스
- 효율적인 무선 구간 자원관리 기능(MAC)
- 패킷 데이터 전용 채널 도입하여 통화 채널 효율 증대

■ **고속 데이터 서비스**

- 한 개의 기본 채널 및 다수의 보조 채널에 의한 다양한 속도 지원
- 가변의 확산 인자(variable spreading factor)
- 더욱 작아진 데이터 프레임에 의한 시간 지연 감소
- 지정 제어 채널에 의한 통화 채널 효율 증대

■ **단말기 배터리 수명 연장**

- 순방향 긴급 호출 채널
- HPSK(OCQPSK) 변조 방식에 의한 HPA 효율 증대

■ **IS-95 A, B와 호환성(Backward Compatibility) 확보**

- 순방향 1.25MHz채널 간격 유지
- IS-95 A, B를 위한 RC 1, 2 지원

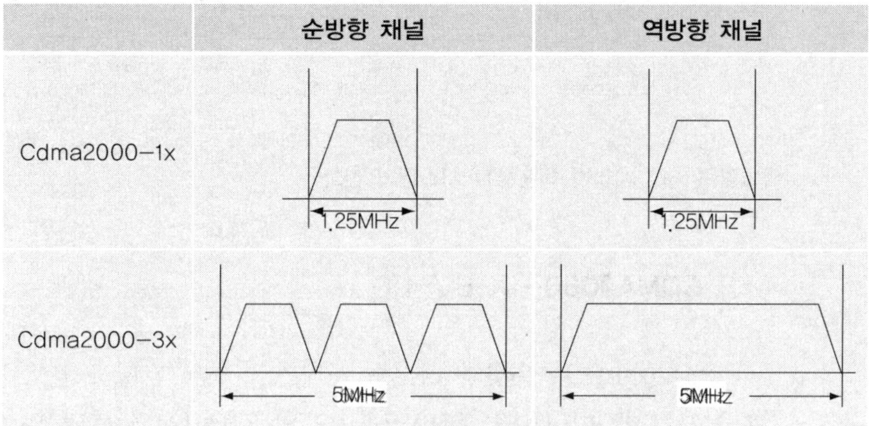

[그림 11-4] CDMA2000-1X와 CDMA2000-3X의 주파수 대역 사용

11.4 지역별 이동통신 시스템의 진화

지역별 이동통신 시스템의 진화를 다음의 [그림 11-5]에 나타내었다. 유럽의 대표적인 이동통신 방식인 GSM은 GPRS와 EDGE로 진화하였고, 3세대 이동통신 방식으로서 WCDMA 방식을 선택하고 현재 UMTS라는 이름의 IMT-2000 시스템을 개발하고 있다. 한편, 일본은 PDC에서 2.5세대인 I-mode를 거쳐 역시 WCDMA 방식의 3세대 시스템을 염두에 두고 있으며, 한국과 미국은 CDMA 방식을 지속적으로 발전시켜 1X EV-DO와 EV-DV를 개발 중에 있다. 혹자는 데이터 속도 384kbps 이하의 3세대 방식을 2.5세대로 정의하기도 한다.

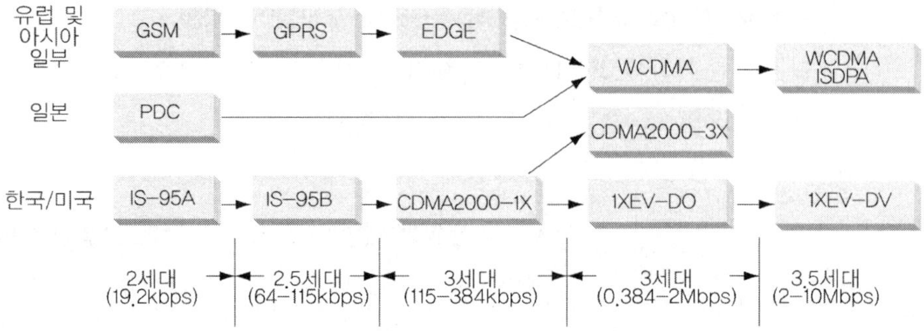

[그림 11-5] 지역별 이동통신 시스템의 진화

1. CDMA2000-1X EV-DO

CDMA2000-1X는 음성과 데이터 서비스를 모두 지원하지만 음성 서비스에 대하여 최적화되어 있는 반면, 데이터 위주의 무선 인터넷 응용에 대하여는 최적화의 여지가 남아 있다. 이에 따라 3GPP2에서는 고속 패킷 데이터 서비스를 위한 무선 접속 기술을 표준화하기로 결정하고, 이를 두 단계로 추진하기로 결정하였다.

첫번째 단계는 1X EV-DO(Evolution Data Only)로서 데이터 전용 주파수 캐리어를 사용하는 무선 접속 기술을 표준화하고, 두번째 단계에서는 1X EV-DV(Evolution Data and Voice)로서 데이터와 음성을 하나의 캐리어에서 지원하는 무선 접속 기술을 표준화하기로 하였다.

1X EV-DO는 개발 초기 미국 Qualcomm사에 의하여 제안되어 HDR (High Data Rate)로 불렸으나, 2002년10월 3GPP2에서 1X EV-DO를 공식 명칭으로 채택하여 사용하고 있다. 1X EV-DO는 IS-95 또는 CDMA2000 1X와 망구조 및 RF 부문에서 호환성을 유지하여 기존의 시스템을 그대로 사용할 수 있으므로 초기 설비 투자를 최소화할 수 있다는 장점이 있으며, 그 외의 장점은 다음과 같다.

① 데이터 처리량(Throughput) 또는 주파수 효율(spectral efficiency)을 최대화하기 위하여 기존의 QPSK 외에 8-PSK 및 16-ary QAM 방식을 사용함으로써 고속, 고용량의 데이터 전송을 실현할 수 있도록 하였다.

② 음성의 경우와 같이 모든 사용자를 동일한 전력과 품질로 서비스하는 것이 아니고, 각 사용자의 채널 상태에 따라 서비스 레벨이 달라지며 어느 한순간에는 한 사용자만을 최대 전력으로 서비스한다.
③ 터보 코드와 Hybrid ARQ와 같은 오류 제어 기법을 적용함으로써 링크의 성능을 보강하였다.
④ 인터넷 트래픽의 특성을 감안하여 순방향 링크와 역방향 링크의 데이터 속도를 달리하여 비대칭으로 설계하였으며, 순방향의 처리량을 최대화할 수 있도록 하였다.

특히 이 서비스는 유선상의 초고속 인터넷 서비스인 ADSL과 흡사해 '모바일 ADSL'로 불리기도 한다. 데이터 속도에서는 기존 144kbps 수준인 CDMA2000 1X보다 최대 20배 정도 빠른 2.45Mbps의 서비스가 가능하며, 다음과 같은 특성을 갖는다.

① 역방향에서는 9.6, 19.2, 38.4, 76.8, 153.6kbps 등의 트래픽 전송률이 가능하다.
② 순방향 링크에서는 38.4kbps에서 2.4576Mbps 사이의 가변 전송이 가능하다.
③ 순방향에서는 주파수 효율(단위 주파수당 데이터 전송률 bps/Hz)을 높이기 위하여 전송률에 따라 몇 가지의 변조 방식을 선택적으로 사용하는데 QPSK/8-PSK /16-QAM 등이 사용된다.

2. CDMA2000-1X EV-DV

EV-DO(Evolution Data and Voice)는 CDMA2000-1X의 144kbps의 전송속도를 2.4Mbps로 끌어 올렸지만 현실적으로 600~700kbps에 그친다는 평을 받고 있다. 전력 제어가 어려워 원거리에 있는 단말기에서는 전송속도가 급격히 떨어지는 단점을 갖고 있다.

또한, 단일 기지국 내에 다수의 사용자가 발생하는 경우 서비스의 안정성(QoS ; Quality of Service)이 떨어지며, 단일 대역 내에서 음성 서비스가 되지 않고, 순방향과 역방향 링크 속도가 달라 완전한 영상 전화의 구현이 어렵다는 단점이 있다.

이에 비해 EV-DV는 음성과 데이터를 모두 지원하고, 전력 제어가 원활하고, QoS와 양방향 대칭성(양방향 속도 최대 2.4Mbps)이 보장되어 안정적인 영상 전화 서비스가 가능하다.

11.5 동기식과 비동기식

3세대 이동통신인 IMT-2000 시스템은 미국과 유럽 모두 CDMA 방식으로 추진하고 있으나 미국은 동기식(Synchronous) CDMA 방식을, 유럽은 비동기식(Asynchronous) CDMA 방식을 추진하고 있다. 동기식 1X의 기본 칩 클럭 주파수는 1.2288MHz이고, 3X는 3.6864MHz이다. 동기식은 기존에 서비스되고 있는 셀룰러 서비스나 PCS 서비스와의 호환성(Backward compatibility)을 위하여 이와 같은 칩 클럭 주파수를 주장하였다. 비동기식의 기본 칩 클럭 주파수는 초안에서 4.096MHz으로 주장하였으나, 동기식과의 주파수 차이를 줄이기 위하여 조금 양보하면서 한 프레임의 슬롯 수를 16에서 15로 바꾸었고, 클럭 주파수는 4.096×(15/16) = 3.84MHz가 되었다. 시스템 및 단말기 제조사들은 3.6864MHz와 3.84MHz가 일정한 간격 내에 있으므로 하나의 오실레이터를 사용하여 두 개의 클럭을 만들어 내는 데 큰 무리가 없다고 판단하여 위와 같이 최종 결정되었다.

3GPP2에서 제안한 미국 주도의 동기식 CDMA 규격을 CDMA2000이라고 하고, 3GPP에서 제안한 유럽주도의 비동기식 CDMA 규격을 WCDMA라고 한다. 여기서 동기와 비동기의 차이점은 전체 시스템이 GPS(Global Positioning System)의 시간 정보를 이용하여 하나의 통일된 시간 기준을 가지고 운영되는가의 문제이다.

즉, 현재 우리나라에서 사용되고 있는 동기식 CDMA는 GPS로부터 시간 정보를 모든 기지국이 받는데, 이들의 시간 값은 유일하여 모든 기지국이 통일된 시간 정보를 갖는다. 이를 이용하여 전체 시스템의 동기를 이루고 시스템을 운영하게 된다.

동기식에서는 모든 기지국 간에 동기가 이루어져 있으므로 전체 시스템이 하나의 PN코드를 사용하고, 각 기지국에서는 이 PN코드의 일부를 오프셋시켜 서로의 독립성을 유지하고 각 기지국을 구분한다. 한편, 비동기 방식에서는 모든 기지국들이 하나의 PN코드가 아닌 서로 다른 PN코드를 사용하여 각 기지국을 구분한다.

[그림 11-6]의 동기식에서와 같이 모든 기지국들이 하나의 PN코드를 오프셋시켜 사용하면 이동국들이 PN코드의 시작점과 현재의 PN코드의 상태를 쉽게 알 수 있으므로 빠른 시간 내에 해당 기지국과 동기를 이룰 수 있다. 그러나 비동기식에서는 서로 다른 다수 개의 PN코드를 사용하고 있으므로 이동국이 속해 있는 기지국의 PN코드를 찾는 시간이 더 길어진다. 아래 그림은 동기식에서 PN 코드를 오프셋시켜 사용하는 개념을 간략하게 표현한 것이다. 실제로는 $2^{15}=32768$개의 칩을 64개씩 나누어 모두 512개의 기지국을 구분하지만 여기서는 10개의 기지국이 임의의 수만큼의 오프셋을 두고 PN코드를 나누어 사용하는 것을 표시하였다.

비동기 방식에서는 빠른 초기 동기를 위하여 PN코드와 정합 필터 기술, 망 설계 기술 등에 관한 연구가 필요한 반면, GPS 안테나 설치가 불필요하므로 시스템 가격이 싸지고, GPS 위성과의 Line-of-sight를 고려할 필요가 없으므로 기지국 설치가 용이해진다는 장점이 있다.

1	2	3	4	5	6	7	8	9	10

: 기지국 1

2	3	4	5	6	7	8	9	10	1

: 기지국 2

⋮

10	1	2	3	4	5	6	7	8	9

: 기지국 10

[그림 11-6] 동기식 시스템에서 기지국을 구별하기 위한 코드의 오프셋 예

연습문제

주관식 (5문제 – 레포트, 세미나 주제용)

11.1__ IMT-2000의 서비스 개요에 대하여 설명하시오.

11.2__ 동기식 IMT-2000 시스템의 진화과정에 따른 데이터 속도 증가를 설명하시오.

11.3__ GPS 시스템에 대하여 설명하시오.

11.4__ 지역별 이동 전화 및 데이터 서비스의 진화과정을 설명하시오.

11.5__ 동기식과 비동기식 IMT-2000의 차이점을 설명하시오.

객관식 (20문제 – 중간, 기말고사 출제용)

11.6__ 다음 중 IMT-2000의 기본개념 중 잘못된 것은?

① 멀티미디어 서비스가 가능하다.
② 하나의 단말기로 세계 어느 지역에서도 통화가 가능하다.
③ 단말기는 일반적으로 싱글 모드를 사용한다.
④ 초고속 정보통신망을 이용한 유무선 통합 시스템이다.

11.7__ 다음 중 IMT-2000 서비스의 전송속도가 잘못된 것은?

① 위성(MSS) : 64kbps
② 실내(Indoor) : 2Mbps
③ 차량(Vehicle) : 144kbps
④ 보행자(Pedestrian) : 384kbps

◀정답▶ 11.6 ③ 11.7 ①

11.8__ IMT-2000 동기 방식의 설명 중 잘못된 것은?

① 기지국과 단말기간의 통신에서 CDMA 방식을 사용한다.
② 네트워크의 자체적인 동기화를 구성한다.
③ 이동 단말기의 대역폭은 5MHz를 사용한다.
④ 기존의 CDMA 서비스 지역에서도 서비스가 가능하다.

11.9__ IMT-2000 동기 방식의 설명 중 맞는 것은?

① 지하 기지국 시설시 GPS 수신 안테나가 불필요하다.
② 기존의 GSM, CDMA 등에서 사용이 불가하며 호환성이 없다.
③ 기지국 간의 핸드오프를 하기 위해서 GPS 위성 클럭이 필요하다.
④ 단말기의 대역폭은 10MHz를 사용한다.

11.10__IMT-2000에서 비동기 방식의 통상적인 명칭은?

① CDMA2000 3X　　② CDMA2000 1X
③ W-CDMA　　④ W-CDMA 2000

11.11__IS-95 셀룰러 서비스에 대한 설명 중 잘못된 것은?

① IS-95의 최대 데이터 속도는 9.6kbps, 최소 데이터 속도는 1.4kbps이다.
② 순방향 링크의 사용 주파수 대역은 869.025~893.985MHz이다.
③ 역방향 링크의 사용 주파수 대역은 824.025~848.985MHz이다.
④ 우리 나라에서는 1996년부터 서비스되었다.

11.12__다음 설명 중 IS-95A PCS 서비스에 대한 설명이 잘못된 것은?

① IS-95A의 최대 데이터 속도는 14.4kbps, 최소 데이터 속도는 1.8kbps이다.
② 순방향 링크의 사용 주파수 대역은 1.840~1.870GHz이다.
③ 역방향 링크의 사용 주파수 대역은 1.750~1.780GHz이다.
④ 셀룰러 서비스보다 고속의 속도에서 저렴하게 서비스를 제공하는 것이 목표이다.

11.13__IMT-2000 서비스 커버리지에 따른 다음 설명 중 틀린 것은?

① 매크로 셀 : 반경 35km 이내
② 메가 셀 : 반경 100~500km 정도
③ 피코 셀 : 반경 300m 이내
④ 마이크로 셀 : 반경 500m~1km 정도

◀정답▶ 11.8 ② 11.9 ③ 11.10 ③ 11.11 ① 11.12 ④ 11.13 ③

11.14__다음 중 초보적인 무선 인터넷 서비스가 가능한 것은?

① IS-95 ② IS-95A ③ IS-95B ④ IS-95C

11.15__다음 중 IS-95B에 대한 설명으로서 잘못된 것은?

① 다단계 전력 제어 기술이 적용된다.
② 최대 데이터 속도는 144kbps이다.
③ 위치 정보 서비스가 가능하다.
④ 가입자의 우선순위에 따라 채널이 할당된다.

11.16__다음 중 IMT-2000 1X EV-DO의 기능이 아닌 것은?

① 패킷 데이터 처리
② HDR(High Data Rate)에 기반하고 있다.
③ 음성과 데이터를 동시에 처리
④ 최대 2.4Mbps의 데이터 처리

11.17__CDMA-2000 3X의 내용 중 틀린 것은?

① 전체 주파수 대역폭이 5MHz이다.
② 직접 확산 방식인 3.84Mcps의 칩 클럭을 사용한다.
③ 순방향과 역방향의 주파수 대역 확산 방식이 다르다.
④ 데이터의 최대 전송속도는 2Mbps이다.

11.18__다음 중 비동기 방식의 데이터 서비스가 아닌 것은?

① GPRS ② EDGE ③ HSCSD ④ 1X EV-DO

11.19__다음 각 서비스별 가능한 데이터 속도가 옳지 않은 것은?

① IS-95A : 14.4kbps ② IS-95B : 64kbps
③ cdma2000-1x : 144-384kbps ④ cdma2000-3x : 2.6Mbps

11.20__다음 중 cdma2000의 일반적인 특징이 아닌 것은?

① 이전 방식에 비하여 통화 용량이 증대되었다.
② 고속의 데이터 서비스가 가능하다.
③ 변조 방식을 개선하여 단말기의 배터리 수명을 연장하였다.
④ IS-95A, IS-95B와 호환성이 없다.

◀정답▶ 11.14 ③ 11.15 ② 11.16 ③ 11.7 ② 11.8 ④ 11.9 ④ 11.20 ④

11.21__다음 중 1X EV-DO에 대한 설명이 아닌 것은?

① 고속 패킷 데이터 서비스를 위한 무선 접속 기술이다.
② 전력제어가 어려워 원거리 단말기는 전송 속도가 떨어진다.
③ GSM 방식과 기초기반 시스템이 동일하다.
④ 초기 설비 투자를 최소화할 수 있다.

11.22__다음 중 1X EV-DV에 대한 설명이 아닌 것은?

① 양방향 데이터 속도가 동일하다.
② 안정적인 영상 전화 서비스가 가능하다.
③ 이 방식을 모바일 ADSL이라고도 한다.
④ 음성과 데이터를 모두 지원한다.

11.23__cdma2000-3X 방식에서 통화 용량을 증대시키는 방법이 아닌 것은?

① 채널 코딩의 강화
② 동기 채널의 접속 성능 보완
③ 역방향 파일롯 채널 추가
④ 할당 가능한 채널 수 증대

11.24__cdma2000-3X 방식에서 전력 증폭기(HPA)의 효율을 증대시키는 변조 방식은?

① HPSK ② QAM ③ 8-PSK ④ QPSK

11.25__다음 중 유럽에서 개발하고 있는 비동기식 IMT-2000 서비스는?

① GPRS ② PDC ③ UMTS ④ EDGE

◀정답▶ 11.21 ③ 11.22 ③ 11.23 ② 11.24 ① 11.25 ③

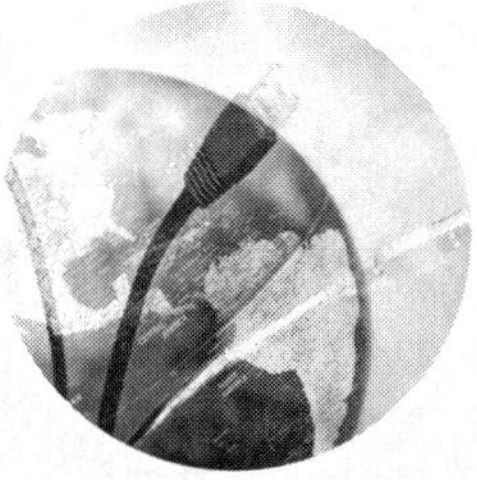

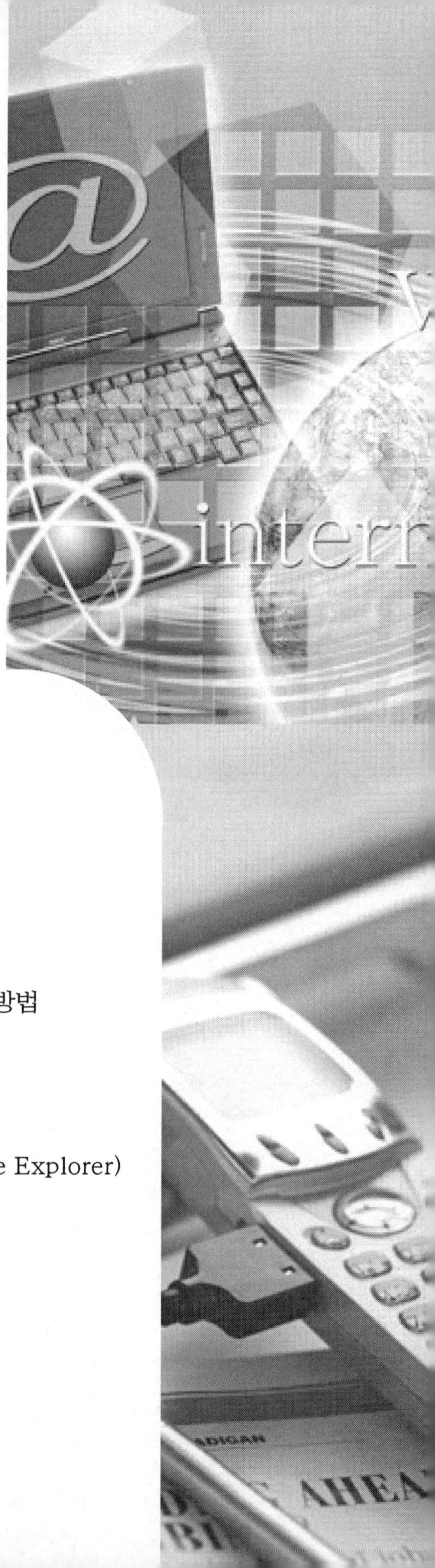

제12장
무선 인터넷 서비스

무선 인터넷 서비스 시장은 이동통신망을 이용한 이동 무선 인터넷 서비스를 제공하는 방식과 무선랜을 중심으로 한 고정 무선 인터넷 서비스를 제공하는 방식으로 크게 양분되고 있으며, 차세대 서비스 형태로 고정 무선 인터넷 서비스에 이동성을 추가한 휴대 인터넷 기술이 개발되고 있다.

한 이동통신업체의 경우 액세스 포인트(AP)가 구축된 가정 내 및 NESPOT Zone에서는 무선랜(NESPOT) 서비스를 이용하고, 기타 지역에서는 이동통신(CDMA)의 무선 데이터 통신을 이용하는 하이브리드 서비스를 제공하고 있다.

국내의 무선 인터넷은 무선랜 방식(Wi-Fi, Wireless Fidelity)보다는 휴대폰 중심의 무선 인터넷이 현재까지 강세를 나타내고 있다.

12.1 무선 인터넷의 등장배경

무선 인터넷이라는 것은 좁은 의미로 볼 때에는 인터넷 기능을 제공하는 이동 전화 단말기 또는 휴대 정보 단말기에서 이동통신망을 통하여 인터넷에 접속하는 것을 의미하며, 넓은 의미에서는 무선랜이나 블루투스 등을 포함하여 무선이라는 매개체를 사용하여 인터넷에 접속하는 모든 형태를 의미한다. 따라서 무선 인터넷 시장이 크게 이동통신망을 이용한 무선 인터넷과 무선랜을 중심으로 한 고정 무선 인터넷으로 크게 분류될 수도 있음을 내포한다. 그러나 국내의 무선 인터넷은 무선랜 방식인 Wi-Fi(Wireless

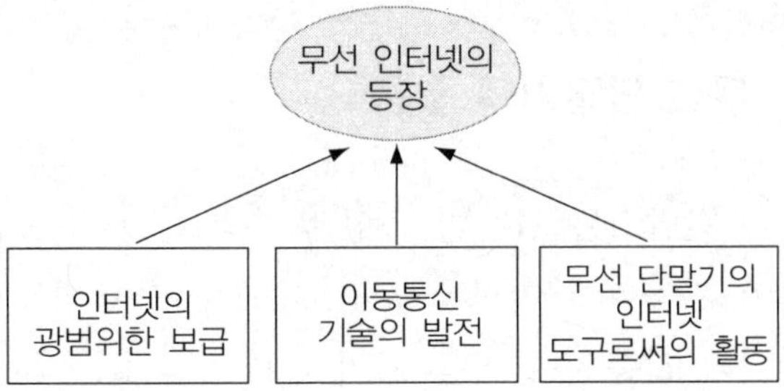

[그림 12-1] 무선 인터넷의 등장 배경

Fidelity)보다는 휴대폰 중심의 무선 인터넷이 현재까지 강세를 나타내고 있다. 이와 같은 무선 인터넷의 등장배경은 인터넷의 광범위한 보급과 이동통신 기술의 발전, 무선 단말기의 활용 등으로 설명될 수 있을 것이다.

1. 인터넷의 광범위한 보급

개인용 컴퓨터와 인터넷의 폭발적 보급과 발전은 전자상거래와 이비지니스(e-business)로 요약되는 지식과 정보에 기반을 둔 비즈니스의 변화, 정보공유를 통한 사이버 세계의 활성화, 언론이나 방송 등을 대체할 새로운 미디어로서의 역할 등 경제적, 문화적, 정치적 관점에서 인간의 삶에 혁신적 변화를 가져오고 있다.

2. 이동통신기술의 발전

호출기로부터 시작하여 셀룰러 폰(cellular phone), 개인 휴대 전화기(PCS)를 거쳐 조만간 상용화될 IMT-2000기반의 이동통신까지 최근 몇 년 사이에 이동통신 환경은 엄청난 속도로 발전하고 있다. 무선 단말기의 발전과 함께 단말기를 통해 가능한 부가 서비스에 대한 모색도 활발히 전개되고 있다. 무선 이동통신도 컴퓨터를 연결시키는 네트워크의 한 수단으로 부각되기 시작했으며, 유선 인터넷 서비스를 무선의 세계로 수용하려는 욕구가 급속히 확산되고 있다.

3. 무선 단말기의 활용

무선 단말기는 기존의 음성 위주의 단말기(voice only terminal), 저속 데이터 전송이 가능한 스마트폰(smart phone), PDA 기능을 복합적으로 구성하는 고속데이터 전송 단말기를 거쳐 비디오폰(video phone)으로 발전할 것이다. 이러한 과정에서 사용자입장에서 보면 2가지 정도의 방향으로 단말기 형태가 전개될 것이다. 일반 소비자를 대상으로 한 무선 단말기는 현재의 신용카드 크기로 소형화되고 여러 기능이 복합화될 것이지만, 기업을 대상으로 한 무선 단말기는 일정한 크기를 유지하면서 업무 용도에 적합한 형태로 전문화될 것이다.

이와 같이 단말기를 통한 인터넷 접근은 시공간을 초월한 정보 접근의 가능성을 제시하지만 단말기 자체의 제한(작은 스크린, 저용량의 프로세서와 메모리)과 무선망의 성능상의 제한으로 인해 기존 유선 인터넷에서와 같이 멀티미디어를 포함한 다양한 형태의 정보 제공이 어려운 것이 현실이다. Palm Pilot의 개발자인 Joe Sipher는 무선 인터넷이나 무선 단말기들은 다음과 같은 디자인 철학을 지켜야 한다고 이야기한 바 있다.

"Do what you need to do on the mobile platform and use the desktop, with its much bigger resources, for everything else." (http://www.eetimes.com/)

즉, 무선 환경에서 해야 할 필요가 있는 일들에 무선 인터넷을 이용하라는 말이다. 그렇다면, 무엇이 무선 인터넷 환경에서 하기에 적합한 일들인지를 먼저 생각해야 할 것이다. 무선 통신의 기본적 성격인 이동성(mobility)과 휴대성(portability)에 적합한 서비스를 생각할 수 있다.

현재 제공되는 서비스에는 정보제공, 운세, 예약, 개인정보관리(PIM), 커뮤너티, 게임 등이 주류를 이루고 있다. 앞으로는 무선이 가지고 있는 시간과 장소의 제약이 적다는 장점을 더욱 살릴 수 있는 증권 거래, 금융과 같은 서비스나 위치정보 서비스 등이 더욱더 활성화될 것이다.

더 나아가 차세대 무선 인터넷 기술인 휴대 인터넷이 상용화된다면, 기존 유선 인터넷상에서 제공되던 서비스들이 무선에서도 적절하게 서비스되는 진정한 의미의 이동성을 갖는 무선 인터넷 서비스가 제공될 것이다. 즉, 기존 인터넷상에서 하던 모든 서비스는 무선상에서 얼마든지 할 수 있다는 것이다.

12.2 이동통신망에서의 무선 인터넷 서비스 제공 방법

무선 인터넷은 이동통신과 인터넷이라는 두 가지 기술을 필요로 하며 두 망 사이의 연동을 위하여 새로운 방식이 필요하게 되었다. 가장 먼저 제시된 해법은 HDTP(Handheld Device Transport Protocol)와 HDML(Handheld Vevice Markup Language)을 기반으로 한 Unwired Planet사의 해법이다.

이후 프로토콜의 통일을 위하여 WAP포럼에서 무선 인터넷 표준 프로토콜인 WAP(Wireless Application Protocol)을 정의하였다. WAP 포럼은 1997년 6월 에릭슨(Ericsson), 노키아(Nokia), 모토로라(Motorola)와 Unwired Planet(현재 phone.com) 등 4개사가 모여 시작되었다. 1997년 포럼이 형성되었으며, 이크로소프트, IBM, 인텔 등의 IT업계의 주요 업체들을 포함해 약 200여 회사가 참여하고 있으며 국내에서도 LG정보통신, 삼성전자, SK텔레콤 등이 가입해 있다.

WAP 방식에서는 기존의 인터넷 프로토콜인 HTTP와 호환이 되지 않고 게이트웨이의 구성에 많은 투자비가 든다는 점때문에 MS에서는 Mobile Explorer 방식을 제공하고 있다. 또한 일본의 NTT DoCoMo는 i-Mode라고 불리는 독자적인 방식의 무선 인터넷 서비스에 HTML/HTTP 방식을 채용하면서 무선 인터넷 시장은 WAP계열과 그렇지 않은 계열 좀 더 정확하게 말하면 WML을 사용하는 계열과 HTML을 사용하는 계열로 크게 나눌 수 있다.

그러나 위에서 언급한 텍스트 기반의 브라우저를 기본으로 하는 방식은 보안문제에 대한 해결책이 미흡하고 인터페이스가 매우 조악하며, 온라인상에서만 사용가능하다는 단점이 있다. 따라서 멀티미디어 및 보안문제 해결, 다양한 무선 응용 프로그램의 개발에 적합한 가상 머신 기반의 서비스로의 발전하고 있으며, 텍스트와 간단한 이미지 표현만 가능했던 단순 마크업언어 방식의 브라우징 서비스에서 멀티미디어가 가능한 시대로 접어들게 되었다.

초창기 J2ME를 필두로 해서 현재 이동통신사 별로 다양한 가상 머신(VM)

기반의 서비스가 제공되고 있다. 그것의 대표적인 것이 GVM, KVM, BREW 등이며 이러한 무선 인터넷 플랫폼은 브라우저 방식의 단점을 개선하였지만, 서로 간의 호환성 결여로 여전히 컨텐츠 개발자 입장에서는 하나의 응용을 여러 가상 머신에 적합하도록 고쳐야하는 어려움에 직면하고 있다. 결국, 무선 인터넷 서비스 발전에 저해 요소인 이런 점을 해결하기 위해 수행된 표준화 작업의 결과로 WIPI가 개발되었으며 현재 WIPI가 보급되고 있다.

1. WAP(WML) 계열

WAP 방식은 사용자 면에서 가장 많은 수를 차지하고 있다. 또한 공개된 표준이라는 점에서 많은 연구가 이루어지고 있으며 수많은 애플리케이션이 개발 중이다. 따라서 세계적인 표준으로 자리잡기에 가장 유망한 프로토콜이다. 그러나 기존의 HTTP를 지원하지 않는다는 점과 WAP 게이트웨이에 비용이 많이 든다는 점이 MS의 ME 방식과 i-Mode 방식에 비해 단점으로 부각되고 있다.

기술적으로는 HTTP와 별도의 WAP 프로토콜이 기존의 기술과의 호환성을 제공하면서 애플리케이션의 개발이 가능하기 때문에 다른 방식에 비하여 많은 유연성을 가지고 있고 기존의 서비스와 차별화된 서비스를 개발하기에는 가장 유리하다. 즉 WAP에서 표준으로 정의되지 않는 포맷의 파일에 기반한 서비스나 제공되지 않는 서비스일지라도 단말기나 무선망의 성능이 보장되는 한 제공되는 프로토콜을 이용하여 구현이 가능한 장점이 있다. 현재 국내에서는 SK텔레콤에서 WML 기반의 WAP 서비스를 제공하고 있으며 LG 텔레콤에서는 HDML 기반의 WAP 서비스를 제공하고 있다. 따라서 국내에서도 가장 많은 사용자를 가지고 있으며 다양한 서비스들이 개발 중에 있다. WAP 방식은 사용자의 모든 요구를 수용할 수 있을 정도는 아니지만 사용자의 편의와 단말기의 기능을 고려한 표준들이 많이 연구되고 있다. WAP에서 규정된 멀티미디어는 현재 압축이 안된 WBMP 파일만이 있다. 이를 개선하기 위하여 음악과 동영상의 표준화 노력이 계속되고 있으며(WAP multimedia expert group) 단말기 spec 등의 개선도 논의되고 있다. 또한 무선 인터넷의 보안 문제(WAP Security Working Group), 기존의 기술과의 호환(WAP

Interoperability Group), 메시지 통합 관리 시스템의 구현에 관한 표준이 연구되고 있다. 궁극적인 WAP 게이트웨이의 목적은 무선환경을 위하여 따로 사이트를 만드는 것이 아니기 때문에 기존의 HTML 사이트를 자동변환하기 위한 노력이 계속되고 있다.

2. HTML 계열

MS는 WAP 포럼에도 참여하고 있으면서 WAP 방식이 가지는 단점을 다른 차원에서 해결하기 위하여 ME 방식을 제안하였다. 2000년 현재 MS는 BT(British Telecom), AT&T, 퀄컴 등과 연합하여 무선 인터넷 시장을 장악하기 위하여 노력하고 있다. ME는 게이트웨이의 구현이 필요없다는 점과 기존의 HTML 컨텐츠의 사용이 가능하다는 점에서 WAP의 단점을 극복하려고 하고 있다.

버전 1.0에서는 OS에 무관한 브라우저를 제공하고 게이트웨이를 이용하지 않으며 m-HTML을 기본 언어로 하고 있다. 이에 의하여 이동통신 사업자에게는 투자비의 절감이라는 장점을 제공하며 기존의 HTML 컨텐츠를 그대로 이용할 수 있다는 점에서 컨텐츠 제공업자에게 편의를 제공하고 있다. 동시에 브라우저의 오버헤드가 크다는 단점이 있으며 공개되지 않는다는 점에서 브라우저에서 지원하지 않는 파일을 이용한 서비스는 제공하지 못하는 단점도 가진다. 따라서, 확장성 면에서는 WAP에 뒤진다고 할 수 있다.

MS는 퀄컴과의 합작과 브라우저와 운영체제를 동시에 만든다는 강점도 가지고 있다. 국내에서는 한국통신 프리텔이 MS의 투자를 받아서 m-HTML 기반의 ME 방식 무선 인터넷 서비스를 제공하고 있다. ME의 2.0 버전은 기존의 1.0과는 달리 HTML과 WAP을 동시에 지원하며 SSL을 통한 보안기능을 추가하였고 JavaScript, GIF 등을 지원하도록 하고 있다.

또 하나의 HTML계열의 무선 인터넷 서비스가 일본의 NTT DoCoMo가 개발한 i-Mode 방식이다. WAP 방식은 표준이 완전히 정립되기까지는 시간이 걸리기 때문에 시장 선점의 창언에서 독자적인 방식을 개발하여 서비스를 시작하였다. 기본적으로 HTML/HTTP 방식을 채용하였으며 사용하는 언어는 HTML 4.0의 서브셋인 C-HTML(Compact HTML)로 HTML 4.0에서 일부의 기능을 수정하였다.

TCP/IP 대신에 독자의 프로토콜을 사용하였으며 무선 단말기의 부담을 최소로 하였다. 기본 서비스는 9600bps로 이루어졌으며 패킷 방식으로 데이터의 양에 따라 이용요금이 이루어진다. 망과 인터넷의 연동에서 부담을 줄였기 때문에 이용로 면에서 강점을 가진다. i-Mode는 일본 내의 서비스로 한계성을 가지지만 수익 사례를 가지는 유일한 모델이기 때문에 앞으로 많은 파급효과가 예상된다. 또한, 최근에는 홍콩 등의 여러 나라에 진출함으로써 세계 표준 다툼의 한 축으로도 파악되고 있다. 하지만, NTT DoCoMo도 MS와 마찬가지로 WAP 포럼의 일원이기도 하며 Ericsson과 공동으로 IMT-2000을 위한 WAP 2.0을 WAP 포럼에 제안하고 있기도 하다.

〈표 12-1〉 WAP과 HTML 계열 방식과의 비교

	WAP(WML) 계열	HTML 계열
효율성	• 2진 코드로 전송 • 모든 기술적 방식을 무선을 기반으로 하여 재정의 • 제한된 대역폭에 적용이 용이 • 효율성 강조	• 아스키코드로 전송 • 유선 인터넷에서 사용하는 기술적 방식에 기반 • 대역폭 제한에 민감 • WAP보다 효율성 떨어짐
호환성/확장성	• WML이라는 새로운 언어를 사용함으로 컨텐츠 제공업자의 재교육 필요	• 기존 사이트에 대한 호환성 장점 • 기존 PC 기반의 스크립트 확장이 용이
보안성	• 프로토콜 변환 과정에서 일시적으로 보안이 풀림	• 단대단(end to end) 보안이 유지

3. VM과 바이너리 다운로드 계열

WAP, ME, i-mode를 1세대 무선 인터넷시대라고 하면 2세대 무선 인터넷에서는 미들웨어 플랫폼을 사용한다. 무선 인터넷 미들웨어 플랫폼은 2진 코드를 실행시키는 C 언어를 사용하는 계열과 가상 머신에서 인터프리터하는 과정을 거치는 자바 언어 계열로 나눈다. 전자를 바이너리 다운로드 방식이라 하며, 후자를 스크립트 실행방식이라고 한다. 바이너리 다운로드 방식은 MAP, Brew가 채택한 방식이고, 스크립트 실행 방식은 KVM, GVM 등이 채택한 방식이다. 바이너리 다운로드 방식이 스크립트 방식보다 실행속도가 빠르고 적은 메모리를 차지하는 장점이 있다. 미들웨어 플랫폼의 국내표준으로 탄생한 WIPI는 프로그래밍 언어로 Java와 C/C++을 모두 지원하며, 바이너리 다운로드 방식을 지원한다. 따라서 Java로 개발된 응용은 단말기에 탑재되기 전에 바이너리 형식으로 변환되어진다.

여기서는 Java VM(J2ME)을 기준으로 VM이 왜 채택되는지, VM의 장점이 무엇인지 알아본다.

■ **동적인 애플리케이션의 다운로드가 가능하다.**

기존에 사용자들은 서비스 센터를 찾아가서 소프트웨어 업그레이드를 받아야 하는 불편함을 감수해야만 했다. VM기반의 무선 Application은 실시간으로, 동적으로, 그리고 안전하게 다운로드될 수 있으므로 서비스 센터에 가지 않고 무선으로 소프트웨어를 업그레이드할 수 있다.

■ **비연결성을 제공한다.**

기존의 WAP 방식의 서비스는 Network에 의존적이어서 서비스가 되려면 반드시 네트워크가 가능한 상황이어야 했다. 그러나 항상 네트워크에 연결되어 있을 수는 없다. 사용자는 지하에서 장시간 머무를 수도 있다. VM을 사용함으로써 네트워크에 연결되지 않았을 때에도 기존에 다운로드했던 응용 프로그램들을 실행시켜서 작업을 하거나 게임을 즐기거나 할 수가 있다. 또한 작업한 내용을 네트워크에 연결이 가능한 상태에서 동기화하는 것이 가능하다.

■ **향상된 사용자 경험과 역동성을 제공한다.**

기존의 WAP 또는 ME브라우저 기반의 서비스는 유저 인터페이스에 근본적인 한계가 있다. 동적으로 다운로드된 자바 애플리케이션은 보다 향상된 그래픽과 더욱 빠른 응답속도를 통해 사용자들의 만족도를 높여줄 것이다.

■ **보안 문제에 대한 해결책을 제시할 수 있다.**

WAP과 ME, 그리고, i-Mode는 종단간 보안에 관한 한 완벽한 솔루션을 제시하지 못하고 있다. 자바는 이미 훌륭한 보안 모델을 가지고 있으며, 무선 네트워크에서의 보안 문제를 해결할 수 있을 것이다.

■ **크로스-플랫폼 호환성을 높일 수 있다.**

Java VM에서만 가능한 이 장점은 완전하지는 않지만 최대한 플랫폼간의 호환성을 제공해 줄 수가 있다. 유사한 수준의 성능을 제공하는 기종들에서는 상당히 호환성을 갖출 수 있도록 되어 있으며 다른 기기로의 전환도 비교적 용이한 상황이다

■ **Object oriented programming language의 장점을 제공한다.**

보다 개념적으로 직관적이고 단순한 코딩으로 많은 기능을 수행하도록 개발하는 것이 용이하다. Object Oriented 프로그래밍이 VM에 있어 장점만을 제공하는 것은 아니지만 쉽고 개발에 용이한 Java의 장점에 많은 부분 도움이 되고 있는 것이 사실이다.

■ **커다란 개발자 커뮤니티가 있다.**

현재 Java개발자들은 약 250만명 있다고 한다. 이러한 개발자들의 수는 많은 개발 산물들을 내어 놓고 있고 결과적으로 웹뿐 아니라 기존의 Client/Server Application뿐 아니라 모바일 분야에서도 많은 개발자들을 생겨나게 하고 있다.

12.3 WAP 모델의 개념

WAP은 이동통신 사용자가 두 가지 IP에 접속할 수 있게 해 주는데 하나는 HTML과 같은 데스크형 플랫폼을 위한 것이고, 다른 하나는 WAP 기능을 갖춘 셀룰러 전화기나 WML과 같은 소형의 이동 화면을 위한 셀룰러 모뎀을

갖춘 팜 파일럿 단말기 등의 이동통신 장비를 위한 것이다. 인터넷 컨텐츠는 보편적인 HTML 서버에 저장될 수도 있고 WML의 기능이 있는 웹 서버에 저장될 수도 있다. 그러면 WAP과 호환성이 있는 이동통신 장비는 WAP에서 제공하는 적절한 번역 프로토콜을 이용하여 HTML 서버로부터 웹 컨텐츠를 끄집어 낼 수 있는 방법을 가지고 있어야 한다.

위에서 언급한 WAP 서비스 요구 사항에 따라서 [그림 12-2]와 같은 WAP 기반 구조를 생각해 볼 수 있다.

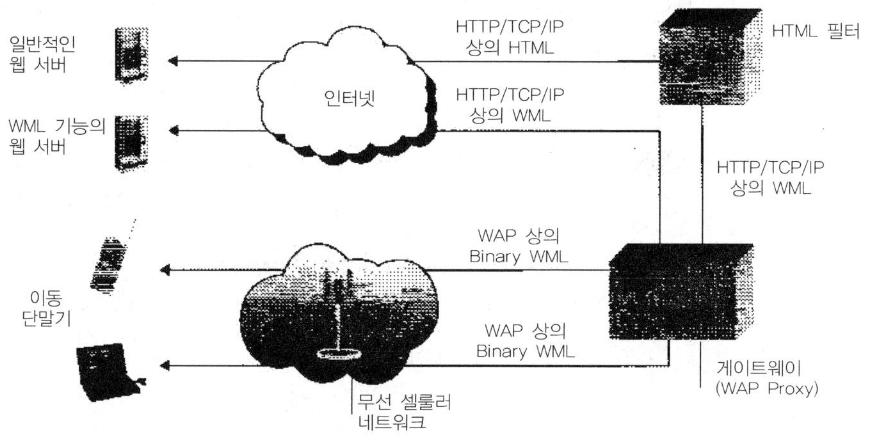

[그림 12-2] WAP 기반 구조

앞에서 설명한 접속 기술을 사용하는 WAP 호환성의 이동통신 장비는 WAP 세션을 시작한 후에 무선 셀룰러 네트워크에 접속된다. WAP(proxy) 서버는 셀룰러 시스템 백본 네트워크와 인터넷상의 중간 지점에 위치한다. 직접 접속과 간접 접속의 두 가지 경우가 있다. 첫 번째는 이동통신 장비가 WAP 호환의 서버 예를 들면, WML 기능의 웹 서버에 있는 인터넷 컨텐츠를 찾는 경우를 말한다.

WAP proxy 서버가 이동통신 사용자의 WAP 세션을 곧바로 WML 기능의 서버에 접속시켜 준다. 이 경우에는 WAP 호환의 이동통신 장비를 가지고 인터넷 컨텐츠를 직접 볼 수 있는 형태로 이미 되어 있기 때문에 HTML과 WML 간의 번역은 필요치 않게 된다. 두 번째는 이동통신 사용자가 일반적인 서버 예를 들면, HTML 웹 서버에 있는 인터넷 컨텐츠를 찾는 경우를 말한다. 이 경우에는 번역 과정이 필요하기 때문에 HTML 필터(즉, 또 다른 네트워크 서버)가 WAP 프록시와 일반적인 인터넷 HTML 서버 사이에 필요하게 된다. 요즈음 WML 기능의 서버는 인터넷에서 계속 증가하고 있다.

WAP 구조는 [그림 12-3]의 프로그래밍 모델로 간결하게 나타낼 수 있다. 프로그래밍 모델은 클라이언트, 게이트웨이, 그리고 서버의 세 부분으로 구성되어 있다. 따라서 컴퓨터 네트워크에서 통상 사용되고 있는 클라이언트 - 서버 모델과 아주 유사하다.

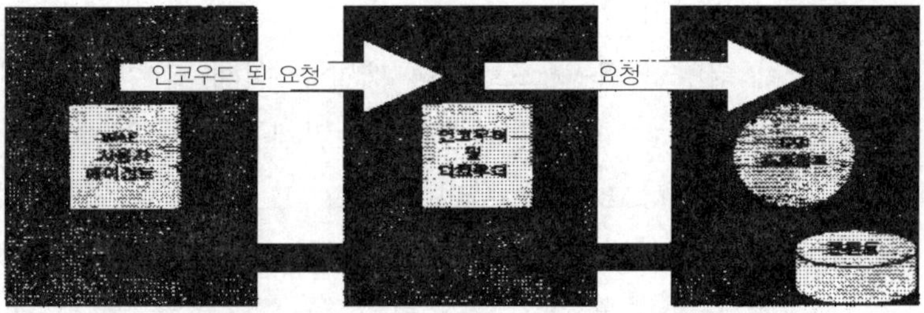

[그림 12-3] WAP 프로그래밍 모델

WAP 클라이언트가 서버에 저장되어 있는 컨텐츠를 찾는다고 가정해 보자. 클라이어트(이동통신 사용자) 장비의 한 요소인 WAE 사용자 에이전트가 암호화된 요청을 인코딩 및 디코딩 알고리즘을 포함하고 있는 게이트웨이를 경유해서 보낸다. WML이 클라이언트와 게이트웨이 사이에서 사용되는 반면 HTML은 게이트웨이와 서버 사이에서 동작한다. 게이트웨이 서버가 클라이언트의 요구를 서버에 보내는데, 만약에 요구된 컨텐츠가 서버에 저장되어 있는 경우 컨텐츠를 포함한 응답이 게이트웨이 서버로 보내지게 된다. 게이트웨이 서버는 컨텐츠를 WML로 인코딩한 후에 요청한 클라이언트에게로 보내게 된다.

12.4 WAP 프로토콜의 구조

WAP은 각종 무선 베어러(brearer) 위에 기존의 TCP/IP와는 전혀 다른 프로토콜 계층을 정의하고 있다. 즉 유선에 비해 불확실한 무선 환경에 맞게 계층을 세분화하여 3계층 이상을 정의하고 추가해서 응용 프로그램 개발 환경까지 고려하고 있다.

또한 다양한 응용 프로그램 개발을 위해 각 계층간 인터페이스를 유연하게 정의하여 각 계층은 바로 위 상위계층뿐 아니라 모든 상위계층에 의해서 접근이 가능하고 다른 서비스 응용 프로그램에 의해서도 접근이 가능하게 하였다.

[그림 12-4]는 WAP 프로토콜과 인터넷 프로토콜의 내부 구조를 비교 해 놓은 것이다. WAP의 구조가 기본적으로 기존 인터넷망에서 사용하는 프로토콜과 유사하면서 무선에 맞게 프로토콜 스택을 구성하고 있는 것을 볼 수 있다.

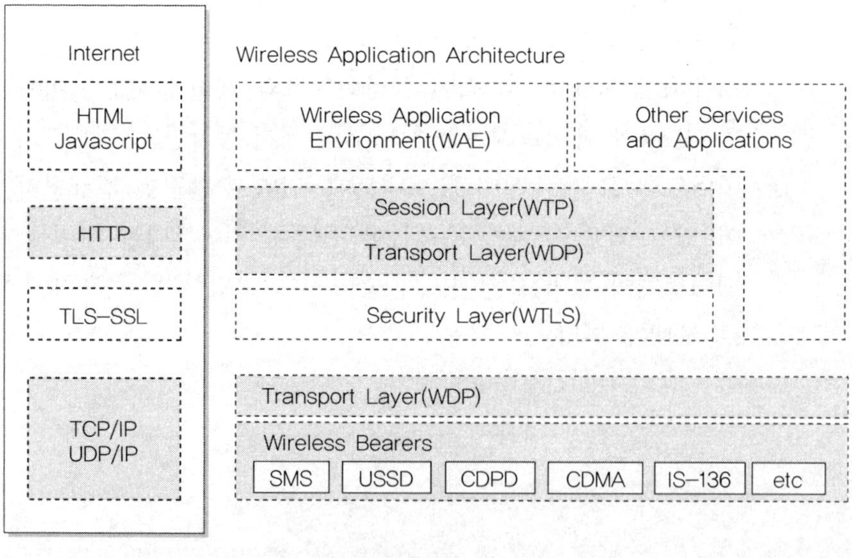

[그림 12-4] WAP 프로토콜과 인터넷 프로토콜 구조 비교

1. WAE

WAE(Wireless Application Environment)는 웹과 이동통신 기술에 기반하여 어떠한 플랫폼에서도 다양한 응용 서비스를 개발할 수 있는 환경을 제공한다.

현재 WAE 계층에서는 이동단말에 적합한 컨텐츠와 사용자 인터페이스를 제공하는 WML, 이동단말에서 수행되는 프로그램을 작성하기 위하여 자바스크립트의 부분집합을 확장한 WML 스크립트, 음성사서함과 같은 기존의 이동전화 장치에서 가능한 서비스를 수용하기 위한 구조인 WTA(Wireless Telephony Application)를 비롯한 다양한 서비스와 형식을 정의하고 있다. 이를 위한 대표적 응용 프로그램으로 마이크로 브라우저가 있다.

2. WSP

WSP(Wireless Session Protocol)는 현재 브라우징 서비스를 위한 제한된 기능만을 제공하므로 WSP/B라고도 한다. WSP/B는 연결형과 비연결형 세션 서비스를 정의하고 있다. 연결형 세션 서비스는 WTP 상위계층에서 동작하며 비연결형 세션서비스는 WDP나 UDP 위에서 동작한다. 인터넷과의 연동을 위하여 HTTP에 상응하는 기능들을 제공하는 WSP/B는 무선 구간에서의 컨텐츠 전달을 위해 클라이언트/서버 기능을 협상하고 이를 헤더에 인코딩한다. WSP/B는 서버가 주도하는 컨텐츠 전달인 푸시기능과 유휴 상태에 있는 세션에 대해 네트워크 자원을 해제하거나 배터리를 절약하기 위해 세션을 일시 중지하거나 재개하는 기능도 갖고 있다.

3. WTP

클라이언트의 하나의 요청에 따른 서버의 응답을 묶은 일련의 과정을 보통 트랜잭션이라 부르는데, WTP(Wireless Transaction Protocol)는 열악한 무선 환경을 고려하여 신축적으로 대응케 하였다. 신뢰성 요구의 수준과 방향성에 따라 트랜잭션을 세 가지 등급(class 0, 1, 2)으로 나누어서 차별화된 서비스를 제공한다.

4. WTLS

WTLS(Wireless Transport Layer Security)는 무선이라는 전송 방식을 사용할 때에 있어서 가장 염려가 되는 측면인 보안에 대해서 보다 효율적인 방어 방법을 제공하고, 낮은 데이터 전송률과 공중의 상황에 따라서 오류가 발생할 소지가 높다는 등의 단점이 있는 환경에서 이에 적합한 보안 알고리즘과 메커니즘을 제공하기 위한 보안 소켓 계층에 기반을 둔 프로토콜이 제안되었다. 이 프로토콜은 소켓 인터페이스 계층에서 데이터의 교환시에 안정성을 보장하기 위한 보안기능을 추가한 소켓 인터페이스와 프로토콜을 의미하는 유선의 SSL(Secure Socket Layer)을 인터넷 환경에 적용한 TSL(Transport Layer Security)를 바탕으로 WDP와 WTP 사이에서 동작하도록 작성된 보안 프로토콜이다. 이 보안 프로토콜은 WAP 트랜스포트 프로토콜을 사용하며, 좁은 대역폭을 가지는 통신 채널을 사용할 수 있도록 되어 있고 터미널간의 안전한 통신을 사용할 수 있도록 해준다.

5. WDP

WDP(Wireless Datagram Protocol)는 여러 가지 기술의 이동통신망에서 동작하는 데이터 그램 패킷 전송 프로토콜을 의미하며, 다양한 네트워크 형태에 의해서 지원되는 데이터를 전달하는 능력을 가진 전송 서비스 위에서 동작한다. 적응계층(Adaptation Layer)을 이용함에 따라서 상위계층에 대해서 다양한 이동통신망 기술에 대해서 일관된 단일 인터페이스를 제공해주며, 상위계층은 이동통신망 기술에 상관없이 같은 서비스를 제공할 수 있게 되는 것이다.

패킷의 IP계층에서 볼 수 있었던 절편화(Fragmentation)와 재조립(Reassembly) 기능을 정의하며, 상위계층 프로토콜의 일반적인 인터페이스를 제공하기 때문에 보안, 세션, 응용계층의 기초를 이루는 무선 네트워크 기능을 독립적으로 이룰 수 있다.

한 대의 호스트 노드에서 여러 개의 파일을 동시에 송수신할 때와 같이 여러 개 있을 수 있는 전송 연결상에서 상대방과의 단대단(End-to-End) 전송을 하기 위한 상위계층의 식별수단을 제공한다.

12.5 WAP 게이트웨이의 기능

WAP 모델에서는 휴대 단말기(Client)와 인터넷 호스트 사이에는 WAP 게이트웨이(WAP Proxy, UP Link)를 통하여 서로 통신을 하고 있는 형태이다. WAP 게이트웨이의 주요 역할은 앞에서 설명하였듯이 [그림 12-5]에서 보여주는 것처럼 WAP 프로토콜과 인터넷 HTTP 프로토콜을 중간에서 변환해 주는 것이다.

WAP 게이트웨이의 기능은 다음과 같다.

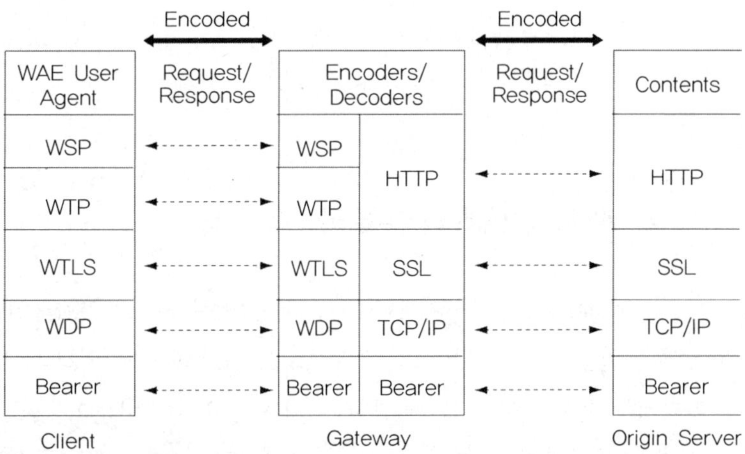

[그림 12-5] WAP의 내부구조

1. 프로토콜 변환(Protocol Conversion)

유선 인터넷의 경우 HTTP를 통해 브라우저로부터의 요청(Request)과 서버로부터의 응답(Response) 그리고 서버에서 브라우저에게 전해지는 HTML 파일 등의 entity Body 등이 전송됨으로써 브라우저를 이용한 인터넷 서핑이 이루어진다. Request, Response, Entity Body와 관련된 부가 정보를 함께 보내기 위해서 헤더가 이용된다. HTTP를 통해 전송되는 이러한 정보들을 텍스트 형태로 보내지는데 이는 대역폭(bandwidth)이 작은 무선 인터넷에는 적절하지 않다. 결국 좁은 대역과 긴 지연(latency)을 갖는 무선 인터넷에 있어서는 텍스트 형태의 HTTP 정보들을 바이너리 형태의 토큰으로 변환할 필요가 있다. WML과 WSP 등을 구성하는 요소들에 해당되는 바이너리 형태의 토큰 테이블은 WSP 명세에 정의되어 있다.

WSP 명세에 의하면 HTTP Request Header에 많이 이용되는 일부 mime type들에 해당되는 바이너리 값들은 〈표 12-2〉와 같다.

〈표 12-2〉 mime type들에 해당되는 바이너리 값

Mime type	바이너리 값
text/html	0x02
text/vnd.wap.wml	0x08
text/vnd.wap.wmlscript	0x09
application/vnd.wap.wmlc	0x14

2. WML 컨텐츠의 부호화 · 복호화

CP(Content provider) 서버에서 제공되는 텍스트 형태의 WML 파일이 사용자 단말기로 전송되기 전에 WAP 게이트웨이에 의해서 바이너리 형태로 압축되게 된다. WML을 구성하는 요소들의 태그(tags), 속성(attributes) 요소들에 대한 바이너리 값들은 토큰 테이블(token table) 형태로 WAP 명세에 정의되어 있다. 토큰화 과정과 함께 게이트웨이는 WML 파일의 에러를 점검한다. 만약 해당 WML 파일에 에러가 존재하는 경우 사용자 단말기에 에러메시지를 보내게 된다. WAP 게이트웨이에 의해서 WML의 무결성이 조사되므로 단말기 상의 마이크로 브라우저는 부가적인 에러 핸들링(error handling)의 부하가 사라지게 된다.

3. HTML의 WML로의 변환

기존 HTML 페이지를 WML 형태로 실시간으로 변환할 수 있다면 무선 인터넷 컨텐츠는 비약적으로 발전할 수 있겠지만 아직은 기술적으로 완전한 변환이 어려운 실정이다. 일부 WAP 게이트웨이의 경우 이러한 변환을 지원한다고 주장하지만 변환의 질은 보장되지 않고 있다. 즉, 기존 HTML 페이지가 변환된 후 단말기에 적절하게 디스플레이될지는 알 수 없다는 것이다. 그러므로 CP의 경우 무선 인터넷을 목표로 하는 서비스의 경우는 WML로 사이트를 재구성하는 것이 옳다고 본다. 특정 사이트를 유·무선 인터넷 양쪽 모두 다 서비스하고자 하는 경우 동일한 서비스의 HTML과 WML 방식의 버전을 각각 준비한 후 HTTP Request Header에 있는 "USER-Agent" 또는 "Accept:" 정보에 따라서 적절한 페이지를 보내는 방식을 취할 수도 있다. HTML의 WML로의 변환은 WAP 게이트웨이의 선택적 기능이므로 일부 게이트웨이에서만 지원된다.

4. 접근 제어(Access Control)

WAP 서비스의 종류에 따라서는 사용자에 따른 접근 가능한 정보를 제한해야 되는 경우도 있을 수 있다. 유료 서비스 또는 사내 인트라넷 WAP 서비스 등이 접근 제어가 요구되는 서비스의 예라고 할 수 있다. 접근 제어를 위해서는 단말기를 통해 접근하는 사용자가 서비스 접근이 가능한 사람인지를 판단할 수 있어야 한다. 단말기를 통한 사용자 판단을 위해서는 접근 가능한 사용자의 단말기인지에 대한 판단이 요구되는데 이를 위해서는 단말기의 MSISDN 번호(혹은 전화 번호) 또는 IP 주소 등의 정보를 이용한다. 단말기의 식별을 위한 정보로 무엇을 이용할지는 bearer type에 따라 좌우된다. 예를 들어 SMS를 bearer로 이용하는 WAP 게이트웨이의 경우는 전화번호가 단말기를 식별하기 위한 유일한 정보이므로 전화번호로 단말기를 식별하게 된다. Bearer에 따라서 IP가 단말기에 고정된 경우는 IP를 이용해서 단말기의 식별이 가능할 것이다.

5. 보안(Security)

WAP 명세에 의하면 WAP 게이트웨이가 보안 기능을 지원하느냐는 선택적인 문제이다. 그러나 무선 뱅킹, 무선 상거래와 같은 안전한 거래가 요구되는 응용 서비스인 경우는 보안 기능을 지원하는 게이트 웨이를 사용해야 될 것이다.

단말기와 게이트웨이 사이는 WTLS(Wireless Transport Layered Security)에 따라 보안이 지원되고 Gateway와 CP Server 사이는 SSL 방식에 따른 보안이 지원된다. 이러한 경우 WAP 게이트웨이에서 프로토콜 변환 과정 시 보안이 침해당할 우려가 있으므로 끝 단간의 보안(end to end security)은 보장된다고 할 수 없다.

6. WMLScript 컴파일링

일반적인 프로그래밍 언어의 컴파일 과정과 같이 WMLScript의 구문, 의미(semantic)가 적절한지에 대한 조사가 이루어진 후 WMLScript 명세에 정의된 WMLScript 명령셀에 의하여 바이너리 스트립 형태의 코드가 단말기에 전송된다.

12.6 MME(Microsoft Mobile Explorer)

마이크로소프트사는 WAP과 W3C에 대응하여 CDMA(Code Division Multiple Access) 관련 원천 기술을 보유하고 있는 퀄컴사와의 제휴를 통해 Wireless Knowledge라는 합작회로를 설립하여 무선 인터넷 사업을 강화하고 있으며 휴대폰에서 인터넷을 검색할 수 있도록 윈도CE를 근간으로 한 이동통신용 웹브라우저를 개발하였다.

마이크로소프트의 스팅거 프로젝트의 초기단계로 이 전략은 OS에 무관한 현재의 ME에서 향후 Windows CE 기반의 스마트폰을 목적으로 하고 있다.

MME는 현재의 인터넷 표준을 지원하는 브라우저로서, 소형 단말기(Phone, PDA) 등에 효율적으로 사용될 수 있는 마이크로소프트사의 소프트웨어이다. 이는 운영체제와 독립적이며, 크기가 작아 이동전화기, PDA, 페이저 등의 소형기기에 최적화하였으며 느린 CPU와 한정된 메모리를 고려하여 가벼운 API(Application Programming Interface)들을 사용하였다. MME는 인터넷 표준인 HTML 3.2의 Subset으로 사용되고 있는 기존의 HTML 컨텐츠들을 사용할 수 있도록 제공함으로써 호환성에서 앞서 있다. 또한 향후 인터넷 컨텐츠의 발전 방향을 XML로 보고 자사의 Windows CE와 MME 역시 같은 방향으로 발전시키고 있다.

[그림 12-6]은 MME의 내부구조를 보여준다.

마이크로소프트의 ME는 IP 스택(웹 기반 프로토콜)을 그대로 사용하므로 게이트웨이가 필요없다.

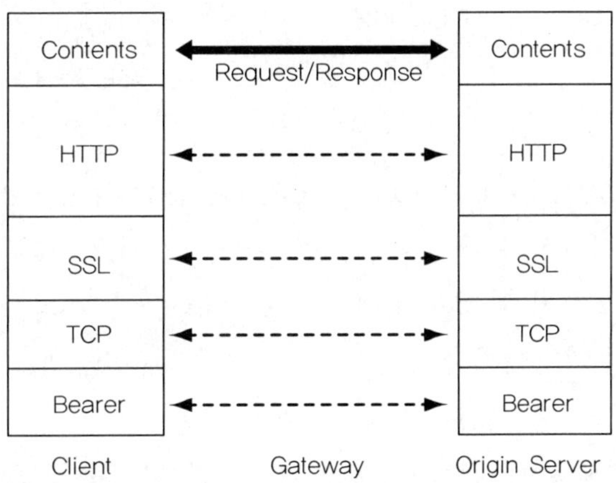

[그림 12-6] MME의 내부구조

MME는 기존의 HTTP 프로토콜을 이용하기 때문에 WAP의 게이트웨이와 같이 프로토콜 변환과정을 거치지 않아서 WAP보다 데이터 송수신시간이 빠르다.

MME의 특징으로는 다음과 같은 것들이 있다.

① WML이나 HDML 관련 브라우저에 비해 용량이 크다.

② HTML의 서브셋인 m-HTML을 사용한다.
③ 제한된 자원 : 적은 CPU와 한정된 메모리에 부하가 적게 운용된다.
④ GateWay가 필요없고, 기존의 HTTP 프로토콜을 이용한다.
⑤ O.S에 상관없이 포팅(porting)이 용이하다.

ME의 기능으로는 버전 1에서 기존 HTML을 그대로 서비스하고 Web server에 직접 연결하며 북마크, Cookies, vCard 등이 지원된다. 또한 버전 2에서는 HTML/WAP이 동시 지원하며 SSL(Secure Socket Layer)을 통한 보안기능과 JScript, GIF 등이 지원된다.

〈표 12-3〉 version별 특징

version 1	version 2
· HTML 기능	· Gif 지원 · JTML 지원 · JScript · WAP 지원

WPAK(Wireless Product Adaptation Ket)는 ME를 무선 단말기에 탑재하기 위해 필요한 종합 환경을 제공한다. WPAK는 ME의 모든 소스코드, API나 기타 포팅에 필요한 문서, Mobile Device의 OS와 통합하기 위한 테스트 환경, 유선 환경에서 실행할 수 있는 시뮬레이터, 테스트 환경, 그 밖의 각종 설명서 등이 지원된다.

현재 국내에서는 한국통신프리텔에서 ME 브라우저를 채택하여 서비스하고 있으며, 같은 HTTP 프로토콜 기반인 s-HTML(SamsungPhone) 브라우저도 함께 서비스하고 있다.

12.7 i-Mode

i-Mode는 1999년 일본의 이동통신 사업자인 NTT-DoCoMo사가 구축한 독자적인 무선 인터넷 표준이다. 일본의 TDMA 디지털 셀룰러 방식인 PDC(Personal Digital Cellular) 위에서 패킷 통신을 지원하는 기술로서, i-Mode 대응형 단말기를 통해 전자메일과 웹페이지 서비스를 받을 수 있다. 음성통화는 기존의 회선모드형의 PDC 네트워크로 지원되고, 인터넷 접속을 위해 별도의 패킷 네트워크가 구축되어 있다.

단말기의 i-Mode 버튼을 누르면 포탈 웹 사이트로 직접 연결되어 각종 무선 온라인 서비스를 대화형으로 제공받는다. i-Mode는 패킷 데이터 전송 기술에 기반하고 있어 접속시간 기준이 아닌 양에 따라 요금을 부과한다.

i-Mode에서는 HTML 4.0의 서브셋인 c-HTML이라는 마크업 언어를 웹페이지 작성에 사용하며 최대 9.6kbps의 전송속도를 지원한다. 특히, WAP의 WML과 달리 c-HTML은 기존의 HTML의 부분집합이므로 중간 게이트웨이를 거치지 않고 인터넷상에서 있는 컨텐츠를 i-Mode용으로 간단히 변환할 수 있어 컨텐츠 제작비용이 적다는 것이 장점이다. 그 결과로 2000년 3월에는 i-Mode 서비스용으로 약 40,000개가 넘는 사이트가 운용했었다.

[그림 12-7]은 i-Mode와 TCP/IP 인터넷 그리고 WAP의 프로토콜 스택을 비교한 그림이다. 그림에서 보듯이 i-Mode는 TCP/IP의 체제를 그대로 따르고 있어 WAP과 같은 중간 번역 과정이 필요가 없다.

현재까지 i-Mode가 WAP에 비해 성공을 거둔 데에는 인터넷 언어인 HTML의 사용에 따른 장점 외에 패킷 기반의 과금 정책으로 소비자의 무선 인터넷 진입 장벽을 낮춘 것이 주효했기 때문이다. 그러나 WAP의 확장판인 WAP 2.0에서는 XML이 기술언어로 채용되어 WAP 2.0에 대응한 단말기만 있으면 i-Mode용 컨텐츠와 WAP용 컨텐츠 모두를 열람할 수 있어, i-Mode 서비스는 WAP과 통합되어 WAP에 의한 무선 인터넷 단일 표준을 이룰 수 있으리라 기대된다.

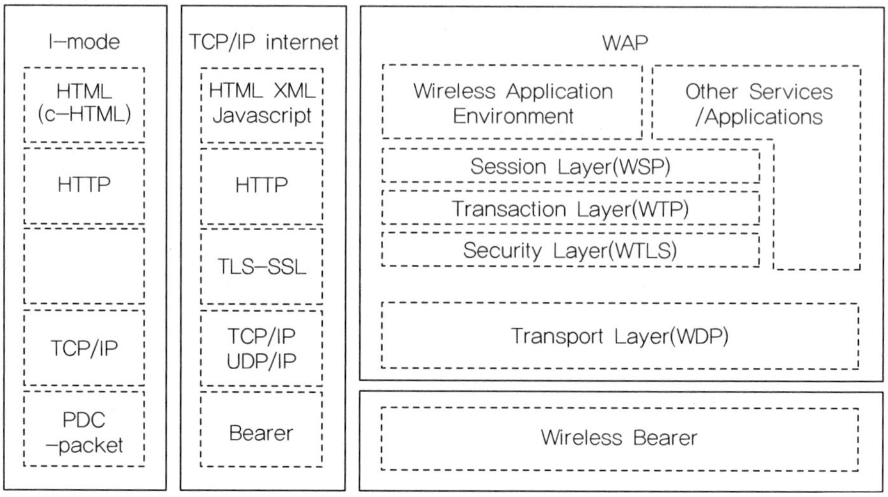

[그림 12-7] i-Mode, TCP/IP 인터넷, WAP 프로토콜 비교

지금까지 살펴본 WAP, ME, i-Mode를 비교하여 〈표 12-4〉에 요약해 놓았으니 참고하기 바란다.

〈표 12-4〉 무선 인터넷 프로토콜의 비교

	WAP	MME	i-Mode
언어	WML, XML	m-HTML	c-HTML
장점	• 높은 확장성 • 사업자별로 차별화된 서비스	현 HTML 컨텐츠의 즉시 사용	수익창출 모델
단점	• WAP 게이트웨이의 비용 과다 • THHP와의 호환성 결여	단말기 브라우저의 오버헤드 과다	일본 내 서비스
국내 참여업체	SK 텔레콤, LG 텔레콤	한국통신 프리텔	홍콩 edm 세계 각지에 진출 시도
특징	가장 많은 업체가 참여하여 표준으로 정립될 가능성이 가장 큼	MS와 퀄컴의 합장으로 브라우저와 운영체제를 빠른 의사결정에 의해 제작	

12.8 무선 인터넷 플랫폼

무선 인터넷 플랫폼은 휴대전화에 Java를 탑재하면서 시작하였다고 할 수 있다. 1995년 미국의 선 마이크로 시스템즈(Sun Micro Systems)가 발표한 Java의 최대 특징은 Java로 기술한 프로그램은 OS와 MPU의 종류에 상관없이 사용된다는 점이다. [그림 12-8]에서 보듯이 OS와 MPU의 차이를 흡수하는 'Java 가상 머신'이라 불리는 시스템을 휴대전화에 탑재함으로써 어떤 OS상에서도 같은 프로그램을 작동시킨다.

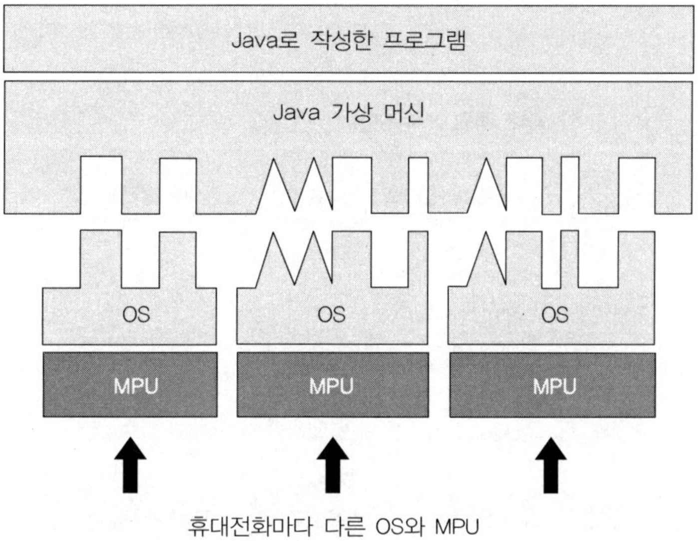

[그림 12-8] Java 가상머신의 개념

그러면 Java 탑재로 휴대전화의 어떤 점이 구체적으로 바뀌는 것일까? 먼저, 웹 사이트상에서 동영상을 볼 수 있게 되었다. 지금까지는 기본적으로 문장과 정지 화면을 조합시킨 컨텐츠밖에 볼 수가 없었다. 또 게임 등의 Java 프로그램을 모두 인터넷으로부터 받아 단말기의 메모리에 저장하고 이용하고 싶을 때 인터넷에 접속하지 않고서도 단말기만으로 프로그램을 작동시킬 수 있다.

지금까지는 모바일 Java를 기반으로 개발된 VM(Virtual Machine)이 휴대전화에 탑재되어 무선 인터넷을 위한 플랫폼으로서의 기능을 충실히 수행하여 왔다. 이러한 VM은 이미 언급한 것과 같이 1회 접속으로 관련 프로그램을 다운로드받아 실행할 수 있다는 점에서 접속 요금의 절감 등 많은 장점이 있었다. 하지만 PC 기반의 다양한 운영체제에서 호환성을 확보하기 위해 개발되었다는 태생적 한계로 인해, 가용 자원이 부족한 이동 단말기에는 안성맞춤은 아니었다. 이에 비해 퀄컴이 선보인 BREW는 휴대전화에 최적화된 플랫폼이다. Java를 응용하여 휴대전화에 맞게 해당 사업자가 독자적으로 개발해 온 VM과 달리, 무선 인터넷 플랫폼 용도로 개발되어 CDMA 칩이 내장된 휴대전화라면 같은 플랫폼으로 작동된다.

객체지향 기반의 Java가 나름대로 장점이 있지만, 구조가 복잡하고 무엇보다 속도가 느려 무선 인터넷 개발 플랫폼으로는 적합하지 않다는 것이다.

〈표 12-5〉 국내 주요 VM 현황

이동통신 사업자	SK텔레콤	KTF	SK 텔레콤	LG텔레콤	KTF
VM명칭	GVM (Game Vitual Machine)	MAP (Mobile Application SW Plug-in)	SVM (SK-VM)	KVM (Kilobyte Viture Machine)	브루(Brew)
개발업체	신지소프트	모빌탑	XCE	선 마이크로 시스템즈(JG)	퀄컴
사용언어	모바일 C	ANSI-C	자바(크린룸)	자바 (키티호크)	ANSI-C/C++
적용 단말기	SK IM-2000, 삼성 X-100 LG Cyber -1000 등 30여종	삼성 X-1000 (8라인, 4그레이)	삼성 X-130 (8라인, 4그레이)	LG i-Book (8라인, 4그레이)	없음 (LG, 삼성 예정)

이런 이유로 해서 이동통신 사업자마다 자신에 적합한 플랫폼을 사용하게 되었으며, 국내 주요 VM현황은 〈표 12-5〉와 같다.

〈표 12-5〉와 같은 다양한 VM 기반의 서비스는 또 다른 문제를 가져왔다. 이동통신 사업자별로 서로 다른 독자적인 VM을 채택함에 따라 플랫폼 표준화가 쟁점으로 부각된 것이다.

다양한 플랫폼은 단말기 제조업체와 CP들에게는 커다란 부담으로 다가왔다. 또한 중복투자와 개발에 따른 경제적 손실도 문제점으로 부각됐다. 이에 정보통신부와 이동통신 사업자들이 기존 미들웨어 플랫폼을 표준화한 제3의 표준 플랫폼 개발에 합의, WIPI라는 것이 개발되었다. 위피는 영어 'Wireless Internet Platform for Interoperability'의 머리글자를 딴 것이다.

이렇게 개발된 표준 플랫폼은 현재 개발된 방식인 인터프리터 방식과 바이너리 방식의 장점을 포함하고 서로의 단점을 보완하여 이동통신 3사의 표준 플랫폼에 대한 요구사항을 만족시키도록 하였다,

우리나라의 표준 플랫폼인 WIPI는 [그림 12-9]와 같은 구조를 가진다.

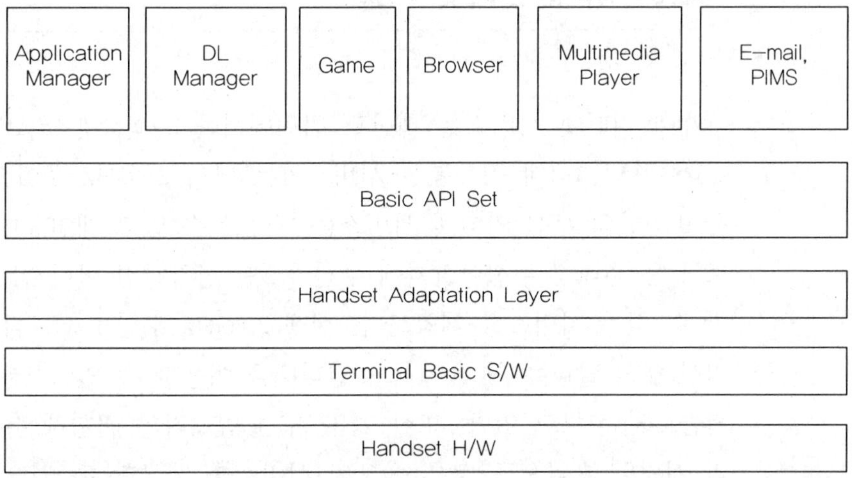

[그림 12-9] WIPI 구조

WIPI의 구조를 보면 핸드셋 하드웨어 위로 하드웨어에 알맞은 기본 소프트웨어가 올라가게 되고, 그 위로 HAL이 플랫폼에서의 하드웨어 독립성을 지원하기 위해서 자리잡고 있게 된다. 단말기 제조업체에서 사용하는 OS가 어떤 것이냐에 상관없이 그 위에 HAL만 포팅된다면 손쉽게 WIPI가 올라갈 수 있게 되는 것이다. 그리고 기본 API들은 애플리케이션 프로그램 개발자

가 플랫폼에서 사용하기 위한 기본 API 모음이 된다. 기본 API 셋 위에 존재하는 여러 가지 애플리케이션 및 각 매니저는 C 또는 JAVA API를 사용할 수 있도록 되어 있다. 이 때 물론 두 언어가 모두 동일한 기능을 가지기는 하지만, 실행 속도에 있어서 차이를 가지고 있기 때문에 자바로 일반 애플리케이션을 만들고 C언어를 사용해서는 멀티미디어 코덱이나 빠른 속도를 요구하는 부분을 개발한다. C언어가 가지고 있는 장점을 Java 언어에도 적용하도록 하기 위해서 Java의 바이트 코드를 게이트웨이를 통해서 서버에서 머신 코드로 바뀐 후에 다운로드하는 방법을 취한다.

WIPI에서 표준화가 이루어진 부분은 HAL과 기본 API만을 대상으로 했으며, 다른 부분은 구현에 따라서 달라질 수 있는 부분으로 남겨졌다.

12.9 휴대 인터넷 기술

휴대 인터넷 서비스는 제한된 범위에서만 IP(인터넷 프로토콜)와 연동되는 2.5세대 및 3세대 이동통신 서비스와는 달리 2.3GHz 주파수대역에서 완전한 IP기반의 무선 인터넷 서비스를 제공할 수 있고 개인휴대단말기(PDA) 노트북 등 휴대형 무선단말기에 수신카드만 장착하면 어디서든 인터넷에 접속할 수 있는 서비스를 제공한다. 현행 2.4GHz 무선 LAN보다 서비스 가능지역이 넓고 달리는 차 속에서도 인터넷을 이용할 수 있어 4세대 통신의 핵심 기술로 부상하고 있다. 또한 기존 유선 인프라와 결합해 유선 인터넷 수준의 저렴한 요금으로 빠른 속도의 서비스를 제공할 수 있으며 기존의 무선 LAN과도 자유롭게 연동되면서도 무선 LAN과는 달리 이동 중에도 사용 가능하다.

휴대 인터넷 기술은 유·무선통합 초고속 인터넷 서비스, 3.5세대 또는 4세대 이동통신 서비스로 불리고 있으며 지난 1990년대부터 개발이 시작되어 2000년 이후 개발 업체들이 여러 기술을 사용해 실제로 구현하고 있다. 이들 원천 기술 개발업체들은 IEEE 820.16(Broadband Wireless Access/WirelessMAN), 820.20MBWA(Mobile Broadband Wireless Access) 워킹 그룹 등을 통해 국제 표준화 작업을 주도하고 있다.

하나로 통신은 미국 플라리온의 플래시 OFDM(직교주파수 분할다중접속) 기술을 이용하여 시속 60km 이상으로 주행중인 차량 안에서 노트북으로 1Mbps급 속도로 끊김없이 인터넷 서비스를 이용할 수 있는 성능을 보였다. 플래시 OFDM은 최대 3.2Mbps 속도로 인터넷 서비스를 제공할 수 있으며 2.4GHz 무선 LAN과도 자연스러운 연동이 가능하고, 또한 3세대 이동통신인 cdma2000 1x EVDO보다 전송속도가 훨씬 빠르고 통신품질도 우수하다는 장점을 가지고 있다. 그리고 무선구간 지연시간이 다른 기술에 비해 짧아 동영상 스트리밍 서비스와 온라인 게임과 같은 실시간 대화형 컨텐츠를 이용할 수 있는 장점을 가지고 있다. 이밖에 내장형 PCMCIA 카드를 사용, 개인용 단말의 휴대가 수월한 장점도 가지고 있다.

2.3GHz 대역의 휴대 인터넷 서비스는 노트북이나 PDA로 야외에 있을 때나 이동 중에도 고속 데이터 서비스를 이용하는 것을 말한다. 달리는 버스 안이나 건물 밖에서 자유자재로 인터넷을 통해 영화를 보거나 게임 등을 즐길 수 있게 된다. 이동성을 지원한다는 면에서는 동영상을 지원하는 CDMA2000 1X EVDO나 IMT-2000 등의 이동통신 서비스에 비해 훨씬 빠르다.

휴대인터넷은 이동 중에도 고속으로 인터넷에 접속할 수 있다는 점에서 기존 무선 LAN이나 이동통신 기반 무선 인터넷과 차별화될 것으로 기대되고 있다.

연습문제

주관식 (5문제 – 레포트, 세미나 주제용)

12.1__ 현재 우리나라에서 제공되는 무선 인터넷 서비스의 형태를 간략히 설명하시오.

12.2__ 플랫폼 방식 중에서 VM 방식과 바이너리 다운로드 방식의 차이점을 설명하시오.

12.3__ WAP 방식에서 단말기와 게이트웨이 사이의 전송 시 WML 컨텐츠를 부호화하는 이유를 설명하시오.

12.4__ WIPI 플랫폼의 구조를 보이고 각 계층의 기능을 설명하시오.

12.5__ 기존의 무선랜 서비스와 휴대 인터넷 서비스의 차이점을 설명하시오.

객관식 (20문제 – 중간, 기말고사 출제용)

12.6__ 다음 중 무선 인터넷 프로토콜의 유형이 아닌 것은?

① WAP ② ME ③ i-mode ④ PHP

12.7__ 다음은 컨테츠를 표현하는 방식이다. 무선 인터넷에 적용하기에 적합하지 않은 것은?

① HTML ② cHTML ③ mHTML ④ WML

12.8__ 다음은 WAP에 대한 설명이다. 적절하지 않은 것은?

① HTTP, TCP와 같은 기존의 인터넷 표준 프로토콜을 사용하지 않는다.
② HTML과 상호 호환성이 없다.
③ HTML 문서의 경우 WML로 변환시켜 주는 게이트웨이가 반드시 필요하다.
④ WAP 서비스 도입에는 별다른 부가 비용이 들지 않는다.

◀정답▶ 12.6 ④ 12.7 ① 12.8 ④

12.9__ WAP 게이트웨이의 주요 기능에 대한 설명이다. 적절하지 않은 것은?

① 프로토콜 변환 : 텍스트 형태의 HTTP 정보를 바이너리 형태의 토큰으로 변환
② 접근제어 : 웹 서비스의 종류나 사용자에 따라 접근 가능한 정보를 제한한다.
③ 보안 : 현재 뱅킹이나 무선 전자상거래 등의 응용 서비스의 성장으로 보안 기능이 있는 게이트웨이를 사용해야 한다.
④ WML을 바이너리로 변환하는 것을 복호화라고 하고 바이너리 형태의 파일을 WML 파일로 변환하는 것을 부호화라 한다.

12.10__WAP 사용에 따른 장단점을 기술한다. 적절하지 않은 것은?

① HTTP와 호환성이 없는 단점이 있다.
② 기존의 컨텐츠를 그대로 사용할 수 없어 컨텐츠 개발비용이 비싸다.
③ 게이트웨이가 필요한 것은 아니다.
④ 사업자별로 차별화된 서비스를 제공할 수 있다.

12.11__ME 브라우저 사용에 따른 장단점을 기술한다. 적절하지 않은 것은?

① 게이트웨이가 필요없고, 기존의 HTTP 프로토콜을 사용한다.
② O.S에 상관없이 포매팅하기 용이하다.
③ HTML 대신 WML을 사용한다.
④ WAP 브라우저보다는 용량이 크다.

12.12__다음은 WAP 방식에 대힌 설명이다. 적절하지 않은 것은?

① 효율성을 위해 2진 코드로 전송한다.
② 프로토콜 변환과정에서 일시적으로 보안이 풀리는 단점이 있다.
③ 컨텐츠 기술을 위해 WML이라는 새로운 언어를 사용한다.
④ 기존 사이트와 호환성이 높다.

12.13__무선 인터넷 프로토콜로 일본에서 수익을 창출하고 있는 방식은?

① i-mode ② MME ③ WAP ④ J2SE

12.14__WAP 프로토콜의 구성요소로 보안 문제를 다루는 요소는?

① WTP ② WTLS ③ WDP ④ WSP

12.15__Java 플랫폼 중에 모바일 디바이스를 위한 플랫폼은?

① J2EE ② J2SE ③ J2ME ④ J2RE

◀정답▶ 12.9 ④ 12.10 ③ 12.11③ 12.12 ④ 12.13 ① 12.14 ② 12.15 ③

12.16__모바일 디바이스를 위한 플랫폼으로 우리나라의 표준은?

① KVM ② GVM ③ Brew ④ WIPI

12.17__WIPI의 구조에서 하드웨어 독립성을 지원하기 위해 제공되는 계층의 이름은?

① Basic API ② HAL ③ Native S/W ④ VM

12.18__WIPI 플랫폼에 대한 설명 중 적절하지 않은 것은?

① HAL만 포팅되면 WIPI는 쉽게 포팅된다.
② C언어를 사용하여 응용 프로그램을 개발할 수 있다.
③ Java 언어를 사용하여 응용 프로그램을 개발할 수 있다.
④ 바이트 코드를 다운로드하여 수행하는 방식을 사용한다.

12.19__2.3GHz 주파수 대역에서 고속 주행 중에서도 고속으로 인터넷에 접속할 수 있는 서비스를 제공하는 것을 목표로 하는 무선 인터넷 서비스를 무엇이라 부르는가?

① 휴대 인터넷 ② CDMA 2000 ③ 무선랜 ④ NETSPOT

12.20__플랫폼의 요구사항으로 적절하지 않은 것은?

① 플랫폼과 응용프로그램은 하드웨어에 독립적이어야 한다.
② 다양한 종류의 기기와 호환성이 유지되어야 한다.
③ 메모리 사용량을 최대화해야 한다.
④ 단말기 구동 시점부터 구동되어야 한다.

12.21__퀄컴이 개발한 CDMA 칩을 내장한 휴대전화에 최적화된 무선 인터넷 플랫폼은?

① GVM ② KVM ③ MAP ④ BREW

12.22__다음은 모바일 Java를 기반으로 개발된 VM이 무선 디바이스의 플랫폼으로 적합하지 못한 이유들이다. 적합하지 않은 것은?

① PC 기반의 다양한 운영체제에서 호환성을 확보하기 위해 개발된 이유로 가용 자원이 부족한 이동 단말기에는 안성맞춤이 아니다.
② 바이트 코드를 수행하는 형식으로 수행 속도가 상대적으로 느리다.
③ 객체 지향적이어서 응용프로그램을 개발하기 힘들다.
④ 인터프리터 방식으로 바이너리 방식에 비해 수행 속도가 느리다.

◀정답▶ 12.16 ④ 12.17 ② 12.18 ④ 12.19 ① 12.20 ③ 12.21 ④ 12.22 ③

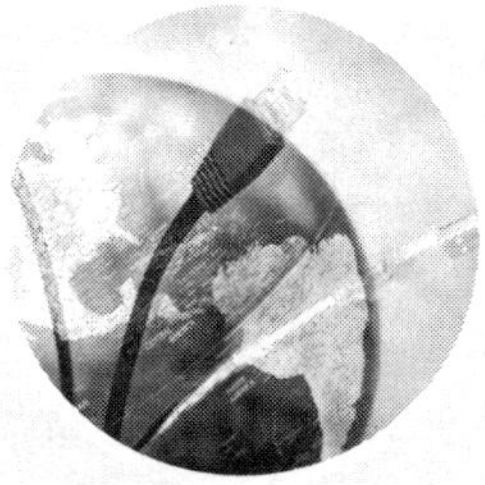

제13장
정보보호와 암호기술

13.1 암호 알고리즘

정보통신의 발달과 함께 매우 중요한 개념으로 인식되고 있는 개념이 바로 정보보호이다. 일반적으로 정보보호라고 하면 해킹으로부터 컴퓨터를 보호하는 것이라 생각한다. 그러나 정보보호는 이러한 작은 개념에서부터 정보통신 기반 시설 보호에 이르기까지의 포괄적인 의미를 가진다. 정보보호를 위하여 가장 경제적이면서도 정보 시스템이 요구하는 정보의 보안 수준에 따라 효율적인 보안 대책을 제공할 수 있는 방법 중에 하나가 암호 기법이다.

암호라는 개념은 인류의 역사가 시작되기 전부터 사용되어져 왔으며 중세에 이르러서는 암호 기법에 대한 연구가 급속도로 진행되었다. 현재 정보사회에서는 인터넷의 급속한 확산으로 인하여 인터넷상의 전자상거래가 활발히 전개되고 이를 이용하는 전자화폐, 전자송금, 전자지갑 등 광범위한 곳에서 암호 기법들이 사용되어지고 있다.

우선 모든 암호 기술의 기초가 되는 두 가지 기법인 환자식 암호와 전치식 암호에 대해서 살펴본다.

환자식 암호는 평문의 문자를 다른 문자나 숫자 또는 기호로 대체시키는 방법이다. 역사적으로 시저가 최초로 환자식 암호를 사용했다고 기록되어 있다. 대표적인 환자식 암호 기법은 로마 제국의 시저의 죽음과 관련해서 발견된다. 시저는 가족과 비밀통신을 할 때 〈표 13-1〉과 같이 각 알파벳순으로 세자씩 뒤로 읽는 방법으로 글을 작성했다. 즉 A는 D로, B는 E로 바꾸어 읽는 방식이다. 어느 날 시저에게 가족이 보낸 긴급통신문이 전달되었다. 전달된 내용은 다음과 같이 "EH FDUHIXO IRU DVVDVVLQDWRU." 이었으며 이를 풀었더니 "be careful for assassinator", 즉 암살자를 주의하라는 내용이었다. 당시 시저의 권세를 시기했던 사람들이 암살 음모를 꾸몄으며 시저 자신도 어느 정도 눈치채고 있었으나 누가 암살자인지 알 수 없었고 결국 암호문을 전달받은 당일 시저는 암살당하였다.

〈표 13-1〉 시저의 암호 대응표

평문	a	b	c	d	e	f	g	h	i	j	k	l	m	n	o	p	q	r	s	t	u	v	w	x	y	z
암호문	D	E	F	G	H	I	J	K	L	M	N	O	P	Q	R	S	T	U	V	W	X	Y	Z	A	B	C

EH FDUHIXO IRU DVVDVVLQDWRU
be careful for assassinator
(암살자를 주의하라)

이 방식은 암호화 및 해독 알고리즘이 단순하며, 단순 대치이므로 문자 출현 빈도수에 의한 복호가 용이하다. 또한 키가 25개뿐이며 평문의 언어를 알고 있으면 쉽게 인식할 수 있다.

전치식 암호 기법은 평문에 있는 문자의 순서를 바꾸어 넣어 암호문을 만드는 방법이다. 대표적인 전치식 암호 기법으로는 rail fence 기법, 사각형 전치 암호 기법이 있다.

■ **rail fence 기법**

원문을 위 아래로 하나씩 배열하여 위쪽 행부터 아래 행 방향으로 읽어 전치하는 방법이다.

원문 : He is a student and not a teacher

hiatdnadoaece
essuetnnttahr

암호문 : hiatdnadoaeceessuetnnttahr

■ 사각형 전치 암호 기법

사각형 배열로 왼쪽 위에서 오른쪽 아래로 사각형으로 원문을 배열하여 왼쪽 열에서 오른쪽 열로 읽어 전치하는 방법이다.

원문 : our students are studying this book

o	u	r	s	t	u
d	e	n	t	s	a
r	e	s	t	u	d
y	i	n	g	t	h
i	s	b	o	o	k

암호문 : odryi ueeis rnsnb sttgo tsuto uadhk

이러한 전치 암호 기법은 조립과 번역에 많은 수작업이 필요한 단점을 가지고 있으나 환자식 암호 기법과 결합하여 암호학적 비도를 높이는 데 많이 사용되었다. 암호 기법은 이후 1, 2차 세계대전을 통하여 연구가 활발히 이루어졌으며 세계대전 이후 냉전시대로 들어서면서 암호 기술에 대한 연구는 가속도를 붙이게 되었다. 이때 이루어진 암호 방식을 현대 암호 방식이라고 하며 크게 대칭키 암호와 공개키 암호로 구분된다.

[그림 13-1]은 대칭키 암호 시스템과 공개키 암호 시스템을 보여준다.

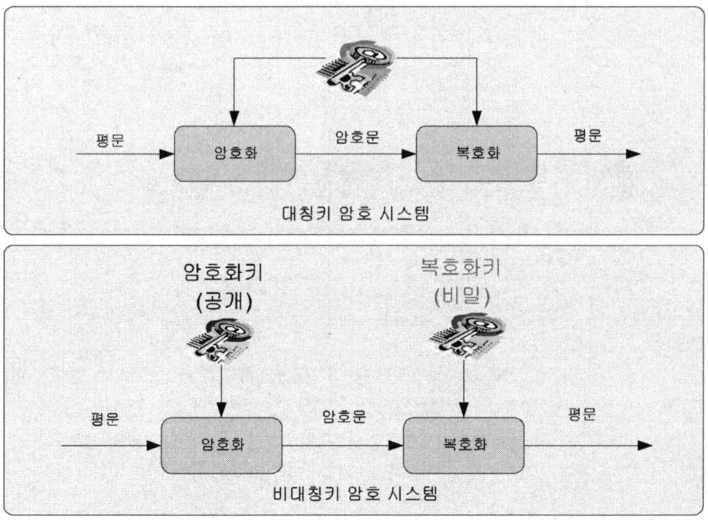

[그림 13-1] 대칭키와 비대칭키 암호시스템의 비교

대칭키 암호 기법은 관용 암호 방식, 단일키 암호 방식, 비밀키 암호 방식으로도 불린다. 이는 암호화와 복호화시 같은 키를 사용한다. 즉, 송신자는 보내려고 하는 평문을 키로 암호하여 암호문을 만들어 송신하고, 송신자는 이 암호문을 받아서 같은 키로 복호화하여 해석한다.

공개키 암호 기법은 비대칭키 암호 방식으로도 불린다. 이는 암호키와 복호키를 분리하여 암호화키는 공개하고 복호키는 비밀리에 보관한다. 즉, 송신자가 수신자에게 평문을 암호화하여 전송하려고 할 때 수신자의 공개 암호키로 평문을 암호화하여 전송하면 수신자는 자신이 비밀리에 보관하고 있던 복호키로 암호문을 복호한다.

대칭키 암호 기법에서 송신자와 수신자는 알고리즘과 키를 사전에 분배해야만 하고 키는 비밀로 유지되어야 한다. 따라서 인터넷과 같은 개방형 시스템 하에서는 사용자들 간에 대칭형 암호를 사용하기에는 부적합하다. 반면 공개키 암호 기법에서 송신자와 수신자는 대응되는 키의 쌍을 각각 가져야 하며 두 개의 키 중에서 하나는 비밀로 유지되어야 한다. 따라서 이를 사용하여 키 분배에 따른 문제점들은 해결할 수 있지만 공개키 위장과 같은 다른 문제점을 가져올 수 있다.

[그림 13-2]는 대칭키 암호 기법과 공개키 암호 기법의 분류를 보여준다.

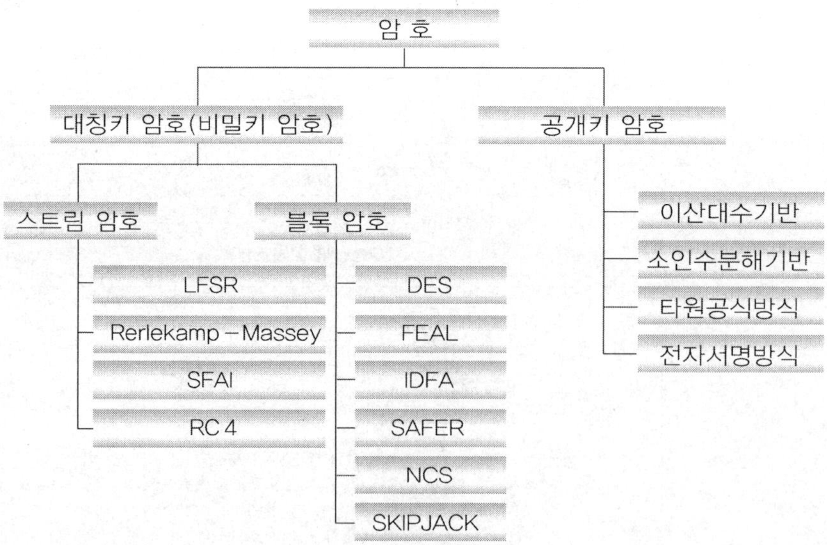

[그림 13-2] 암호 기법의 분류

대칭키 암호 기법은 데이터의 문자열을 하나씩 조립하는 스트림 암호 기법과 여러 개의 문자를 합하여 조립하는 블록 암호로 분류될 수 있다.

스트림 암호 기법은 한 번에 한 비트 또는 한 바이트씩 암호화되며 비밀키, 평문, 그리고 현재 스트림 암호 시스템에서의 상태와 연동하여 작동된다. 즉, 비밀키와 현재의 상태변수로부터 도출되는 키 수열이 평문과 결합되어져 암호문이 생성된다. 따라서 스트림 암호에서는 송신단과 수신단 사이의 동기화가 중요하며, 동기화 방식에 따라서 동기식 또는 비동기식 방식으로 분류된다. 또한 스트림 암호 기법을 사용하기 위해선 평문과 같은 크기의 키 스트림이 필요하다.

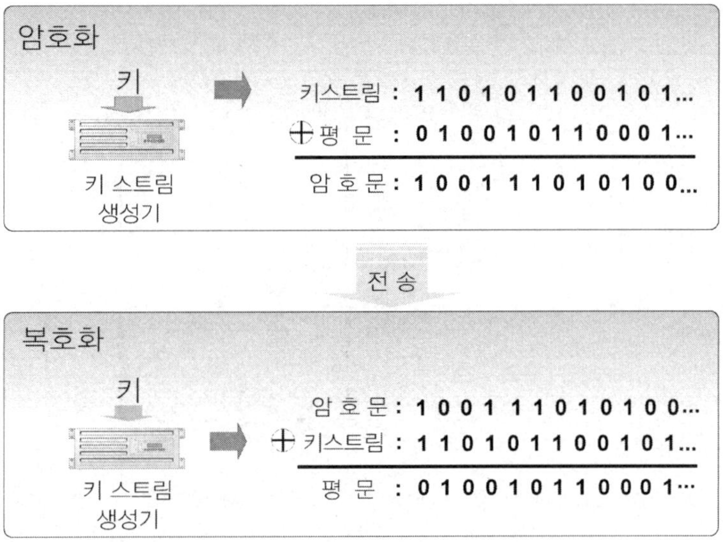

[그림 13-3] 스트림 암호 기법

스트림 암호에 대한 연구는 Vernam 암호에 대한 Clause Shannon의 연구결과를 기반으로 시작하여 주기, 선형 복잡도 등 비교적 수학적 분석이 가능한 수치를 사용한다는 장점을 이용한 많은 종류의 알고리즘이 존재한다.

블록 암호 기법은 비밀키를 이용하여 고정된 크기의 입력 블록을 고정된 크기의 출력 블록으로 변형하는 암호 알고리즘에 의해 암복호화 과정을 수행한다. 스트림 방식에 비해 응용 범위가 넓으며 대부분 네트워크 기반의 관용 암호 방식에 사용된다. 이는 복호화를 가능하기 위하여 feistel 구조 또는 SPN 구조를 따른다.

■ **feistel 블록 암호 기법 구조**

feistel 암호 처리는 길이가 2w 비트인 평문블록을 (L0, R0) 분할 처리하고 K로부터 유도된 n개의 키(Ki)를 사용하여 n회의 동일한 반복 구조를 실행한다. 반복 구조란 오른쪽 반 R0에 반복 서브키를 가지고 반복 함수 F를 적용하고 왼쪽 반 L0과 XOR 결합하여(치환작용) 좌우 양쪽 결과를 교환하는(순열작용) 방식이다. 라운드 키가 역순으로 작용한다는 점을 제외하면 암호화 복호화 과정이 동일하고 라운드 함수에 대한 제약 조건이 없어 DES를 비롯한 LOKI, CAST, Blowfish, MISTY, RC5, CAST256, E2, Twofish, RC6, Mars 등의 알고리즘에서 이용되고 있다.

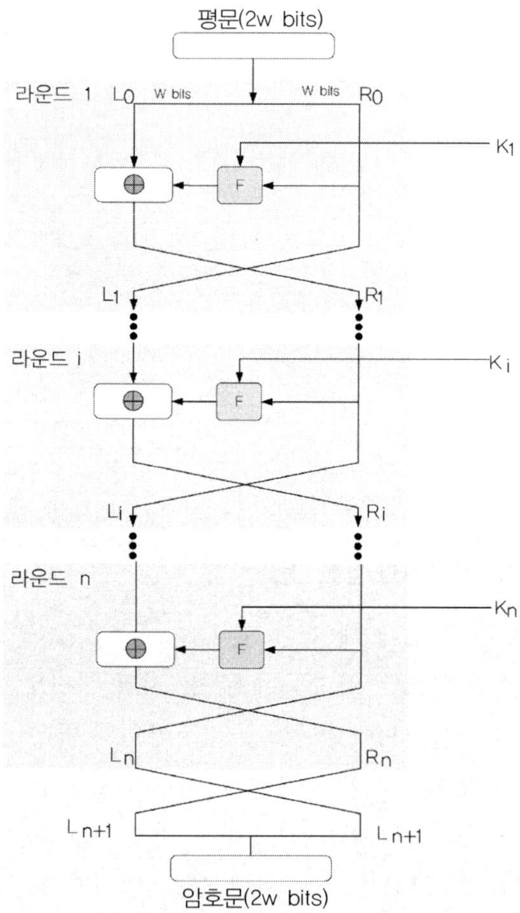

[그림 13-4] feistel 블록 암호 기법의 구조

블록 암호화 알고리즘의 대표적인 알고리즘인 DES는 IBM에서 개발한 Lucifer 시스템을 발전시킨 암호 시스템으로, 1976년 11월에 미국 연방 표준으로 승인되어 1977년 "Data Encryption Standard"로 공표된 64비트의 평문을 64비트의 암호문으로 만드는 알고리즘이다. 이때 64비트의 키를 사용하며 이 중 56비트는 실제의 키가 되고, 나머지 8비트는 검사용 비트로 사용된다. DES는 반복적인 암호화 과정을 가지고 있으며, 각 라운드마다 전치(transposition) 및 대치(substitution)의 과정을 거친 평문과 56비트의 내부키에서 나온 48비트의 키가 섞여 암호문을 만들고 암호화 과정과 동일하게 사용하는 키를 역순으로 적용하여 복호화한다. DES는 안전성을 증가시키기 위하여 DES를 3번 반복하는 Triple-DES 알고리즘을 사용한다.

■ SPN 블록 암호 기법 구조

SPN(Substitution-Permutation Networks) 암호 처리는 라운드로 이루어져 있다. 각 라운드마다 순열을 사용해서 순서를 바꾸고, S-Box를 사용하여 대치를 수행하는 것으로 순환의 첫 번째와 마지막 연산에서 서브키와 배타적 논리합(exclusive-or) 연산을 한다. 이것은 whitening이라 불리는데 이는 만일 키가 알려지지 않았다면 암호화와 복호화 연산을 수행하려는 공격자를 막기 위한 유용한 방법이다.

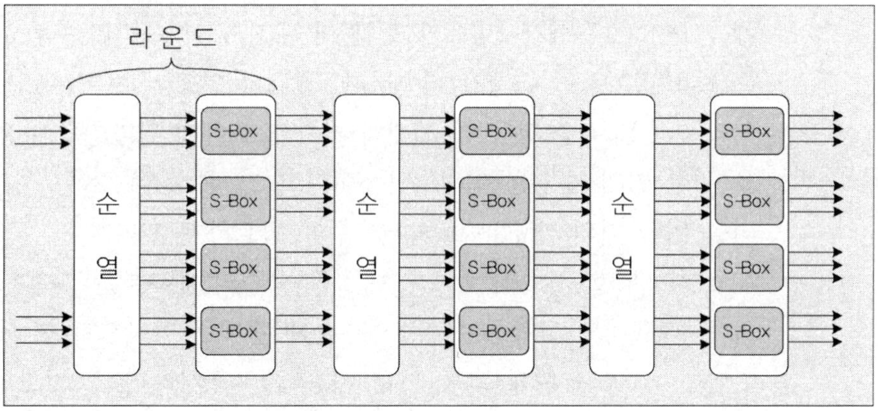

[그림 13-5] SPN 블록 암호 기법의 구조

SPN 구조를 사용하는 대표적인 블록 암호 알고리즘은 AES(Advanced Encryption Standard)이다. AES는 21세기의 전자 데이터 흐름을 보호하기 위한 강력한 데이터 암호 방식으로 미국 표준 기술원(NIST)의 정보 기술 연구소에 의하여 2000년 안전성 분석과 구현 효율성을 검증받은 5개의 후보 가운데 Rijndale(륀다엘)이 차세대 AES로 채택되었다. 이 알고리즘은 Joan Daemen과 Vincent Rijmen이라는 두 벨기에 사람들에 의해서 제안되었으며, 알고리즘의 이름은 두 사람의 성에서 따온 것이다.

AES는 128bit의 블록 크기에 128, 192, 256비트의 활용 가능한 3개의 키를 가지고 있는 반복되는 암호이며 키 크기에 따라서 순환의 횟수가 정해지게 된다. 즉, 키의 길이가 128비트이면 순환횟수는 10번, 192비트면 12번, 256비트이면 14번이다. AES는 SPN보다 암호체계구조가 크고 각 라운드(주기)마다 추가 선형변화와 같은 요소를 사용함으로써 지금까지 심각한 보안상의 취약점이 발견되지 않았으며, 성능에서 뛰어나다고 평가되고 있다.

대칭키 암호 기법은 송신자와 수신자만이 알고 있는 동일한 대칭키를 이용하여 메시지를 암호화하는 데 비해 공개키 암호 기법은 두 개의 독립된 키를 사용하는 비대칭 암호 기법이다. 대칭키 암호화와 달리 공개키 암호는 각 사용자마다 공개키와 개인키 즉, 한 쌍의 키를 가지고 있으므로 1명이 증가하면 2개의 키만 추가로 필요하다. 구성원의 수가 많을수록 개인키 암호의 키의 개수가 공개키 암호의 키의 개수보다 훨씬 더 많이 필요하게 된다. 예를 들어 사용자가 2명이라고 할 때 대칭키 암호를 위해 필요한 키의 개수는 1, 10명이라면 45개가 필요하다. 공개키 암호의 경우는 2명일 때 필요한 키의 개수는 4, 10명일 때 20개의 키가 필요하게 된다. 즉 대칭키 암호 기법을 위한 키의 개수는 인원수가 n이라고 할 때 n(n-1)/2이고 공개키 암호 기법을 위한 키의 개수는 2n의 키 수가 필요하게 된다.

공개키 암호 기법의 암호화 복호화 함수의 대부분은 수학을 바탕에 두고 있다. 대표적으로 합성수의 소인수분해 문제를 바탕으로 한 것이 RSA 암호 기법이다. 이는 현재 가장 널리 사용되는 공개키 암호 알고리즘이며 신뢰받고 있는 암호 기법이다. RSA 암호 기법은 Ronald L. Rivest, Adi Shamir, Leonard M. Adleman의 첫 이니셜을 따서 만들었다. RSA 암호 기법은 공개키와 비밀키를 생성하여 이를 암호화 복호화에 이용한다. 다음은 공개키와 비밀키를 생성하는 알고리즘이다.

① 소수인 p와 q를 선택
② $n = p \times q$ 계산
③ $\varnothing(n) = (p-1) \times (q-1)$ 계산
④ $GCD(e, \varnothing(n)) = 1$인 e를 선택
⑤ $e \times d = 1 \mod \varnothing(n)$인 d를 선택 (단, $1 < d < \varnothing(n)$)
⑥ e, n은 공개키
⑦ d, p, q는 비밀키

위의 과정을 통하여 생성된 공개키 e와 n을 가지고 다음과 같이 암호화를 한다.

$$C = M^e \mod n \text{ (C : 암호문, M : 메시지)}$$

암호화된 암호문은 d와 n을 가지고 다음과 같이 복호화한다.

$$M = C^d \mod n \text{ (C : 암호문, M : 메시지)}$$

위 과정을 통하여 만들어진 암호화 시스템은 비밀키가 유출되지 않는다면 p와 q 값을 알 수 있는 방법은 n값을 소인수분해하는 수밖에 없다. 이를 통하여 원문을 계산하는 것은 오랜 시간이 걸린다. 그러나 1994년 한 그룹이 n의 길이가 428비트인 RSA 알고리즘의 비밀키를 8개월 만에 풀어냈다. 그 후 현재는 1024비트 크기의 키를 사용함으로써 안전성을 보장한다. 그러나 키의 길이가 길어짐에 따라서 많은 양의 거래를 안전하게 처리해야 하는 전자상거래 분야에서는 처리하는 시간이 길어지게 되었다. 따라서 최근 타원곡선이라는 수학적 구조에 기초하여 타원곡선암호(ECC : Elliptic Curve Cryptography) 기법이 1985년 N.Koblitz와 V.Miller에 의하여 제안되었다. 이는 RSA 알고리즘과 비교하여 키의 길이가 100~200비트 정도여서 처리 시간이 작아 실용적이다. 그러나 ECC 알고리즘의 검증과정이 충분히 이루어지지 않았기 때문에 RSA 알고리즘보다 신뢰성이 적다.

13.2 디지털 서명과 해시 함수

디지털 서명은 공개키와 개인키 간의 일치성을 이용하여 데이터의 위조를 막고 부인을 방지하기 위하여 전자적 문서에 서명하는 방법으로 데이터에 대한 신뢰성과 무결성 및 추적성 확보를 목적으로 한다. 〈표 13-2〉와 같이 5가지의 특징을 가진다.

〈표 13-2〉 디지털 서명의 특징

구 분	내 용
위조불가	생성키를 소유하지 않은 자는 디지털 서명 생성 불가
변조불가	생성키를 소유하지 않은 자는 디지털 문서 변경 불가
서명자 인증	생성키를 소유한 자가 전자서명의 행위자임
재사용불가	A문서의 전자서명을 B문서의 디지털서명으로 대치 불가
부인불가	생성키의 소유자가 디지털 서명 후에 행위에 대한 부인 불가

디지털 서명은 데이터마다 서로 다른 서명을 생성하고 자신의 서명을 누구나 검증할 수 있어야 한다. 이를 위한 디지털 서명의 구성도는 [그림 13-6]과 같다.

디지털 서명문은 평문을 해시 함수를 사용하여 해시 코드를 생성한 후 이를 보내는 사람의 개인키로 서명을 함으로써 생성된다. 이때 서명은 원문 전체에 대하여 하지 않고 평문을 해시한 해시값에 대해서만 서명을 생성한다. 디지털 서명문의 수신자는 받은 데이터를 서명과 메시지를 나누어 서명값으로는 서명자의 공개키를 이용하여 해시값을 구하고, 메시지로는 직접 해시 함수를 사용하여 해시값을 구하여 두 개의 해시값을 비교함으로써 메시지에 대한 서명을 검증한다.

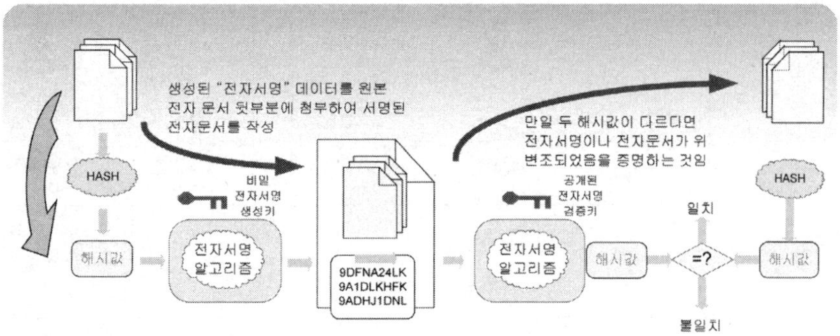

[그림 13-6] 전자서명의 구성도

일반적으로 디지털 서명 알고리즘은 많은 계산량과 메모리가 필요하다. 따라서 디지털 서명의 효율성을 높이기 위하여 해시 함수를 이용하여 메시지를 짧은 길이로 축약한 후에 디지털 서명을 수행한다.

해시 함수는 임의의 길이의 메시지를 일정한 길이의 출력 값인 해시 코드로 압축시키는 함수이며, 불가역적인 일방향 함수를 포함하고 있기 때문에 메시지로부터 해시 코드를 생성하는 것은 용이하나 해시 코드로부터 메시지를 계산하는 것은 계산상 불가능하다는 특성을 지닌다. 또한 서로 같은 해시값을 갖는 두 메시지를 찾는 것이 불가능함으로 강한 충돌 회피성을 갖는다. 따라서 이러한 특성을 디지털 서명에 응용하고 있으며, 대표적인 해시 함수로는 MAC, MD4, MD5, SHA 등이 있다.

13.3 인 증

인증이란 어떤 사람이나 사물이 실제로 바로 그 사람(또는 바로 그 것)인지를 판단하는 과정이다. 컴퓨터와 통신망의 발달로 인하여 인터넷과 같은 개방형 네트워크를 통한 서비스가 이용되어진다. 이러한 환경에서는 다음과 같은 위협 요소들이 존재한다.

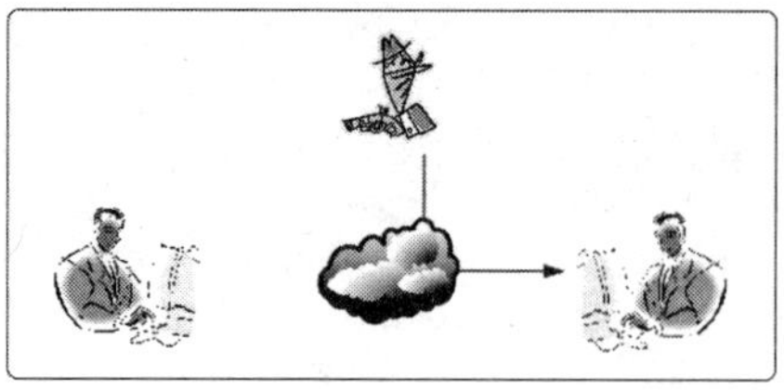

〈위 장〉

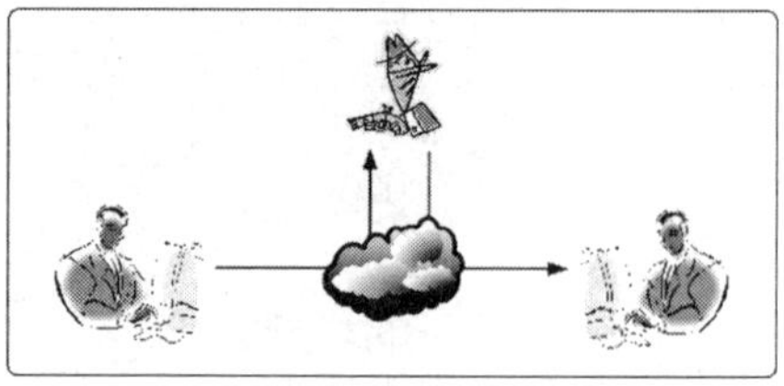

〈내용 변조 및 수정〉

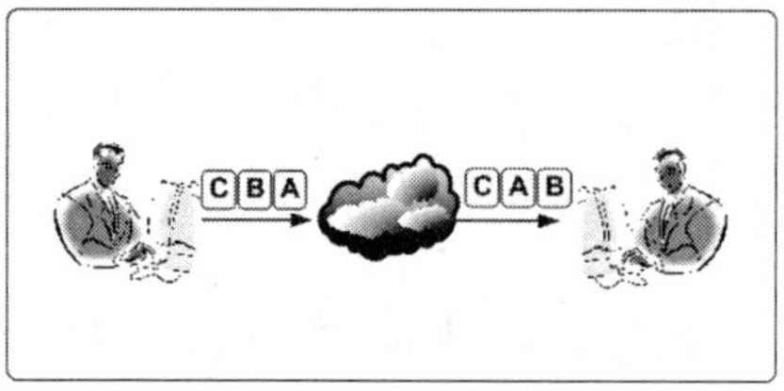

〈순서 및 시간 변경〉

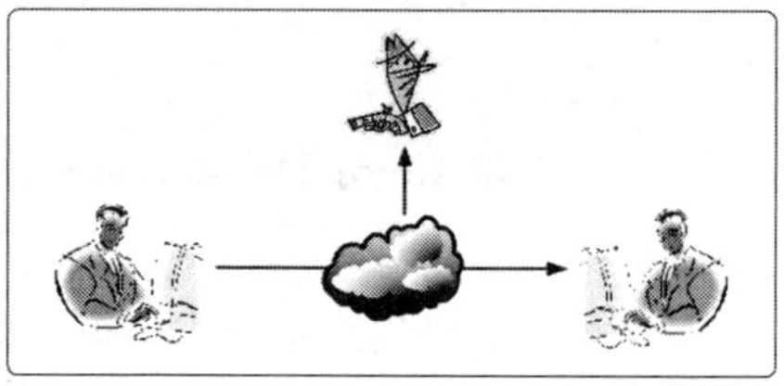

〈노 출〉

[그림 13-7] 개방형 네트워크에서의 위협요소

- **위장** : 마치 자신이 정당한 송신자(수신자)인 것처럼 행동하거나, 불법적인 메시지를 정당한 사용자로부터 온 것처럼 위장할 수 있다.
- **내용 변조 및 수정** : 내용의 일부 또는 전체를 삽입, 삭제, 변경, 수정하는 일련의 행위를 말한다.
- **순서 및 시간 변경** : 통신 쌍방 간의 메시지를 삭제하거나 재정렬하는 경우 송신자의 의도와는 다른 결과를 얻을 수 있으며 메시지를 지연시키거나 같은 내용을 반복해 전송함으로써 수신자에게 혼란을 가져올 수 있다.
- **노출** : 제3의 사용자나 프로세스에게 메시지의 내용이 공개되어지는 것을 말한다.
- **트래픽 분석** : 사용자들 사이의 트래픽 형태를 분석함으로써 연결의 주기와 기간 등을 결정해 주는 정보가 전송되는 시간에 메시지를 가로챌 수 있다.
- **부인** : 메시지의 송수신 사실을 부인함으로써 신뢰성을 떨어뜨릴 수 있다.

위와 같은 위협 요소들을 가지고 있는 개방형 네트워크에서 정보의 교류는 그 상대방의 적법한 상대인지, 전송 도중 메시지의 내용은 변화하지 않았는지에 대한 의구심이 발생할 수 있다. 따라서 수신된 메시지가 정당한 사용자로부터 전송되었고, 변경되지 않았음을 확인하기 위하여 인증을 수행하게 된다. 이러한 인증은 크게 사용자 인증과 메시지 인증으로 구분된다. 사용자 인증이란 메시지의 생성, 전송, 수신, 이용, 저장 등의 일련의 과정에 관련되어 있는 주체들이 제3자에게 자신이 진정한 사용자라는 것을 증명할 수 있도록 하는 것을 말하며 제3자가 위장을 통하여 자신이 진정한 사용자임을 증명하려 할 경우에는 불가능하게 해야 한다. 메시지 인증이란 전송되는 메시지의 내용이 변경이나 수정되지 않고 본래 정보 그대로라는 것을 확인하는 과정을 말한다. 즉, 수신된 메시지가 송신된 메시지와 동일한지 확인하는 과정이다.

인증 기법의 종류는 다음과 같다.

■ 지식에 바탕을 둔 인증 기법

지식에 바탕을 둔 인증 기법은 인증 과정에서 획득된 정보와 미리 저장된 정보를 비교하여 일치하면 신분을 확인하는 방법으로 다양한 분야에서 사용 가능하며 검증시 애매 모호성이 없으며 관리 비용이 저렴하다는 장점을 지닌다. 그러나 소유자가 패스워드를 잊어버렸을 시 인증을 받을 수 없으며 공격자에 의한 추측이 가능하다는 단점이 있다.

■ 소유에 바탕을 둔 인증 기법

소유에 바탕을 둔 인증 기법은 사용자가 소지하고 있는 열쇠, 운전면허증, 신분증, 암호 키 등의 다양한 기구나 수단을 이용하는 것으로 신용카드 등의 다양한 수단이 사용될 수 있으며 대표적인 수단인 자기 띠 신용카드는 이미 신뢰성과 편리성을 인정받고 있다. 또한 물리적 토큰이 저가로 제조되고 있어서 생체 인식 기법보다 일반적으로 경제적이다. 그러나 신용카드의 마그네틱띠 정보가 지워지게 되면 인증이 불가능하며 소유물이 없을 경우 인증이 어렵게 된다. 또한 복제가 가능하며 부정한 사용자가 부정하게 사용할 수 있다. 따라서 사용자의 적절한 정보를 삽입하여 카드를 발행해야 하며 손실이나 도난 시에 대체해야 하는 관리 기능이 요구된다.

■ **생물학적 특징에 바탕을 둔 인증 기법**

생물학적 특징에 바탕을 둔 인증 기법은 지문, 홍채, 장문, 성문, 얼굴 이미지 등의 다양한 생체 특성을 이용하는 생체 기법이다. 사용자는 생체 정보 리더기를 이용하여 생체 템플릿이라고 불리는 자신의 생체 정보를 생체 정보 저장소에 등록하여야 하며 추후 특정 사용자를 인증코자 하는 경우 검증자는 인증을 위하여 사용자가 제공한 생체 템플릿과 저장된 생체 템플릿과 비교하여 인증을 수행하게 된다. 이는 사용자가 인증을 위하여 리더 장치를 만지거나, 보거나, 말함으로써 인증을 받으므로 사용하기가 쉽다. 현재 가격이 낮아지고 있는 추세로 잊어버리거나 손실 및 도난의 위험이 없으며 위조가 어렵고 대여가 불가능하다는 장점이 있다. 그러나 생체 인증 방법의 시장이 제한되어 있고 잘못 판단할 영역이 존재하며 저장소는 사용자의 생체 템플릿을 비밀스럽게 보관해야 하는 어려움이 있다.

연습문제

주관식 (5문제 – 레포트, 세미나 주제용)

13.1__ 대칭키 암호와 공개키 암호의 차이점을 열거하라.

13.2__ 환자식 암호 기법과 전치식 암호 기법에 대하여 설명하라.

13.3__ 대칭키 암호 기법은 스트림 암호 기법과 블록 암호 기법으로 나누어진다. 두 가지 방식을 설명하고 차이점을 써라.

13.4__ 데이터의 위조를 막고 부인을 방지하기 위한 디지털 서명의 특징을 서술하라.

13.5__ 인증 기법은 지식에 바탕을 둔 인증 기법, 소유에 바탕을 둔 인증 기법, 생물학적 특징에 바탕을 둔 인증 기법이 있다. 각각의 장단점을 기술하라.

객관식 (20문제 – 중간, 기말고사 출제용)

13.6__ 다음 중 암호 기법이 사용되어지지 않는 것은?

① 전자화폐 ② 전자송금 ③ 전자지갑 ④ 전자계산기

13.7__ 다음 암호 기법 중 암 · 복호화시 같은 키를 사용하지 않는 방식은?

① 관용 암호 방식 ② 단일키 암호 방식
③ 비밀키 암호 방식 ④ 비대칭키 암호 방식

13.8__ 다음 중 암복호화시 암호 키는 공개하고 복호키는 비밀리에 보관하는 방식은?

① 비대칭키 암호 방식 ② 관용 암호 방식
③ 단일키 암호 방식 ④ 비밀키 암호 방식

◀정답▶ 13.6 ④ 13.7 ④ 13.8 ①

13.9__ 평문의 문자를 다른 문자나 숫자 또는 기호로 대체시키는 암호 방식은?

① 전치식 암호 방식 ② 환자식 암호 방식
③ 관용 암호 방식 ④ 비밀키 암호 방식

13.10__ 평문에 있는 문자의 순서를 바꾸어 넣어 암호문을 만드는 방식은?

① 전치식 암호 방식 ② 환자식 암호 방식
③ 관용 암호 방식 ④ 비밀키 암호 방식

13.11__ Vernam 암호에 대한 Clause Shannon의 연구 결과를 기반으로 시작하여 주기, 선형 복잡도 등 비교적 수학적 분석이 가능한 수치를 사용한다는 장점을 가지는 암호 방식은?

① 전치식 암호 방식 ② 환자식 암호 방식
③ 스트림 암호 방식 ④ 블록 암호 방식

13.12__ 다음 중 스트림 암호 기법에 해당하지 않는 것은?

① LFSR ② SFAI ③ RC4 ④ DES

13.13__ 다음 암호 기법 중 블록 암호 기법에 해당하지 않는 것은?

① DES ② FEAL ③ IDFA ④ RC4

13.14__ 다음 중 공개키 암호 기법은 무엇인가?

① RSA ② DES ③ RC4 ④ LFSR

13.15__ SPN 구조를 사용하는 대표적인 블록 암호 알고리즘으로 21세기 전자 데이터 흐름을 보호하기 위한 알고리즘은 무엇인가?

① ECC ② DES ③ RSA ④ AES

13.16__ 블록 암호화 알고리즘의 대표적인 알고리즘으로 IBM에서 개발한 Lucifer 시스템을 발전시킨 암호 시스템으로 1977년 공표된 암호 기법은 무엇인가?

① ECC ② DES ③ RSA ④ AES

◀정답▶ 13.9 ② 13.10 ① 13.11 ③ 13.12 ④ 13.13 ④ 13.14 ① 13.15 ④ 13.16 ②

13.17__사용자가 6명일 때 대칭키 암호 기법을 위하여 필요한 키의 수는 몇 개인가?

① 6 ② 10 ③ 12 ④ 15

13.18__사용자가 6명일 때 공개키 암호 기법을 위하여 필요한 키의 수는 몇 개인가?

① 6 ② 10 ③ 12 ④ 15

13.19__디지털 서명의 목적이 아닌 것은?

① 신뢰성 ② 무결성 ③ 추적성 ④ 재사용성

13.20__다음 중 디지털 서명의 특징이 아닌 것은?

① 위조불가 ② 부인 ③ 서명자 인증 ④ 재사용 불가

13.21__다음 중 해시 함수가 아닌 것은 무엇인가?

① MAC ② RC4 ③ MD4 ④ MD5

13.22__개방형 네트워크의 위협 요소가 아닌 것은?

① 위장 ② 내용 변조 ③ 장소 변경 ④ 노출

13.23__디지털 서명에 사용되는 함수는 무엇인가?

① 단함수 ② 해시 함수 ③ 일방향함수 ④ 불가역 함수

13.24__다음 인증 기법 중 성질이 다른 하나는 무엇인가?

① 지문 ② 패스워드 ③ 성문 ④ 장문

13.25__제3의 사용자나 프로세스에게 메시지의 내용이 공개되어지는 위협요소를 무엇이라고 하는가?

① 위장 ② 노출 ③ 부인 ④ 트래픽 분석

◀정답▶ 13.17 ④ 13.18 ③ 13.19 ④ 13.20 ② 13.21 ② 13.22 ③ 13.23 ② 13.24 ② 13.25 ②

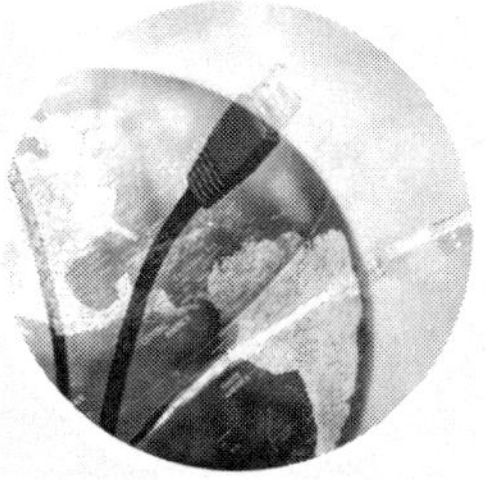

제14장

유비쿼터스의 세계

14.1 유비쿼터스 사회

'유비쿼터스(UBIQUITOUS)'는 라틴어 어원으로 '(동시) 도처에 존재하는, 어디에나 존재하는'라는 것을 의미한다. 이러한 개념은 1988년 Xerox사의 RARC(Palo Alto Research Center)의 마크 와이저(Mark Weiser)에 의해 처음 제시되었다.

[그림 14-1] 마크와이저

마크 와이저는 1991년 9월 논문지에 "21세기를 위한 컴퓨터"라는 논문을 발표하였고 이 논문에서 유비쿼터스 컴퓨팅을 통하여 대부분의 일상용품에 컴퓨팅 장치가 들어가게 된다는 유비쿼터스 컴퓨팅 개념을 대외적으로 제안하였다.

마크 와이저가 정의한 유비쿼터스 컴퓨팅의 특징은 다음과 같다.

① 네트워크에 연결되지 않은 컴퓨터는 유비쿼터스 컴퓨팅이 아니다.
② 인간화된 인터페이스로서 눈에 보이지 않아야 한다.
③ 가상공간이 아닌 현실 세계의 어디서나 컴퓨터의 사용이 가능해야 한다.

④ 장소, ID, 장치, 시간, 온도, 명암, 날씨 등과 같은 사용자 상황에 따라 서비스가 변할 수 있어야 한다.

즉, "Any time", "Any where", "Any network", "Any device", "Any service"를 추구한다.

14.2 유비쿼터스 컴퓨팅

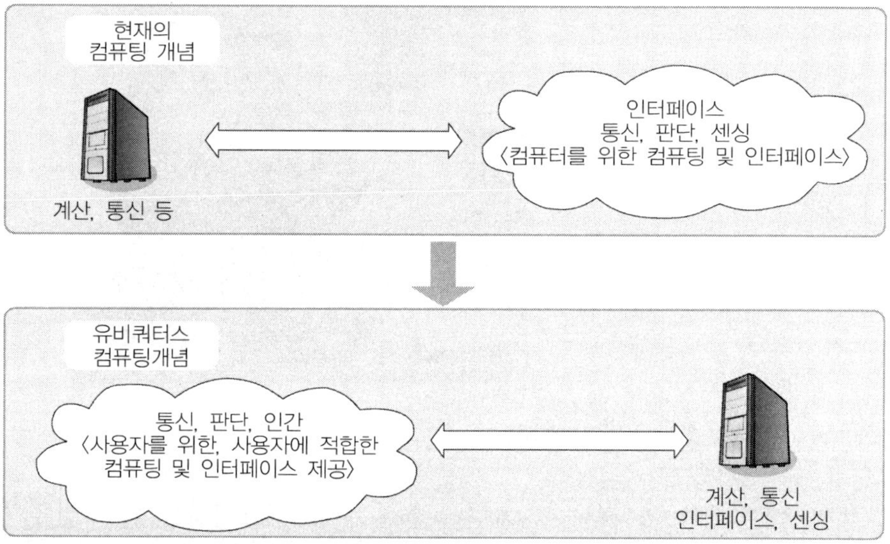

[그림 14-2] 컴퓨팅의 개념

현재의 컴퓨팅은 계산을 위주로 사용되고 있으며, 디바이스를 사용하기 위하여 사용자가 디바이스의 조작을 배워야 하는 구조로 이루어져 있다. 그러나 유비쿼터스 컴퓨팅은 디바이스가 사용자를 위해 움직이는 스마트한 환경을 제공하는 구조이다. 이와 같은 유비쿼터스 컴퓨팅을 구현하기 위해서 마크 와이저는 가시성, 복잡성, 간결성, 연결성, 비가시성과 같은 다섯 가지 주제에 대한 연구가 필요하다고 주장하였다.

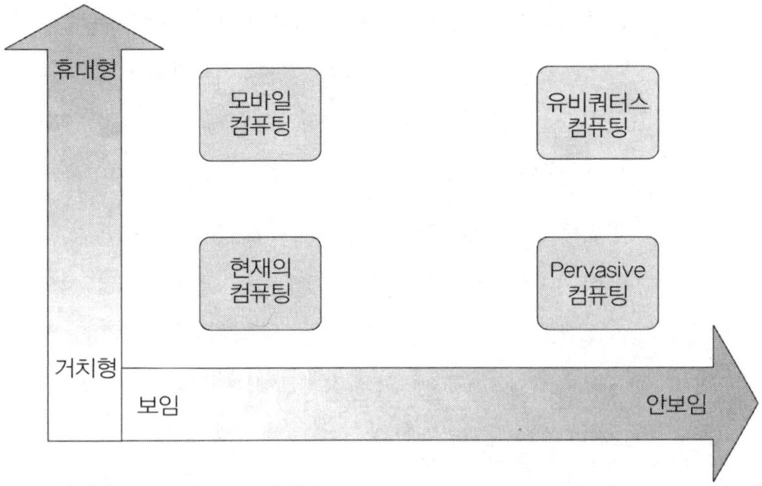

[그림 14-3] 유비쿼터스 컴퓨팅의 특징

유비쿼터스 컴퓨팅을 구현하기 위하여 다음과 같이 센서, 프로세서, 네트워크, 보안과 같은 4가지 핵심요소들의 적절한 조화가 필요하다.

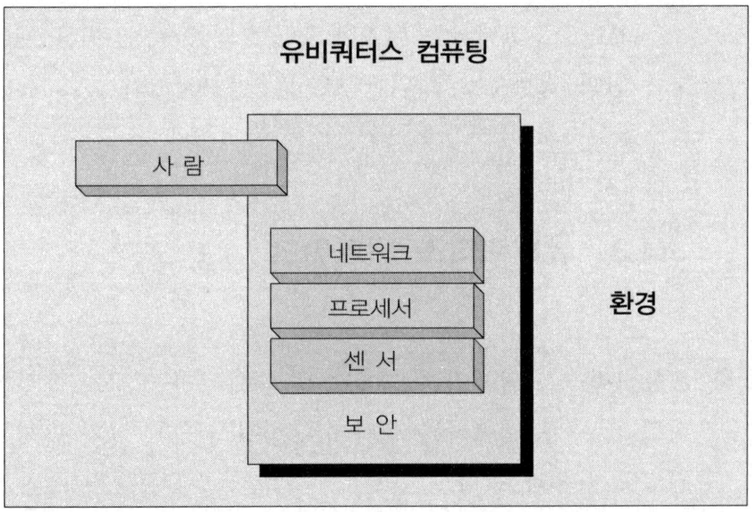

[그림 14-4] 유비쿼터스 컴퓨팅의 구현

① **센서** : 센서는 유비쿼터스 컴퓨팅의 오감을 담당하는 입력장치로 시각, 빛, 온도, 냄새 등 물리적, 화학적 에너지를 컴퓨팅 신호로 변환하는 것이다. 수동형과 능동형이 있으며 최근에는 RFID(Radio Frequency ID)가 각광받고 있다.

② **프로세서** : 프로세서는 유비쿼터스 컴퓨팅의 오감에서 얻은 정보를 처리하는 두뇌의 역할을 담당한다. 유비쿼터스 컴퓨팅에 사용되는 디바이스는 간단하고 실시간 처리가 가능한 OS, 즉 RTOS(Real-Time Operation System)를 가지고 있어야 한다. RTOS에는 Tiny OS, TRON 등 여러 가지가 존재한다.

③ **네트워크** : 네트워크는 사물간의 커뮤니케이션을 위한 입과 같은 역할을 담당한다. 무선으로 사물을 연결하기 위한 WPAN(Wireless Personal Area Network) 기술과 다이나믹한 환경에 적합한 Ad-hoc 네트워크 기술이 필요하다. 현재 차세대 네트워크로 BcN(Boradband Convergence Network) 개발이 활발하게 진행 중에 있다.

④ **보안** : 유비쿼터스 환경에서 정보의 산재로 인한 개인의 프라이버시 보안과 정보보호를 위한 보안은 필수적이다.

14.3 유비쿼터스 네트워크

유비쿼터스 컴퓨팅은 2000년 일본 노무라 연구소의 무라카미 이사장이 유비쿼터스 네트워크라는 개념으로 확장시켰다. 그가 말하는 유비쿼터스 네트워크란 다음과 같다.

① 고정·이동, 유선·무선, 통신·방송이라는 영역을 넘어 이용 장소에 관계없이 상시 접속이 가능한 모바일 특성을 갖춘 브로드밴드 네트워크 기반을 갖는다.

② 대형 범용 컴퓨터나 PC뿐만 아니라 휴대폰·PDA·게임기·카 네비게

이션 · 디지털 TV · 정보가전 · 웹 카메라 · 물체에 부착한 전자태그 등 각종 정보기기나 센서가 IP(가능하다면 IPv6) 등 프로토콜을 이용해 서로 연결된 상태가 된다.

③ 문자 · 숫자, 정지영상뿐 아니라 동영상이나 음성을 가진 컨텐츠, 이용자의 수요에 맞춘 솔루션, 안전한 정보의 송수신, 전자상거래가 가능한 플랫폼 등에 활용이 가능하다.

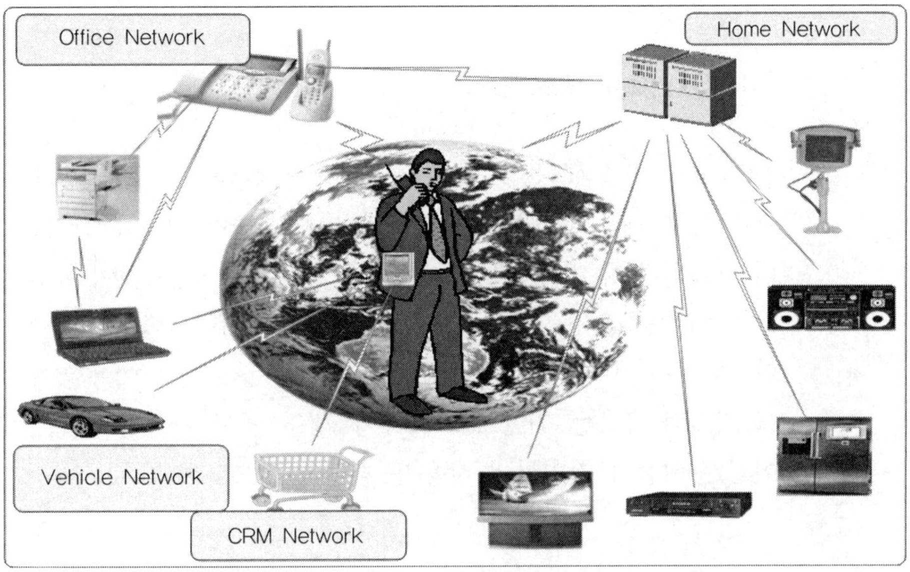

[그림 14-5] 유비쿼터스 네트워크 환경

즉, 유비쿼터스 네트워크란 유선, 무선, 센서, Ad-hoc 네트워크 등과 같은 기존 네트워크와 차후 등장할 4세대 이동통신 유무선망이 하나로 통합되어 생활 주변의 단말과 디바이스 및 가전기기들이 자유롭게 연결될 수 있는 네트워크를 말한다. 이는 다음과 같은 특징을 갖는다.

① 네트워크 크기에 자율적이고 유연하다.
② 특정 서비스의 가변적인 개체들을 하나의 네트워크 context로 통합한다.
③ 네트워크 구성 요소들의 치명적인 오류에 독립적으로 유지된다.

④ 약한 통신 인프라에도 효과적으로 확장 가능하다.
⑤ 모바일 디바이스나 센서 등의 기기에 동적 연결이 가능하다.

위와 같은 특징을 지닌 유비쿼터스 네트워크 실현을 위하여 기술, 연구, 사업, 사회 분야의 각 연구팀에서 유비쿼터스 관련 핵심 기술 개발과 정책 수립, 새 비즈니스 창출, 사회 공헌 등의 여러 프로젝트를 수행중이다. 대표적인 유비쿼터스 네트워크 프로젝트를 살펴보면 다음과 같다.

1. Oxygen 프로젝트

Oxygen 프로젝트는 MIT의 Computer Science Lab에서 DARPA와 기업체로부터 연구 기금을 지원받아 컴퓨터가 공기 중에 있는 산소처럼 자유롭게 어디서나 인간 중심 형 컴퓨팅 환경을 가능하게 하는 것이다. 이러한 '보이지 않는 컴퓨팅' 환경을 만들기 위해서는 언제 어디서나 지능화된 공간을 이용할 수 있는 디바이스 기술, 다양한 통신 프로토콜을 이용할 수 있는 네트워크 기술과 응용을 위한 소프트웨어 기술, 인지 기술 그리고 이러한 기능을 어떻게 사용할 것인가의 사용자 기술을 필요로 한다.

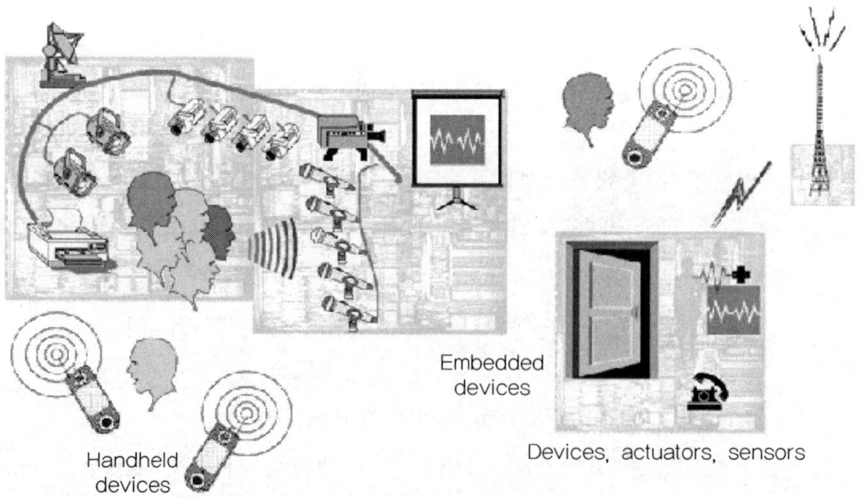

[그림 14-6] oxygen 프로젝트 〈출처 : http://www.oxygen.lcs.mit.edu/Overview.html〉

2. CoolTown 프로젝트

CoolTown 프로젝트는 미국의 Hewlett-Packard에서 유·무선 통신을 연동하는 네트워크 기술을 이용하여 Web Presence에 우리가 이용하는 사물과의 물리적인 관계를 적용한 것이다. 이는 인터넷의 가상 공간과 현실 공간을 하나의 공간으로 묶어 가상공간에서 정보의 생성, 교환, 저장 등의 활동이 현실 공간에서 빠르고 정확하게 사용될 수 있도록 하는 것을 목표로 하고 있다. HP(Hewlett-Packard)는 미국, 유럽, 캐나다에 CoolTown Demo Center 운영을 계획하고 있으며, Open Source를 이용하여 CoolTown 개발을 가속화하고 있다.

[그림 14-7] HP의 CoolTown 프로젝트〈출처 : http://cooltown.hp.com〉

3. EasyLiving 프로젝트

마이크로소프트의 연구결과에서 발표된 "EasyLiving" 스테레오 카메라에 의해 인식서비스를 제공, 사용자의 위치정보를 통해 사용자의 위치가 변화하더라도 사용자의 작업의 연속성을 자동으로 제공한다. 자신의 서재에서 음악 감상을 하던 사용자가 위치가 거실이나 혹은 침실로 변화했을 때 서재의 오디오시스템의 작동을 중단시키고 사용자가 위치한 장소의 오디오시스템을 가동시키므로 사용자가 계속해서 음악 감상을 할 수 있도록 한다. 서비스와 디바이스에 대한 모든 정보를 가지고 있는 중앙 데이터베이스로 사용자의 위치정보를 제공하여 이러한 서비스가 가능하도록 한다.

[그림 14-8] MS의 EasyLiving 프로젝트
〈출처 : http://research.microsoft.com/easyliving/〉

4. Smart Dust 프로젝트

미국의 국방부 산하 DARPA의 IPTO의 지원으로 버클리 대학에서 연구개발 중인 Smart Dust는 1-2mm의 실리콘 모트에 완전한 자율센싱 기능과 통신 플랫폼의 능력을 가지고 있는 컴퓨팅 시스템을 이야기한다. 이 Smart Dust는 매우 작고 가벼워 공기 중에 떠다닐 수 있다는 장점을 가지고 있다. 이러한 장점을 이용해 에너지 관리 분야, 유통경로 분석, 환경감시, 군사적 목적 등 매우 다양한 분야에서 활용 가치가 높게 평가되고 있다.

[그림 14-9] 버클리에 Smart Dust〈출처:http://www.coe.berkeley.edu〉

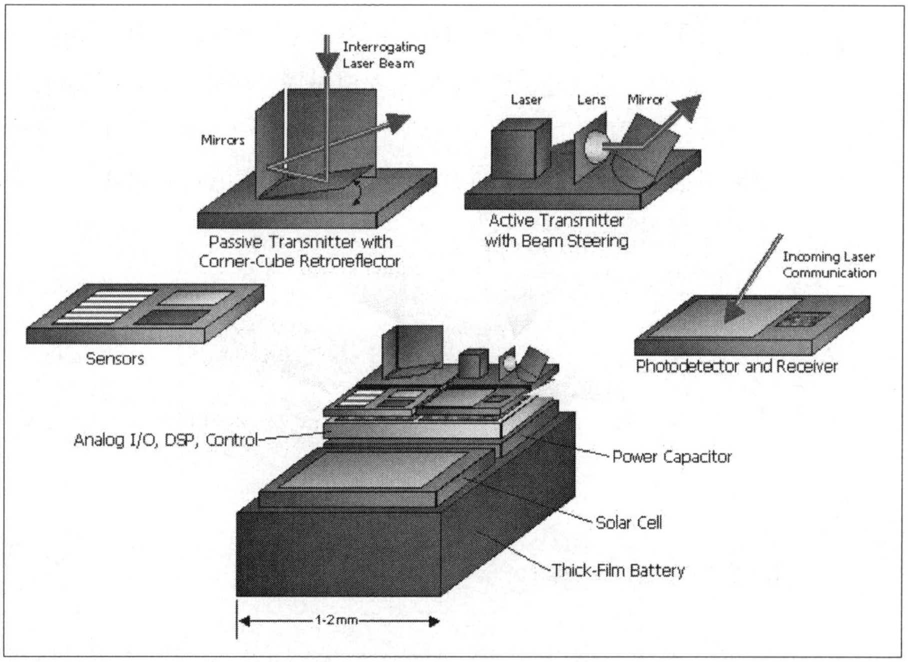

[그림 14-10] 버클리에 Smart Dust의 구조
〈출처:http://www-bsac.eecs.berkeley.edu〉

14.4 유비쿼터스 기술 동향

유비쿼터스는 여러 분야에서 이용되고 있다. 최근 유통·물류 분야를 포함해 정보통신·조달·항공·축산·국방 등 거의 모든 분야에 걸쳐 RFID 기술이 지속적으로 연구되고 있다. 유비쿼터스 컴퓨팅 기기들은 유무선 네트워크로 연결되어 있고 위치와 상황에 따른 인식 및 판단을 한다. 사람과 사물에 의해 많은 수의 물건과 사람에 관한 정보가 발신되기 시작되면 그 주변을 둘러싸고 있는 환경도 점차로 변화해간다. 길거리의 전신주나 보도, 빌딩의 벽이나 바닥 등에 RFID 태그를 심어두고 길가에 무선 판독기를 설치하여 주변의 정보를 네트워크로 전달하면 그야말로 유비쿼터스 컴퓨팅 환경이 되는 것이다. 이런 의미에서 RFID는 컴퓨터가 주변의 세계를 감지하여 정보를 스스로 모으고, 처리할 수 있는 유비쿼터스 컴퓨팅의 대표적인 예라고 할 수 있다.

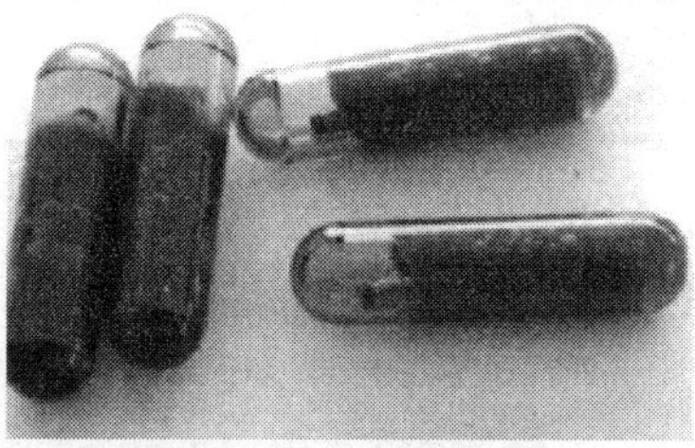

[그림 14-11] RFID 태그

다른 예로 CRM(Customer Relationship Management), 고객관계 관리가 있다. 매장 곳곳에 비디오 스크린을 설치하여 고객이 어떤 옷이 걸린 진열대를 지나가면 옷에 달린 RFID 태그에 의하여 그 옷을 입은 모델의 패션쇼 장면, 디자이너의 스케치 등 다양한 영상이 제공된다. 또한 고객이 고른 옷을 가지고 유리문으로 되어 있는 탈의실로 가면 유리문 사이에 설치된 LCD 스크린에 자신이 고른 옷의 영상이 보여지며 고객은 스크린에 있는 버튼을 눌러서

옷과 핸드백, 벨트 등을 여러 가지 방법으로 짝지워 보면서 어느 것이 가장 잘 어울리는지를 알아볼 수 있다.

또한 선진국에서는 이미 웨어러블 컴퓨터, 스마트 섬유, 스마트 패션 등 다양한 형태의 스마트 웨어 관련 연구가 이루졌으며 2005년 8월 독일 뒤셀도르프에서 열린 한 패션쇼에서는 입을 수 있는 일렉트로닉 재킷 MP3 블루가 선보였다. 이 재킷은 음악을 들을 수 있는 전자 재킷으로 MP3 기능뿐 아니라 핸즈프리의 휴대폰 기능을 가지고 있다. 또한 열 발전칩을 이용하여 개발 중인 옷도 있다. 이 옷은 입은 사람의 체온을 전력으로 전환하여 MP3 블루와 같이 입는 전자 제품 등의 배터리를 대신한다.

[그림 14-12] 웨어러블 컴퓨터(출처-주간조선)

컴퓨터 칩의 소형화에 따라 급속히 전개되고 있는 디지털 컨버전스 홈네트워킹 혁명으로 조만간 구현될 디지털 홈은 정보기기와 통신기술의 급속한 발전에 따라 가정은 물론 교통 · 사회 인프라 · 미래 인텔리전트 사회의 도래를 가져올 것이다. 옷장 앞에 서서 옷을 입어 보지 않고도 여러 벌을 코디해 보고, 집밖에서도 가스 밸브를 잠그며, 외출에서 돌아오기 전 외부에서

난방장치로 집을 따뜻하게 하고 거실 소파에 앉으면 조용한 음악이 흘러나오는 똑똑한 아파트가 건설되고 있다.

[그림 14-13] 홈네트워킹(출처-머니투데이)

이외에도 유비쿼터스는 스마트 타이어, 스마트 디스플레이, 심지어는 집안 곳곳에 각종 센서를 장착하여 거주자의 생체 상태나 변화를 감지할 수 있는 계측 장비를 통해 각종 생체 정보를 수집하여 의료 연구센터 내 중앙 서버에 실시간으로 전송돼 개인의 건강 상태를 점검하는 데이터베이스로 활용된다. 즉, 언제 어디서나 자연스럽게 의료서비스를 제공하는 유비쿼터스 헬스 케어 시대가 열릴 것이다.

14.5 유비쿼터스의 미래

유비쿼터스 컴퓨팅을 실현하기 위해서는 다음과 같이 기술적인 문제, 경제적인 문제, 사회적인 문제, 복합적인 문제가 해결되어야 한다.

1. 기술적인 문제

기술적인 문제는 기술의 표준화, 디바이스 장비의 저가화, 소프트웨어 기술, 하드웨어의 소형화, 장비의 저전력화가 필요하다. 따라서 미래의 사회에서는 IA나 fuzzy 이론과 같이 인간의 추론 기능을 추가한 소프트웨어, 하드웨어 개발이 필요하다.

2. 경제적인 문제

유비쿼터스 서비스를 제공하는 다양한 회사가 참여하기 때문에 비즈니스 모델, 애플리케이션 등 여러 가지 문제가 검토되어야 한다. 현재 유비쿼터스는 컴퓨팅의 목적이 명확하고 손해와 이익이 확실하기 때문에 향후에는 경제적인 이슈가 장애요소로 작용할 수 있다.

3. 사회적인 문제

유비쿼터스 서비스 이용시에 프라이버시와 안전성과 같은 보안 문제가 발생할 수 있다. 유비쿼터스 컴퓨팅 환경이 대형의 네트워크화를 필요로 하기 때문에 프라이버시의 문제는 항상 완벽할 수가 없다. 때문에 지속적인 기술 보완으로 문제점들을 극복해 가야 한다. 또한 정보보안에 대한 법체계, 사회적인 인프라의 구축도 선행되어야 한다.

4. 복합적인 문제

네트워크가 다양해지고 복잡해질수록 정보의 복잡도도 증가하게 된다. 따라서 이를 효과적으로 제어할 수 있는 기술이 필요하다. 엄청난 양의 데이터를 가공해주는 기술 개발이 필요하며, 데이터를 분석하여 상황에 적합한 의미를 찾아낼 수 있는 기술 또한 필요하다. 또한 엄청난 양의 데이터가 모두 네트워크를 통하여 필요한 곳으로 송신되어야 하므로 차세대 네트워크망 도입도 고려되어져야 한다.

유비쿼터스 컴퓨팅은 기술과 사용용도의 연계를 통하여 진화되고 있다. 기술적으로 디바이스들은 소형화되고, 저가격화되며, 지능화되고 저전력화 되어간다. 또한 사용용도도 일상용품의 사물에서 환경으로 확대되어지고 있다. 현재는 모바일 단계를 지나서 일상품 단계로 진화 중이다.

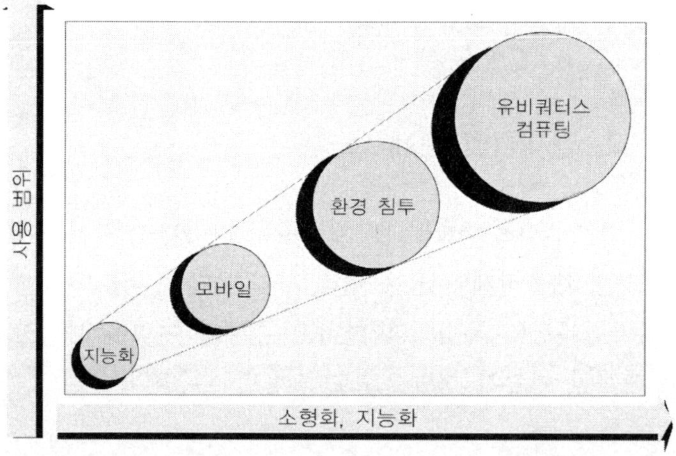

[그림 14-14] 유비쿼터스 컴퓨팅의 진화

유비쿼터스 컴퓨팅은 몇 가지 유형의 비즈니스 모델이 생성된다.

첫째로 하드웨어 분야에서 내재성보다는 이동성에 주력할 것이다. 유비쿼터스 컴퓨팅시대에서 초소형 칩이나 전자기기들은 휴대성이 주안점이 될 것이므로 독립적인 제품으로 시장을 형성할 수 있을 것이다.

둘째로, 유비쿼터스를 위한 네트워크가 아직은 불완전하기 때문에 모든 면에서 상당히 제약적일 것이다. 초기 유비쿼터스 컴퓨팅을 위한 네트워크는 low power, high power 컴퓨팅이 완벽하게 연동되어 네트워크를 구성하기보다는 필요한 컴퓨터만을 연동시킨 불안전한 네트워크 형태를 지닐 것이다. 따라서 특정한 용도의 네트워크에서 범용 네트워크로 발전할 것이다.

이렇게 유비쿼터스 컴퓨팅이 발전하기 위해서는 사람, 컴퓨터, 사물이 하나가 되는 사회적 변화가 일어날 것이다. 예를 들어 스마트 냉장고가 사용자의 단말기에서 전달한 식료품을 파악하고 구매하기, 아이의 장난감에서 어떤 부품이 고장났는지를 음성으로 알려주기, 물건을 사고 계산할 필요 없이 쇼핑점을 걸어나가는 순간 결제가 가능하게 되는 것 등이다. 또한 집안에 설치된 센서가 나를 인식하여 나의 행동 패턴에 맞추어 문을 열거나, TV를 켜거나 커튼을 치는 것과 같이 주거의 형태가 변화할 것이며 앞으로 열릴 유비쿼터스 컴퓨팅 시대에는 우리가 상상치 못한 엄청난 변화들이 일어날 것이다. 그것은 좋은 방향으로 변화가 일어나는 것뿐만 아니라 어두운 방향으로도 일어날 수 있다. 따라서 이러한 역기능을 막기 위하여 유비쿼터스 컴퓨팅 시대에 맞는 예절, 법률, 그리고 우리의 가치관 확립이 필요하게 될 것이다.

연습문제

주관식 (5문제 - 레포트, 세미나 주제용)

14.1 유비쿼터스 컴퓨팅의 정의와 유비쿼터스 컴퓨팅이 갖는 의미를 기술하라.

14.2 유비쿼터스 컴퓨팅의 특징을 서술하라.

14.3 유비쿼터스 네트워크가 기존의 네트워크와 구별되는 특징을 기술하라.

14.4 앞으로 해결해 나가야 할 유비쿼터스 컴퓨팅의 과제를 기술하고 자신의 생각을 기술하라.

14.5 유비쿼터스 네트워크 실현을 위하여 각 연구팀에서 유비쿼터스 관련 핵심 기술 개발과 정책 수립 등의 여러 프로젝트를 수행중이다. 대표적인 프로젝트를 기술하라.

객관식 (20문제 - 중간, 기말고사 출제용)

14.6 다음 중 유비쿼터스 설명으로 틀린 것을 무엇인가?

① 1988년 Xerox사 RARC의 마크 와이저에 의해 처음 제시되었다.
② "Any time", "Any where", "Any network", "Any device", "Any service"를 추구한다.
③ 라틴어의 어원으로"도처에 존재하는 어디에나 존재하는"이라는 것을 의미한다.
④ 2000년 일본 노무라 연구소의 무라카미 이사장에 의해 처음 제시되었다.

14.7 유비쿼터스 컴퓨팅의 특징이 아닌 것은?

① 네트워크에 연결되지 않아도 된다.
② 인간화된 인터페이스로서 눈에 보이지 않아야 한다.
③ 가상 공간이 아닌 현실 세계의 어디서나 컴퓨터의 사용이 가능해야 한다.

◀정답▶ 14.6 ④ 14.7 ①

④ 장소, ID, 장치, 시간, 온도, 명암, 날씨 등과 같은 사용자 상황에 따라 서비스가 변할 수 있어야 한다.

14.8__ 유비쿼터스 컴퓨팅을 구현하기 위해 연구되어야 하는 것 중 마크 와이저가 주장한 것과 거리가 먼 것은?

① 호환성 ② 가시성 ③ 간결성 ④ 연결성

14.9__ 디바이스의 극소형화와 사물에 내재시킨다는 개념과 일치하는 것은 무엇인가?

① Embedded ② Situated ③ Mobility ④ Smart

14.10__ 유비쿼터스 컴퓨팅을 구현하기 위한 4가지 핵심요소가 아닌 것은?

① Sensor ② Infrastructure ③ Network ④ Security

14.11__ 유비쿼터스 컴퓨팅의 오감을 담당하는 입력장치로 시각, 빛, 온도, 냄새 등 물리적, 화학적 에너지를 컴퓨팅 신호로 변환하는 것은 무엇인가?

① Processor ② Sensor ③ Network ④ Security

14.12__ 유비쿼터스 컴퓨팅을 통해 얻은 정보를 처리하는 두뇌 역할을 담당하는 것은 프로세서이다. 이때 사용되는 디바이스는 간단하고 실시간 처리가 가능하여야 한다. 이러한 특징을 가지고 있는 실시간 연산 시스템은 무엇인가?

① TRON ② RFID ③ Linux ④ PDA

14.13__ 현재 정보통신부에서 차세대 네트워크로 구축 계획 중인 광대역 통신망은 무엇인가?

① IPv6 ② WPAN ③ Ad-hoc ④ BcN

14.14__ 유비쿼터스 컴퓨팅은 2000년 일본 노무라 연구소의 무라카미 이사장이 유비쿼터스 네트워크라는 개념으로 확장시켰다. 그가 말하는 유비쿼터스 네트워크의 개념이 아닌 것은 무엇인가?

① 고정 · 이동, 유선 · 무선, 통신 · 방송이라는 영역을 넘어 이용 장소에 관계없이 상시 접속이 가능한 모바일 특성을 갖춘 브로드밴드 네트워크 기반을 갖는다.
② 장소, ID, 장치, 시간, 온도, 명암, 날씨 등과 같은 사용자 상황에 따라 서비스가 변할 수 있어야 한다.
③ 대형 범용 컴퓨터나 PC뿐만 아니라 휴대폰 · PDA · 게임기 · 카 네비게이션 · 디지털

◀정답▶ 14.8 ① 14.9 ④ 14.10 ② 14.11 ② 14.12 ① 14.13 ④ 14.14 ②

TV · 정보가전 · 웹 카메라 · 물체에 부착한 전자태그 등 각종 정보기기나 센서가 IP 등 프로토콜을 이용해 서로 연결된 상태가 된다.

④ 문자 · 숫자, 정지영상뿐 아니라 동영상이나 음성을 가진 컨텐츠, 이용자의 수요에 맞춘 솔루션, 안전한 정보의 송수신, 전자상거래가 가능한 플랫폼 등에 활용이 가능하다.

14.15__유비쿼터스 컴퓨팅을 위해 해결해야 할 과제가 아닌 것은 무엇인가?

① 기술적 문제 ② 경제적 문제 ③ 복합성 문제 ④ 독립성 문제

14.16__네트워크가 방대해지기 때문에 이를 효율적으로 제어할 수 있는 기술이 필요하다고 할 때 이는 어느 문제에 속하는가?

① 복합성 문제 ② 기술적 문제 ③ 경제적 문제 ④ 사회적 문제

14.17__유비쿼터스 환경은 어떤 요인을 주축으로 발전하는가?

① 기술, 경제 ② 기술, 환경 ③ 기술, 용도 ④ 환경, 용도

14.18__유비쿼터스 컴퓨팅을 이루기 위해 기술적인 측면에서 해결되어야 할 점이 아닌 것은 무엇인가?

① 소형화 ② 저가화 ③ 저전력화 ④ 가시화

14.19__유비쿼터스 네트워크의 특징이 아닌 것은 무엇인가?

① 네트워크 크기에 자율적이고 유연하다.
② 네트워크 구성 요소들의 치명적인 오류에 종속적으로 유지된다.
③ 약한 통신 인프라에도 효과적으로 확장 가능하다.
④ 모바일 디바이스나 센서 등의 기기에 동적 연결이 가능하다.

14.20__유비쿼터스 환경이 이루어지면 개인의 문제로 가장 부각될 것은 무엇인가?

① 부익부 빈익빈 ② 데이터의 남발
③ 환경의 기계화 ④ 프라이버시의 침해

14.21__유비쿼터스 네트워크 프로젝트에 해당하지 않는 것은 무엇인가?

① Oxygen 프로젝트 ② CoolTown 프로젝트
③ EasyLiving 프로젝트 ④ Smart Web 프로젝트

◀정답▶ 14.15 ④ 14.16 ① 14.17 ③ 14.18 ④ 14.19 ② 14.20 ④ 14.21 ④

14.22 유선, 무선, 센서, Ad-hoc 네트워크 등과 같은 기존 네트워크를 하나로 묶는 것을 무엇이라 하는가?

① 4세대 이동통신 ② 유비쿼터스 네트워크
③ 광 네트워크 ④ VSDL

14.23 MIT의 Computer Science Lab에서 연구되며 컴퓨터가 공기 중에 있는 산소처럼 자유롭게 어디서나 인간 중심형 컴퓨팅 환경을 가능하게 하는 프로젝트는 무엇인가?

① Oxygen 프로젝트 ② CoolTown 프로젝트
③ EasyLiving 프로젝트 ④ Smart Dust 프로젝트

14.24 미국의 Hewlett-Packard에서 유·무선 통신을 연동하는 네트워크 기술을 이용하여 인터넷의 가상 공간과 현실 공간을 하나의 공간으로 묶어 가상 공간에서 정보의 생성, 교환, 저장 등의 활동이 현실 공간에서 빠르고 정확하게 사용될 수 있도록 하는 것을 목표로 하는 프로젝트는 무엇인가?

① Oxygen 프로젝트 ② CoolTown 프로젝트
③ EasyLiving 프로젝트 ④ Smart Dust 프로젝트

14.25 유비쿼터스 컴퓨팅 시대는 좋은 방향으로 변화가 일어나는 것뿐 아니라 어두운 방향으로도 일어날 수 있다. 따라서 이러한 역기능을 막기 위하여 필요한 것이 아닌 것은 무엇인가?

① 가치관 확립 ② 경제 ③ 예절 ④ 법률

◀정답▶ 14.22 ② 14.23 ① 14.24 ② 14.25 ②

참고 문헌

[1] 손병태, 이동통신공학, 도서출판 세화, 1997.

[2] 차균현, 성태경, 셀룰러 이동전화시스템, 생능출판사, 1993.

[3] 대한전자공학회, 이동통신, 청문각, 1997.

[4] 강창언, 강민구, 김남, 조형래, 셀룰러 이동통신공학, 복두출판사, 2000.

[5] Seiichi Sampei, *Applications of Digital Wireless Technologies to Global Wireless Communications*, Prentice Hall, 1997.

[6] Michel Daoud Yacoub, *Foundations of Mobile Radio Engineering*, CRC Press, 1993.

[7] 대한전자공학회, PCS 기술, 청문각, 2000.

[8] Yoshihiko Akaiwa, *Introduction to Digital Mobile Communications*, Jhon Wiley & Sons, 1997.

[9] Bernard Sklar, *Digital Communications*, Prentice Hall, 2nd Edition, 2001.

[10] Tero Ojanpera, Ramjee Prasad, *Wideband CDMA for Third Generation Mobile Communication*, Artech House, 1998.

[11] Fuqin Xiong, *Digital Modulation Techniques*, Artech House, 2000.

[12] Simon Haykin, *Digital Communications*, John Wiley & Sons, 1998.

[13] I. A. Glover, P.M. Grant, *Digital Communications*, Prentice Hall, 1998.

[14] Raymond Steele, *Mobile Radio Communications*, IEEE Press, 1992.

[15] Leon W. Couch II, *Digital and Analog Communication Systems*, 4th Ed., Macmillan, 1993.

[16] Tero Ojanpera, Ramjee Prasad, Wideband CDMA for Third Generation Mobile Communications, Artech House, 1998

[17] 대한전자공학회, CDMA 통신, 청문각, 1998.

[18] J. S. Lee and L. E. Miller, CDMA Systems Engineering Handbook, Artech House, 1998.

[19] M. Y. Rhee, CDMA Cellular Mobile Communications Network and Security, Prentice Hall, 1998.

[20] 이상근, 방효창, IMT-2000 CDMA 기술, 도서출판 세화, 2001.

현대통신의 이해

2012년 2월 25일 1판 2쇄 발행

저 자 이병수 · 김선형 · 손태호
이순흠 · 박동규 · 강병권

발행인 남 승 우

발행처 도서출판 상尙 학學 당堂

서울시 동작구 사당로9가길 6(사당동)
TEL : 02) 595-1692~4
FAX : 02) 595-1394
E-mail : namdoo6@unitel.co.kr
신고 : 2-155호 (1968. 11. 29)

정가 24,000원

ISBN 89-85437-29-1 93560